U0618236

西藏拉萨河流域洪积扇的
地表环境及利用

焦菊英　陈同德　李建军 等　著

科 学 出 版 社

北 京

内 容 简 介

青藏高原的成土过程极其缓慢，可利用的土地资源非常有限，洪积扇是大自然经历漫长地质过程留给人类的宝贵财富，是该区人民生产与生活的重要场所，在青藏高原社会经济发展中具有重要地位。本书以西藏拉萨河流域为例，在对洪积扇的数量与分布、土壤与植被、侵蚀特征、土地利用变化等进行调查与分析的基础上，评价了洪积扇的农业适宜性及利用潜力，提出了洪积扇合理利用与保护建议。

本书适合从事自然资源保护、土地管理、生态环境和水土保持等研究方向的科研人员、高等院校相关专业师生及相关领域管理人员参阅。

审图号：藏 S（2025）003 号

图书在版编目（CIP）数据

西藏拉萨河流域洪积扇的地表环境及利用／焦菊英等著. —— 北京：科学出版社，2025.5

ISBN 978-7-03-076326-6

Ⅰ. ①西… Ⅱ. ①焦… Ⅲ. ①河流–洪积扇–地表–研究–西藏 Ⅳ. ①P931.1

中国国家版本馆 CIP 数据核字（2023）第 171605 号

责任编辑：杨逢渤／责任校对：樊雅琼
责任印制：徐晓晨／封面设计：无极书装

科学出版社 出版

北京东黄城根北街 16 号
邮政编码：100717
http://www.sciencep.com

北京九州迅驰传媒文化有限公司印刷
科学出版社发行 各地新华书店经销

*

2025 年 5 月第 一 版 开本：787×1092 1/16
2025 年 5 月第一次印刷 印张：14 1/4
字数：340 000
定价：180.00 元

（如有印装质量问题，我社负责调换）

前　言

随着西藏地区社会经济的迅猛发展、人口的快速增长与城镇化的不断推进，"一江两河"地区土地资源承载压力巨大，社会经济发展空间急需扩展，对土地的需求也不断增加。但西藏多高山峡谷，可利用的土地资源非常有限，可供规模化开发与建设的土地基本集中于河谷地区。河谷地区主要由山地、阶地、冲积扇和洪积扇等地貌类型组成，其中的阶地和冲积扇的利用程度已经很高，山地海拔高、坡度陡且难以利用，而洪积扇地势低且坡度缓，具有较大的开发利用潜力，成为西藏宝贵的后备土地资源。

然而，目前洪积扇的数量有多少？分布在哪里？土壤质量怎样？生长哪些植物？存在何种地表环境问题？利用现状与潜力如何？农业适宜性怎样？如何进行合理利用与保护？这些问题目前均未明确，不利于洪积扇的保护与合理利用，亟须对上述相关问题进行解答，为缓解西藏"人地冲突"和土地资源高质量发展提供重要的决策依据。

为此，本书以拉萨河流域的洪积扇为研究对象，以洪积扇的地表特征与土地利用为抓手，以高寒区洪积扇的合理利用及保护为目标，共有8章内容，分别如下：第1章，回顾了国内外洪积扇的相关研究；第2章，探明了拉萨河流域洪积扇分布特征及影响因素；第3章，评价了拉萨河流域洪积扇的土壤养分及质量；第4章，分析了拉萨河流域洪积扇植被类型、物种多样性及其环境解释；第5章，研究了拉萨河流域洪积扇侵蚀沟分布及影响因素；第6章，阐明了拉萨河流域洪积扇的土地利用时空变化特征及其利用潜力；第7章，确定了拉萨河流域洪积扇的农业适宜性；第8章，探讨了洪积扇的合理利用与保护对策。

本书的写作分工如下：第1章由陈同德、焦菊英、李建军执笔；第2章由陈同德、焦菊英、李建军执笔；第3章由陈同德、张子琦、焦菊英执笔；第4章由林红、张子琦、焦菊英执笔；第5章由李建军、赵春敬、焦菊英执笔；第6章由陈同德、焦菊英执笔；第7章由陈同德、焦菊英执笔；第8章由焦菊英、陈同德、李建军、张子琦执笔。

本书研究成果是在第二次青藏高原综合科学考察研究子专题"典型土地利用变化的环境效应考察研究"（2019QZKK0603）、中国科学院战略性先导科技专项（A类）"泛第三极环境变化与绿色丝绸之路建设"的子课题"土壤侵蚀定量评价与分区防控对策"（XDA20040202），以及西北农林科技大学"双一流"学科群创新团队"流域土壤侵蚀与水沙调控"资助下完成的，在此特表感谢。同时，感谢刘宝元教授、张镱锂研究员、安韶山研究员、郭明航研究员、杨勤科教授、赵广举研究员、何海龙教授、张加琼研究员、马波副研究员、曹晓萍高级实验师、税军锋实验师、庞国伟副教授等对本书相关研究工作的支持与建议；感谢研究生王颢霖、章志鑫、王楠、陈玉兰、吴皎、杨力华、刘欣等对野外调查工作的支持与帮助；感谢李萌萌对本书涉及植物物种拉丁名的整理及排版校对工作。感谢西藏自治区第二次青藏科考领导小组办公室、西藏自治区水土保持局对我们野外调查的大力支持。

由于作者水平有限，疏漏和不足之处在所难免，恳请读者不吝赐教，批评指正。

作　者

2023 年 9 月于杨凌

目　　录

|第1章| 绪 论

在全球土地资源供需矛盾日益凸显、人地关系日趋紧张的背景下，如何缓解人地矛盾是当下人类社会的一个重要任务（Verburg et al., 2009）。我国人口不断增长，人地关系也日益紧张，尤其在我国西南山区（吴映梅和沈琼，2006）、西北山区（逯承鹏等，2013）、南方山地丘陵区（钟业喜等，2016）和青藏高原（Wang and Liu, 2019）等区域表现得更为突出，部分区域人地关系甚至已出现不可持续的态势（Wang and Liu, 2019）。主要原因是山区地形、气候和自然灾害等因素的限制，适宜人类利用的土地资源非常短缺，同时山区人口近年来增长速度较快，人地矛盾不断加剧（刘斌涛等，2011）。

西藏自治区多高山峡谷，自然条件恶劣、生态环境脆弱，土地资源利用潜力整体上中等偏下水平（金炯等，1994），可供规模开发和建设的土地基本集中于自然、社会和经济条件较为优越的河谷地区，土地供需矛盾也集中于此（土登次仁等，2015）。随着西藏社会经济的迅猛发展、人口的快速增长与城镇化的不断推进，河谷地区［如"一江两河"（雅鲁藏布江中游、年楚河和拉萨河）地区］土地资源承载压力巨大，社会经济发展空间急需扩展，对土地的需求也在不断增加（张晓平等，2014）。河谷地区主要由阶地、山地和洪积扇等地貌类型组成（中国科学院青藏高原综合科学考察队，1983），其中阶地的开发利用程度已非常高，如拉萨市的城关区、达孜区、堆龙德庆区等市区的主要部分均位于河流阶地上；山地因海拔高且坡度陡，而难以利用；洪积扇则地势低且坡度缓，目前的利用程度相对阶地较低。古洪积扇的水土环境较好，分布有农田、牧草地和村落等（陈同德等，2020）；而处于发育阶段的现代洪积扇，扇体上植被稀疏，洪积过程频繁，对生产活动危害较大（何果佑等，2009）。在野外考察过程中发现（马波等，2018），无论是古洪积扇还是现代洪积扇，大部分洪积扇存在不同程度的利用，土地利用类型包括草地、农地、林地、建筑用地和交通用地等，可见洪积扇是西藏地区珍贵的土地资源。

西藏地区的成土过程极其缓慢，因此可利用的土地资源非常有限。洪积扇的组成物质为西藏地区高大山系经千百年来自然侵蚀的产物，洪积扇是大自然经历漫长地质过程留给人类的宝贵财富，是农牧业生产的主要场所和各族人民繁衍生息的家园，在社会经济发展中具有重要的地位。但在全球气候变暖和社会经济快速发展的大背景下，洪积扇面临着地质灾害频发而毁坏严重、农牧业生产规模扩大而土地退化加速、开发建设扰动破坏而难以恢复等问题（关树森，1994；马波等，2018；伍永秋等，2017；赵春敬，2020；Li et al., 2022），导致青藏高原生态–生产–生活用地矛盾进一步加剧，影响着青藏高原生态文明与高质量可持续发展。因此，洪积扇作为青藏高原宝贵的土地资源，应对其进行保护与合理利用。

然而，目前洪积扇的数量有多少？分布在哪里？土壤质量怎样？适宜哪些植物生长？存在何种地表环境问题？利用现状如何？农业适宜性和利用潜力怎样？如何进行合理利用与保护？这些问题目前均不是很清楚，不利于洪积扇的合理利用与保护，亟须对上述问题进行解答。为此，本研究以拉萨河流域的洪积扇为研究对象，通过遥感解译和野外调查，结合室内测试、ArcGIS 分析和机器学习等方法，以探明拉萨河流域洪积扇的数量、面积及分布特征，评价洪积扇的土壤质量，明确拉萨河流域洪积扇植被类型、物种多样性及其环境解释，分析洪积扇沟蚀特征及其影响因素，研究洪积扇土地利用的时空变化特征及利用潜力，评估拉萨河流域洪积扇的农业适宜性，提出洪积扇合理利用与保护对策，为高寒区洪积扇的合理利用及保护提供理论支撑和科学依据。

1.1　洪积扇的概念与分类

山前扇形地貌，根据其形成过程和主要影响因素，主要分为洪积扇、崩岗洪积扇、冲积扇、冲洪积扇和泥石流堆积扇等类型，被统称为扇形地（fan-shaped land）（杨发相，2004；曾昭璇，1992）。

洪积扇主要发育在干旱、半干旱山区，是暂时性或者季节性河流挟沙砾、卵石等在出山口后形成的具有多河床辫流的一种扇状地形，一般由多次洪积过程形成（地质矿产部地质辞典办公室，2005）。有学者根据洪积扇的形成时间和立地类型，对洪积扇进行了二级分类。根据形成时间，洪积扇被分为古代洪积扇、现代洪积扇和多期洪积扇（何果佑等，2009，2010）。其中，古代洪积扇规模巨大（$>10km^2$），多分布于中高山区及河流中下游区，自身坡度 5°~10°，一般无滑坡及大的坍塌体，山体边坡稳定，适宜农耕和居住；现代洪积扇仍处于发育阶段，扇体植被稀疏，且多为杂草和灌木，扇上洪积过程破坏力强，对人类生产活动危害大；多期洪积扇的形成主要是由于地壳间歇性上升，洪积扇后缘冲沟间歇性后退，不同高程上分布着不同时间形成的洪积扇，位于顶端的形成年代最晚，这类洪积扇主要分布于河流上游，如西藏年楚河满拉和雄拉一带。根据立地类型，洪积扇可划分为砂土质洪积扇、灰钙土洪积扇和山洪侵蚀沟壑洪积扇：砂土质洪积扇的扇面多被砾石覆盖，其土壤为砂质土；灰钙土洪积扇部分扇面被砾石覆盖，其土壤为灰钙土；山洪侵蚀沟壑洪积扇的土壤类型也为灰钙土，但其地表多被洪水冲刷，形成较多的侵蚀沟（董新明等，2013）。崩岗洪积扇是我国南方特有的一类扇形地（曾昭璇，1992），指崩岗侵蚀发生后，洪水挟带崩积物至丘陵山地沟口后形成的扇形地（邓羽松等，2015），也有人称为崩岗冲积扇（黄斌等，2018）。

冲积扇是由具有经常性水流的山地河流河床固定，冲积物出山口后可继续被挟带到较远区域，通过河床摆动，而形成的延伸很广、坡度较缓的扇状地形（地质矿产部地质辞典办公室，2005）。冲积扇根据发育的气候区、扇面河流形状和物源组成等也有多种二级类型的划分。根据冲积扇所处气候区，冲积扇可分为湿润扇和干旱扇（陈欢庆等，2014）。根据冲积扇扇面上河流的形状，冲积扇可分为网状河型冲积扇、辫状河型冲积扇和曲流河型冲积扇（刘大卫等，2018）。根据冲积扇物源组成的粗细程度，冲积扇可分为粗粒冲积扇和细粒冲积扇，主要区别为粗粒冲积扇的沉积物粒度整体偏粗，其物源区母质岩以火山岩和变质岩为主，而细粒冲积扇的沉积物粒度整体偏细，其物源区母质岩以碎屑沉积岩为主（吴胜和等，2016）。一些山区的河流水量季节性变化较大，暴雨季节易形成洪流，易在冲积扇上叠加形成洪积扇，这种在山麓地带形成的扇形地称为冲洪积扇（地质矿产部地质辞典办公室，2005），但这类扇形地的主体部分仍为冲积扇。

泥石流堆积扇是由泥石流过程主导形成的一种特殊扇形地（李淑松，2019），又称为泥石流冲积扇（柳金峰等，2011）或泥石流扇形地（李彦稷和胡凯衡，2017）。对于泥石流堆积扇，根据其成因、发育历史、地貌形态、物源组成和人类活动等，具有多种二级划分方法（谭万沛，2000）。例如，根据地貌形态，泥石流堆积扇可分为扇形、椭圆形、长条形、银杏叶形、透镜形及上叠形六类（苏永超，2011；李旭等，2016）；根据泥石流堆积扇组合形式，可将其分为扇顶融合型、扇缘结合型和阻河型三类（李旭等，2016；苏永超，2011）；根据泥石流堆积扇的发展趋势，可分为发展期、旺盛期和停止发展期三类（谭万沛，2000）；根据泥石流堆积扇的变形方式，可将其分为镶嵌式、累叠式、侧向镶嵌式和串珠式四类，其中串珠式泥石流堆积扇，除了受到新构造运动的影响外，还受到人为活动的作用，如修建泥石流导排槽，会在末端形成新的泥石流堆积扇（唐川等，1991）。

对我国几个典型区域扇形地所在的区域气候、主导形成因素及命名进行整理发现，扇形地在我国湿润区、半湿润区、半干旱和干旱区均有分布，主导形成因素有河流、洪水、泥石流和崩岗（表1-1）。现有命名方式多以扇形地的主导形成因素进行命名，河流作用下形成的扇形地貌被称为冲积扇（alluvial fan），而泥石流、洪水等暂时性流水作用下形成的扇形地貌，其命名和对应英文翻译方式较多，如洪积扇（alluvial fan，diluvial fan，proluvial fan 或 pluvial fan）、泥石流堆积扇（alluvial fan）、泥石流冲积扇（alluvial fan of debris flows）、泥石流扇形地（debris flow alluvial fan）、崩岗洪积扇（collapsing alluvial fan）和崩岗冲积扇（alluvial）等。

alluvial fan 为我国各扇形地命名最多的英文翻译（表1-1），以 alluvial fan 为关键词，查询国外相关研究，发现在所有陆地环境中，都有 alluvial fan 分布，包括阿尔卑斯山脉、热带潮湿地区、中纬度潮湿地区、地中海地区、冰缘区域和干旱及半干旱地区（Dorn，1994）。不同区域的 alluvial fan 有不同的形成过程（Norini et al.，2016），在意大利亚平宁（Apennines）山脉可分为泥石流过程主导型的 alluvial fan 和洪水过程主导型的 alluvial fan（Santangelo et al.，2012），分别称为 debris flow dominated fan 和 water flood dominated fan，对应我国的泥石流堆积扇和洪积扇；在美国印第安纳州西南部，由季节性溪流（ephemeral stream）挟带高处的森林枯落物和土壤物质（soil materials）到沟口处形成 alluvial fan（洪积扇）（Norton et al.，2007）。在土星第六号卫星上也有 alluvial fan 的存在，主要由河流过程（fluvial processes）和泥石流过程（debris flows）形成，分别被称为 fluvial fan（河流扇，即冲积扇）和 debris flow fan（泥石流堆积扇）（Birch et al.，2016）。以我国扇形地的其他英文翻译为关键词查询英文文献，如 diluvial fan、proluvial fan 和 collapsing alluvial fan 等词（表1-1），发现文献作者基本为中国学者，因此可以判断国外对冲积扇、洪积扇、泥石流堆积扇等基本统称为 alluvial fan（Heyvaert and Walstra，2016），是个泛指扇形地的名词（表1-2），缺乏较为细致的分类。

表 1-1   国内文献中对扇形地貌的命名

地区	气候	主导形成因素	命名	英文翻译
腾格里沙漠西部	干旱气候	洪水	洪积扇	proluvial fan（刘虎俊等，2005）
张掖市山丹县	干旱气候	洪水	冲积扇	alluvial fan（王庆栋等，2018）
内蒙古额济纳旗	干旱气候	河流	冲积扇	alluvial fan（王丽琴等，2014）
酒泉玉门	干旱气候	泥石流	洪积扇	diluvial fan（李增等，2005）
贺兰山东麓	半干旱气候	河流	冲积扇	alluvial fan（莫多闻等，1999）
贺兰山东麓、西麓	半干旱气候	洪水	洪积扇	alluvial fan（李庶波等，2015）
太原盆地	半湿润气候	河流	冲积扇	alluvial fan（李新坡等，2007）
昆明市东川区	湿润气候	泥石流	洪积扇	文中无翻译（林辉，1992）
云南省永胜县	湿润气候	泥石流	冲积扇	alluvial fan（张斌等，2019）
四川白龙江流域	湿润气候	泥石流	泥石流冲积扇	alluvial fan of debris flows（柳金峰等，2011）
云南小江流域	湿润气候	泥石流	泥石流扇形地	debris flow alluvial fan（李彦稷和胡凯衡，2017）
云南省漾濞县	湿润气候	泥石流	泥石流堆积扇	alluvial fan（唐川和刘洪江，1997）
云南怒江流域	湿润气候	泥石流	泥石流扇	debris flow fans（吕立群等，2016）
广东省五华县	湿润气候	洪水、崩岗	崩岗洪积扇	collapsing alluvial fan（马媛等，2016）
广东、广西等热带、亚热带红土区	湿润气候	洪水、崩岗	崩岗冲积扇	alluvial（黄斌等，2018）

注：扇形地分布的地区、气候、主导形成因素、命名和英文翻译均摘录自对应参考文献。

表 1-2   国外文献中对扇形地貌的命名

地区	气候	主导形成因素	命名
土星第六号卫星	极度干旱气候	暴雨和洪水	alluvial fan（Birch et al.，2016）
挪威斯瓦尔巴群岛（Svalbard archipelago）	寒带干旱气候	泥石流	colluvial fan 又称 debris flow fan 或 alluvial fan（Bernhardt et al.，2017）
美国加利福尼亚州欧文斯（Owens）峡谷	干旱气候	岩崩和泥石流	alluvial fan（Blair，1999）
智利北部阿塔卡马（Atacama）沙漠	干旱气候	泥石流	alluvial fan（de Haas et al.，2014）
美国亚利桑那州索诺拉（Sonoran）沙漠	半干旱气候	河流	alluvial fan（Parker，1995）

地区	气候	主导形成因素	命名
加拿大贾斯珀（Jasper）国家公园	半湿润地区	河流	alluvial fan（Levson and Rutter, 2000）
意大利亚平宁（Apennines）山脉	温带湿润气候	洪水、泥石流	alluvial fan（Santangelo et al., 2012）

注：扇形地分布的地区、气候、主导形成因素和命名均摘录自对应参考文献。

　　我国目前对部分扇形地的命名有所混淆，如部分洪积扇被称为冲积扇（王庆栋等，2018），部分泥石流堆积扇被命名为洪积扇（李增等，2005），也有研究将崩岗洪积扇和泥石流堆积扇称为崩岗冲积扇（黄斌等，2018）和冲积扇（张斌等，2019）。命名的混乱主要表现在"洪积"和"冲积"的混用，洪积过程是指洪水挟带的沙石等物质发生沉积的过程，是个暂时性或者季节性的过程，而冲积过程是非季节性河流挟带的物质发生沉积的过程，这两类过程形成的扇形地也有较大区别，说明我国部分研究对于各扇形地没有形成一致的概念，命名和翻译的形式也较为多样（表 1-1）。另外，国内和国外对各扇形地的命名并不一一对应。我国扇形地的命名多样，而国外大部分研究对扇形地的命名为 alluvial fan，少有细致分类（表 1-2）。概念和命名的混乱不利于扇形地的深入研究。前人处理命名混乱的主要方法为：将冲积过程和洪积过程下形成的扇形地均统称为冲积扇（alluvial fan）（李新坡，2007），这类方法对于研究扇形地的地貌发育规律和形成影响因素等方面可能有益，因为扇形地的发育均和构造、气候、水文条件和集水区等因素有关，然而从人类利用扇形地土地资源的视角而言，这类处理方式可能有所欠缺。例如，有研究表明张掖市山丹县西北处的冲积扇由于洪水冲刷其表层，形成众多细沟、浅沟和辫状、树枝状的冲沟，严重威胁了埋藏于冲积扇的管道的安全（王庆栋等，2018）。但该研究中所提到的扇形地应为洪积扇，而非冲积扇，因为该研究中也有说明该扇形地由暂时性洪水冲积而成。若在布设管道之前，事先对区域分布的扇形地有科学的区分，科学地对潜在的环境风险进行预防或者合理规避，将有利于人类的生产活动。综上，由于各类扇形地形成过程及其主导因素的不同，因此形成的地貌形态和地表物质组成也有不同。同时，扇面上人类生活或者生产利用与扇形地的地表环境息息相关，但各扇形地的地表环境也有所差别，由此造成各类扇形地的利用特征不同。

　　因此，根据研究区的自然地理环境，本书的研究对象特指发育在干旱、半干旱山区，由暂时性或者季节性流水挟泥沙、砾卵石等在出山口后形成具有多辫流的扇形地貌。

1.2　洪积扇形成与发育的影响因素

　　影响洪积扇发育和形成的因素较多，按照影响因素的空间尺度可分为区域和集水区两类。区域尺度的影响因素包括构造活动、气候条件和水文条件等，集水区尺度的影响因素包括集水区的地形地貌、岩性和植被特征等。

1.2.1 区域尺度的影响因素

1）构造活动

构造活动为洪积扇发育提供了初始条件，并通过控制可容纳空间对洪积扇的大小和形态产生影响（Fernández et al.，2003；Ventra and Clarke，2018）。没有构造活动形成高差显著的物源区和堆积区，洪积扇就会失去发育的环境（高红山，2005）。局部地壳上升，会引起冲沟后退，进而汇水面积和洪积扇物质来源减少，洪积扇发育的规模也随之减小；而局部地壳下降过程会发育更大规模的洪积扇，如年楚河下游河段两岸，雅鲁藏布江彭措林至塔玛段、茶巴拉段和拉萨河下游河段因局部地壳下降，两岸的洪积扇连片发育，洪积扇规模较大，扇缘至扇顶水平距离可达 500～5000m（何果佑等，2010）。在藏北长江源地区的温泉盆地，洪（冲）扇群扇顶的连线呈直线，与该盆地边界温泉断裂的走向一致，表明正断层上、下盘的差异运动，控制洪积扇沿断层带大量发育（李亚林等，2006）。

因此，洪积扇在发育过程中也记录了构造活动的信息，如青藏高原在不断抬升过程中，在其北部外缘形成了许多大小、形态各异的山前洪积扇，其沉积物特征记录了高原的抬升过程（宋春晖等，2001）。利用电子自旋共振（ESR）测年技术，对比敦煌昌马洪积扇沉积物粒度变化曲线，分析得到该扇在沉积时期存在 7 次粒度变粗事件，说明青藏高原自早更新世末以来存在 7 次隆升期，与高原内部盆地沉积分析、活动断裂以及河流阶地活动时代对比而厘定的构造活动时段基本一致（李增等，2005）。

2）气候条件

气候是扇体发育形成过程中的重要因素（White et al.，1996），它通过改变径流的稳定性和强度来影响洪积扇的地貌活动过程（Harvey et al.，1999）。第四纪以来，在暴雨、洪水频发且沉积过程较强的区域均形成了广泛分布的洪积扇（Harvey et al.，1999）。历史时期的干湿交替影响着洪积扇的发育，如欧洲中部，历史较湿润时期洪积扇的沉积规模要大于干旱时期（Meinsen et al.，2014）。降雨强度和频率对洪积扇发育也有较大影响，如位于南美洲西海岸阿塔卡马（Atacama）沙漠的洪积扇群，降雨集中的时期，更容易产生较大的洪水，具有更强的搬运能力，因此对应的沉积层包含的巨砾较多（Cesta and Ward，2016）。

3）水文条件

水文条件影响径流的形成方式和规模，进而影响碎屑物质的量，由此决定洪积扇的堆积和下切过程（高红山，2005）。例如，我国中东部地区属于湿润气候，因此山地发育的多为具有经常性水流的河流，由于河流河床固定，冲积物出山口后可继续被挟带到较远区域，通过河床摆动，形成延伸很广、坡度较缓的冲积扇；而我国西北地区，整体较为干旱，山地多发育季节性的河流（水流），其河床不固定，多呈辫状流道，因此冲洪积物随径流出山口易分散沉积，形成坡度较陡、规模较小的洪积扇（陈同德等，2020）。洪积扇的规模和形态也受到区域的水量的影响。在我国新疆，由冰川融水形成的径流，其水量较大，径流挟带洪积物在山前形成洪积扇，冰川规模由西到东逐渐变小，洪积扇规模也呈现同样的规律；而由季节性融化雪水补给为主的河流水量较小，汛期集中，因径流挟带的物质在山口堆积迅速，形成坡度较陡的洪积扇；冲积扇和洪积扇在山前互相连接，构成山前倾斜平原（赵济，1960）。在拉萨河流域，当雄县众多洪积扇集水区均有较大储量的冰川积雪，该县的洪积扇规模要显著大于堆龙德庆区、曲水县、城关区等县（区）的洪积扇（Chen et al.，2021）。

1.2.2　集水区尺度的影响因素

洪积扇由来自集水区的沉积物堆积储存在集水区出口处形成（Cesta and Ward，2016），因此洪积扇集水区的地形地貌、岩性、植被特征等因素影响着洪积扇的发育和形成（Birch et al.，2016；Blair，2002；Harvey et al.，1999；Stock et al.，2008；Stokes and Gomes，2020）。

1）地形地貌

洪积扇固体物质是径流从集水区挟带而来的沉积物，而径流的形成与集水区的地形地貌关系密切。因此洪积扇的发育与集水区的地形地貌有关，其数量、分布和沉积特征等也可以反映集水区的地形地貌和环境变化（Crosta and Frattini，2004；Harvey，2012；Sorrisovalvo et al.，1998）。因此，近年来，洪积扇与集水区特性（包括沉积过程、地貌和岩性等）之间的关系受到广泛关注，特别是洪积扇和集水区地貌形态参数之间的关系（Crosta and Frattini，2004；Stokes and Gomes，2020）。主要有两个原因：一方面，地貌形态之间的关系可以推断地貌形态与地貌过程之间的联系；另一方面，地貌形态参数相比其他环境数据更容易获取（Stokes and Mather，2015）。

集水区的地貌特征影响着洪积扇的发育和发展（Ventra and Clarke，2018）。集水区面积、坡度、形状等地形地貌特征影响着径流的汇集量和汇集强度，因此对洪积扇的发育规模有较大影响（Goswami et al.，2009；Ventra and Clarke，2018）。例如，集水区的面积影响着汇水量，当集水区完整闭合且面积足够大时，汇水量也比较大，因而洪积扇规模也较大（半径可达到数十甚至数百公里）；而集水区不闭合且面积较小时，对应的洪积扇规模较小（半径小于数公里）（Ventra and Clarke，2018）。阿曼苏丹国东部的洪积扇集水区面积越大，洪积扇的面积、扇面沟道长度也越大，且洪积扇平均坡度越小（Leuschner et al.，2015）。西藏洪积扇集水区坡度在15°~45°时，形成的洪积扇大而缓；集水区的坡度大于45°时，因其面积一般较小，形成的洪积扇小而陡，且易形成滑坡和泥石流；而集水区坡度小于15°时，由于径流能量小，所能挟带的风化物质有限，因此不易于形成洪积扇（何果佑等，2010）。

洪积扇与集水区地貌形态参数间的经验关系模型通常作为判断洪积扇发育的主导因素，如果二者关系呈高度相关性，即可以证实集水地貌特征是洪积扇发育的主要影响因素（Crosta and Frattini，2004）；当在二者相关性较差时，那么洪积扇发育的主要影响因素可以被推断为其他因素，如构造、气候或者集水区的岩石强度等（Stokes and Gomes，2020；Stokes and Mather，2015）。在大西洋中东部的火山岛链中，分布有大量洪积扇，洪积扇（面积、坡度）和集水区（面积、地形、长度和坡度）的地貌参数之间均存在一系列经验关系模型，说明集水区是影响洪积扇发展的一个因素；但这些经验关系模型的相关系数均较小，因此可能还存在其他重要因素，经推测与证实，在这种陆地环境中火山的结构对洪积扇的发育有着更为重要的影响（Stokes and Gomes，2020）。因此，洪积扇–集水区的地貌关系是推测洪积扇发育主要影响因素的重要方法（Nichols and Thompson，2010；Ventra and Clarke，2018）。

2）岩性和植被特征

岩性和植被特征影响着集水区风化物形成，风化物的储量影响着洪积扇的规模（Ashworth，2006）。通常情况下，集水区的基岩抗侵蚀性越低，形成的洪积扇规模越大（Bull，1973；Hooke，1968）。例如，美国加利福尼亚死亡大峡谷有两个相邻的洪积扇，除集水区岩性外，其他环境条件基本一致，但形成的洪积扇地貌差异较大：集水区由抗蚀性较差的沉积岩（前寒武纪至寒武纪时期形成）组成的洪积扇，其面积大、坡度缓；而集水区基岩由抗蚀性较好的安山岩和花岗岩组成的洪积扇，其面积小而坡度大（Blair，2002）。在法国和西班牙之间的比利牛斯山脉，一些集水区存在可蚀性较高的岩石，如泥岩、石灰岩和泥灰岩等，因此产生较多风化物质，被径流搬运至集水区出口的沉积物也较多，因此这些集水区形成的洪积扇规模也较大（Nichols and Thompson，2010）。在我国西藏日喀则扎西岗乡彭措林一带，也有类似的发现：集水区为页岩、砂岩、砾岩、黏土岩等沉积岩时，其抗风化能力较弱，形成的洪积扇规模更大，在该区很多山间沟口处发育有规模较大的洪积扇（何果佑等，2010）。

集水区植被的生长特性也影响着洪积扇的地表形态。如果集水区植被覆盖度整体较高，且连续分布，那么一方面可以固结风化物，减少其被径流运输至洪积扇的数量，另一方面，可以阻碍径流和高含沙水流的形成，此时形成的洪积扇扇面较完整，沟壑较少；而当植被稀疏且不连续分布时，集水区更容易产生集中流，此时洪积扇的表面易被侵蚀或被改变（Harvey et al.，1999）。

1.3 洪积扇地表环境特征

地表环境是各地球表层环境因素组成的一个复杂系统，是影响地球宜居性最关键、直接的因素，地表环境的轻微变化便足以影响生态圈的稳定以及人类的生存质量。作为当前国家生态文明建设的关键支撑之一，地表环境也是地球系统科学研究的前沿领域和难点问题（刘勇胜等，2022）。洪积扇是地球表层一种典型的地貌类型，影响其可利用性的环境因素众多，如上述的洪积扇所处的地貌、岩性、气候、水文等区域尺度的因素，以及洪积扇的利用方式、地表灾害、土壤性质、植被特征等集水区尺度的因素。区域尺度的地表环境特征决定了洪积扇是否可被人类有效利用，如位于极端干旱地区的洪积扇，难以被人利用。在区域环境相对适宜的前提下，集水区尺度的地表环境特征可影响洪积扇的利用强度，如经常发生洪水的洪积扇不适宜于居住或者农耕，因而其利用强度较低。因此，下面对集水区尺度的洪积扇地表环境特征进行综述，了解地表环境特征如何影响洪积扇的利用。

1.3.1　洪积扇利用方式

全球各地存在较多的山区，由于受到气候或自然灾害的影响，适合居住和发展农业的土地短缺。洪积扇具有较为理想的水文条件、肥沃的土壤和相对平坦的地形（Khan et al.，2013；Mazzorana et al.，2020；Rahaman，2016；Telbisz et al.，2016），在许多山区被开发为居民地或者耕地（Ma et al.，2004；Mazzorana et al.，2020），在规模较大的洪积扇上甚至建有城镇（Chen et al.，2017；Maghsoudi et al.，2014；Santangelo et al.，2012）。我国陕西骊山北麓的洪积扇具有裸地、草灌地、林果地、坡耕地、居民地等多种土地利用类型，而且由于自然和人为因素的影响，土地类型的内部结构也在不断地发生演替（张元平和陈良富，1991）。新疆的现代洪积扇由于有不断的水源和物质补给，因而在其中下部位分布有大量绿洲；而有些古洪积扇中下部因被径流不断侵蚀，剩余部分多为厚砾石层，基本无法利用（赵济，1960）。此外，组成洪积扇的沉积物，如黏土、砂粒、砾石和大卵石，也可用作建筑材料（Bahrami et al.，2015）。

1.3.2　洪积扇地表灾害

洪积扇的地表灾害按照成因可分为三类：第一类是由洪积扇自身发育过程和地形地貌特性引起的灾害，第二类是由区域环境问题导致的灾害，第三类是人类活动引起的地表灾害。

第一，洪积扇形成的动力来源为季节性洪水，形成的扇面规模较冲积扇小，且坡度更陡（Birch et al.，2016），坡度较陡时易发生土壤侵蚀，因此第一类灾害具体表现为洪水和土壤侵蚀。例如，伊朗分布有众多洪积扇，因洪积扇土壤较肥沃而多被开发为居住用地和农业用地，但同时也饱受洪水灾害，在过去的60多年，有两个洪积扇发生的洪水次数高达240次，严重影响了农业生产（Mollaei et al.，2018）。巴基斯坦北部的吉德拉尔（Chitral）河两岸，分布有大量洪积扇，被开发成果园、农田或者居民用地，但受到洪水灾害影响较大（Khan et al.，2013）。我国华北地区分布的洪积扇，由于扇面具有一定坡度，因此扇面基本均发育有侵蚀沟（刘芳圆等，2009）。西藏中部河谷地带的洪积扇水土环境相对较好，分布有大量的村庄、农田和牧草地等（陈同德等，2020），如曲水县茶巴拉乡，全乡90%以上的村庄和95%以上的农田均分布于洪积扇上（何果佑等，2010），但部分洪积扇地表侵蚀沟发育明显，严重影响当地农牧业生产和村落的安全（Li et al.，2022；马波等，2018；赵春敬，2020）。沟蚀加剧了水土流失，宝贵肥沃的表层土壤被冲走，降低了土壤质量和粮食产量，导致农田的破碎化甚至弃耕，并制约了社会经济发展。此外，侵蚀沟的发展会增加流域水文连通性，缩短汇流时间，增加流量峰值和径流量，从而增加了下游洪水和水库沉积等异地风险（Kang et al.，2021）。

第二，区域环境问题也会引发洪积扇的地表灾害。例如，因黄河源区在1986~2000年整体沙漠化发展，引起该区域的山麓洪积扇同期也处于沙漠化加剧过程（曾永年和冯兆东，2007）。西藏的降水量由东南至西北逐渐减少，因此洪积扇上的沙堆因所处区域环境不同而处于不同的活动状态；藏东南的洪积扇上沙堆以固定、半固定为主，藏南雅鲁藏布江流域以固定、半固定和部分流动沙丘为主，而在藏北、藏西北则以流动沙丘为主，因此藏北、藏西北的洪积扇更易沙化（金炯等，1994）。

第三，人类的不合理利用或者过度开发引起洪积扇发生地表灾害。例如，伊拉克南部气候干旱少雨，Al-Batin 洪积扇上的居民多抽取洪积扇下伏地层中的地下水，长年累月引起洪积扇地表盐碱化和重金属累积等环境问题；分布于宁夏地区的洪积扇，由于地处干旱半干旱气候区，干燥少雨，水资源匮乏，因此扇体的承载力有限，但近年来一些分布于扇体上的乡镇人口逐渐增加，人类活动加剧，引起扇体水资源紧缺，洪积扇地表环境质量不断下降（李鸣骥等，2003）。

1.3.3　洪积扇地表土壤特征

洪积扇是由暂时性流水形成的堆积地貌，洪积物中包含着上游沟道及沟坡表层中的细粒土壤，其蕴藏着丰富的土壤有机质及各类养分（陈同德等，2020），因而洪积扇成为一类重要的土地资源。洪积扇通常按地貌位置被划分为扇顶、扇中、扇缘，其坡度依次递减、地形逐渐变宽、径流不断分散，径流的能量随着流动距离的增加而降低，因此从扇顶至扇缘土壤颗粒组成差异显著，再加上侵蚀的作用，土壤养分含量存在差异。例如，Deng 等（2019）通过对中国南方洪积扇土壤理化指标的分析表明，土壤有机质、全钾、全磷、全氮、速效钾、速效磷和碱解氮等指标从扇顶到扇缘逐渐增加；Bahrami 和 Ghahraman（2019）对伊朗东北部三个不同发育时间洪积扇地的研究发现，两个发育时间较长的洪积扇扇顶的土壤有机碳、全氮和全钾高于扇缘，而发育时间较短的洪积扇肥力指标的变化规律与此相反；Oliveira Junior 等（2019）在巴西北部发现，洪积扇扇缘的 pH、阳离子交换量（CEC）和交换性钠离子含量要低于扇顶，其原因为扇顶土壤经历了多次由季节性洪水引发的氧化还原过程和脱碱过程；马媛（2017）在易发生崩岗侵蚀的洪积扇上的调查研究表明，由扇顶至扇缘土壤养分含量在总体递增的趋势下也存在斑块状的零散分布，这与局部区域的成土条件、地形、原始植被以及土壤养分的运移状况有关。此外，洪积扇土壤养分含量的空间分布还受到土地利用方式（邓羽松等，2014）、培肥方式（朱芸等，2015）以及地表灾害（如崩岗）（龙莉，2013）等的影响。

1.3.4　洪积扇地表植被特征

洪积扇的形成和发育过程与其地表生长的植被互相影响。在上述对洪积扇集水区尺度影响因素的分析中，已对植被如何通过影响径流和侵蚀来影响洪积扇地貌进行了论述。而植被的生长与分布同样也受到洪积扇的影响。一般而言，洪积扇的水分从扇顶至扇缘呈不断增加的趋势，因此会影响植物的分布格局、植物种类和株高等特征。丁杰等（2020）发现天山南麓中段戈壁区的洪积扇，从扇顶到扇缘，膜果麻黄植株高度和冠幅均呈先减少后增加的趋势，这与洪积扇的水分分布规律一致；由于洪积扇侵蚀沟的分布也会通过影响水分、光热进而影响到植物的生长和分布，扇顶的膜果麻黄种群呈斑块状分布，而在扇中和扇缘呈带状分布，这是由于洪积扇地势不断下降，扇中和扇缘形成的侵蚀沟较深较多，影响了地表水分的分布，侵蚀沟内生长的植被较为茂盛，因此沿侵蚀沟呈现带状分布。洪积扇的发育年龄也间接通过水分影响了植被的生长和发育，如 Hamerlynck 等（2002）发现美国亚利桑那州 Organ Pipe Catus 国家保护区三个不同地质年代的冲积扇（年轻洪积扇，约 4000 年；中等洪积扇，约 12 000 年；老洪积扇，约 40 000 年）中，年轻洪积扇的土壤发育不良，水分渗透较为充分，而中、老洪积扇的土壤发育相对较好，土壤具有较好的储水性能，因此灌木冠层在老洪积扇上相对较大，长势较好。

1.4　小　结

综上，国内外学者对洪积扇的研究主要包括洪积扇的类型、洪积扇形成和发育的影响因素、洪积扇的土地利用方式和地表灾害等，但洪积扇作为山区珍贵的土地资源，有关其合理开发利用和保护方面的研究目前还相对薄弱，仍存在以下亟待进一步研究的问题。

（1）洪积扇与集水区地貌参数之间的回归模型通常用于判断影响洪积扇发育的主要因素，但对集水区的岩性、植被、降水等环境因子的考虑有所欠缺，这些也是影响洪积扇发育的环境因素。

（2）洪积扇土壤性质对于洪积扇的利用方式有较大影响，但目前相关研究较少，且现有研究少有与其他同处的地貌类型（如阶地）进行对比分析，难以通过参照对比判断洪积扇的可利用性。

（3）洪积扇在世界各陆地环境中均有发育，但相关研究多集中于干旱、半干旱地区，对高寒地区洪积扇研究较少。目前高寒区洪积扇的数量分布、发育的影响因素、利用现状和土壤质量等情况尚不清楚，进而影响着洪积扇的合理利用与保护。

因此，本研究以青藏高原拉萨河流域的洪积扇为研究对象，利用文献梳理、目视解译、野外调查、测试分析和机器学习等多种技术手段，明确拉萨河流域洪积扇的数量分布、土地利用变化、土壤养分与质量、地表植被及土壤侵蚀等特征，评价洪积扇的利用潜力及农业适宜性，为合理利用和保护高寒区洪积扇土地资源提供科学支撑。

参 考 文 献

陈欢庆，赵应成，高兴军，等．2014．准噶尔盆地西北缘克下组冲积扇类型．大庆石油地质与开发，33（2）：6-9.

陈同德，焦菊英，王颢霖，等．2020．青藏高原土壤侵蚀研究进展．土壤学报，57（3）：547-564.

邓羽松，丁树文，邱欣珍，等．2015．赣县崩岗洪积扇土壤肥力的空间分异规律．中国水土保持科学，13（1）：47-53.

邓羽松，丁树文，施悦忠，等．2014．安溪崩岗洪积扇不同土地利用方式土壤性质差异及肥力评价研究．中国农学通报，30（34）：165-170.

地质矿产部地质辞典办公室．2005．地质大辞典．北京：地质出版社．

丁杰，张谱，张和钰，等．2020．天山南麓中段戈壁区膜果麻黄种群空间分异特征．应用生态学报，31（12）：3997-4003.

董新明，张亚宁，李生红．2013．贺兰山东麓山前洪积扇不同立地类型造林技术．现代农业科技，

（17）：199.

高红山．2005．青藏高原层状地貌面研究——以可可西里和祁连山东段为例．兰州：兰州大学．

关树森．1994．作物低产因素与地貌及生态关系初探．西藏农业科技，15（1）：28-29.

何果佑，陈春，刘亚东．2009．论洪积扇的地质特征与人类社会经济发展的关系．资源环境与工程，
　　23（5）：628-632.

何果佑，达桑，陈春，等．2010．洪积扇的分布与地质条件及人类工程活动的关系．水力发电，36（1）：
　　45-47.

黄斌，李定强，袁再健，等．2018．崩岗治理技术措施研究进展与展望．水土保持通报，38（6）：
　　248-253.

金炯，董光荣，邵立业，等．1994．西藏土地风沙化问题的研究．地理研究，13（1）：60-69.

李鸣骥，何彤慧，璩向宁．2003．山前洪积扇面小城镇城镇化过程与区域环境变化关系初探．山地学报，
　　21（2）：173-179.

李淑松．2019．小江流域泥石流堆积扇演化特征及其综合利用．绵阳：西南科技大学．

李庶波，张珂，章桂芳，等．2015．基于GIS技术研究贺兰山、罗山洪积扇特征与山脉抬升关系．山地学
　　报，33（3）：268-278.

李新坡，莫多闻，朱忠礼，等．2007．一个片流过程控制的冲积扇——太原盆地风峪沟冲积扇．北京大
　　学学报（自然科学版），43（4）：560-566.

李新坡．2007．中国北方地区冲积扇地．貌发育特征与影响因素分析．北京：北京大学．

李旭，黄江成，徐慧娟，等．2016．怒江高山峡谷区泥石流堆积扇特征分析．云南大学学报（自然科学
　　版），38（5）：750-757.

李亚林，王成善，王谋，等．2006．藏北长江源地区河流地貌特征及其对新构造运动的响应．中国地质，
　　（2）：374-382.

李彦稷，胡凯衡．2017．基于扇形地形态特征的泥石流危险评估．山地学报，35（1）：32-38.

李增，王云斌，梁明宏，等．2005．粒度统计分析方法在青藏高原隆升研究中的运用及效果——以昌马
　　洪积扇为例．西北地质，38（3）：16-20.

林辉．1992．泥石流地区的铁路选线．铁道工程学报，（3）：121-127.

刘斌涛，刘邵权，陶和平，等．2011．基于GIS的山区土地资源安全定量评价模型——以四川省凉山州为
　　例．地理学报，66（8）：1131-1140.

刘大卫，纪友亮，高崇龙，等．2018．砾质辫状河型冲积扇沉积微相及沉积模式：以准噶尔盆地西北缘
　　现代白杨河冲积扇为例．古地理学报，20（3）：435-451.

刘芳圆，崔俊辉，陈立江，等．2009．华北平原地貌区划新见．地理与地理信息科学，25（4）：100-103.

刘虎俊，王继和，孙坤，等．2005．干旱区荒漠景观的植被自然更新机制初探．西北植物学报，25（9）：
　　1816-1820.

刘勇胜，宗克清，何德涛，等．2022．地球深部物质释放如何影响地表环境？地球科学，47（10）：3783.

柳金峰，黄江成，欧国强，等．2011．白龙江中游泥石流冲积扇坡耕地开发潜力分析．水土保持研究，
　　18（1）：92-96.

龙莉．2013．通城县花岗岩崩岗洪积扇区农田退化及质量评价．武汉：华中农业大学．

逯承鹏，陈兴鹏，王红娟，等．2013．西北少数民族地区人地关系演变动态仿真研究——以甘南州为例．
　　自然资源学报，28（7）：1255-1263.

吕立群，王兆印，徐梦珍，等．2016．怒江泥石流扇地貌特征与扇体堵江机理研究．水利学报，
　　47（10）：1245-1252.

马波，张加琼，税军锋，等．2018．西藏中东部地区土壤侵蚀野外调查报告．水土保持通报，38（5）：

1-8.

马媛, 丁树文, 邓羽松, 等. 2016. 五华县崩岗洪积扇土壤分形特征及空间变异性研究. 水土保持学报, 30 (5): 279-285.

马媛. 2017. 五华县崩岗洪积扇土壤性质空间变异性及肥力评价研究. 武汉: 华中农业大学.

莫多闻, 朱忠礼, 万林义. 1999. 贺兰山东麓冲积扇发育特征. 北京大学学报 (自然科学版), 35 (6): 816-823.

宋春晖, 方小敏, 李吉均, 等. 2001. 青藏高原北缘酒西盆地 13Ma 以来沉积演化与构造隆升. 中国科学 (D 辑: 地球科学), (S1): 155-162.

苏永超. 2011. 雅鲁藏布江米林段泥石流堆积扇形态特征与堆积范围研究. 成都: 成都理工大学.

谭万沛. 2000. 泥石流扇的类型与土地利用模式. 地理学与国土研究, 16 (1): 73-76.

唐川, 刘洪江. 1997. 泥石流堆积扇危险度分区定量评价研究. 水土保持学报, 3 (3): 63-70.

唐川, 朱静, 段金凡, 等. 1991. 云南小江流域泥石流堆积扇研究. 山地研究, 9 (3): 179-184.

土登次仁, 曹亭亭, 黄静, 等. 2015. 拉萨河谷平原土地利用类型及可持续发展研究. 西藏大学学报 (自然科学版), 30 (1): 6-11.

王丽琴, 李红丽, 董智, 等. 2014. 额济纳盆地戈壁纵剖面沉积物粒度参数分析. 水土保持研究, 21 (1): 152-156.

王庆栋, 汪鹏飞, 王子帅, 等. 2018. 冲积扇油气管道坡面侵蚀灾害因子分析. 西南石油大学学报 (自然科学版), 40 (6): 157-164.

吴胜和, 冯文杰, 印森林, 等. 2016. 冲积扇沉积构型研究进展. 古地理学报, 18 (4): 497-512.

吴映梅, 沈琼. 2006. 西南区人地关系演进状态综合评价. 西南师范大学学报 (自然科学版), 31 (6): 148-152.

伍永秋, 张春来, 杜世松, 等. 2017. 青藏高原沙漠化的过去与未来. 科技纵览, (9): 76-77.

杨发相. 2004. 新疆扇形地及其绿洲的形成演变. 宁夏工程技术, 3 (3): 210-213.

曾永年, 冯兆东. 2007. 黄河源区土地沙漠化时空变化遥感分析. 地理学报, 62 (5): 529-536.

曾昭璇. 1992. 从暴流地貌看崩岗发育及其整治. 福建水土保持, (1): 18-23.

张斌, 段现花, 唐红波, 等. 2019. 云南大永高速八代村冲积扇沟谷泥石流危险度评价. 水利与建筑工程学报, 17 (5): 50-55.

张晓平, 朱道林, 许祖学. 2014. 西藏土地利用多功能性评价. 农业工程学报, 30 (6): 185-194.

张元平, 陈良富. 1991. 骊山北麓洪积扇土地类型的演替与生态设计研究. 陕西师范大学学报 (自然科学版), (1): 74-77.

赵春敬, 焦菊英, 税军锋, 等. 2019. 西藏中南部侵蚀沟形态无人机航测与传统地面测量的对比分析. 水土保持通报, 39 (5): 120-127.

赵春敬. 2020. 拉萨河流域典型洪积扇侵蚀沟形态特征及其对集水区的水文响应. 杨凌: 西北农林科技大学.

赵济. 1960. 新疆冲积平原、洪积平原的地貌特征及其垦荒条件. 地理学报, (2): 121-128.

中国科学院青藏高原综合科学考察队. 1983. 西藏地貌. 北京: 科学出版社.

钟业喜, 冯兴华, 宋丽, 等. 2016. 赣南山地丘陵区城市人口增长与建成区扩张耦合关系. 山地学报, 34 (4): 485-495.

朱芸, 邓羽松, 夏栋, 等. 2015. 施肥方式对崩岗洪积扇土壤养分改良研究. 热带作物学报, 36 (10): 1753-1758.

Ashworth P. 2006. Alluvial fans: geomorphology, sedimentology, dynamics by Adrian Harvey, Anne Mather; Martin Stokes. Area, 38 (2): 225-226.

Bahrami S, Fatemi A, Bahrami K, et al. 2015. Effects of weathering and lithology on the quality of aggregates in the alluvial fans of Northeast Rivand, Sabzevar, Iran. Geomorphology, 241: 19-30.

Bahrami S, Ghahraman K. 2019. Geomorphological controls on soil fertility of semi-arid alluvial fans: a case study of the Joghatay Mountains, Northeast Iran. Catena, 176: 145-158.

Bernhardt H, Reiss D, Hiesinger H, et al. 2017. Debris flow recurrence periods and multi-temporal observations of colluvial fan evolution in central Spitsbergen (Svalbard). Geomorphology, 296: 132-141.

Birch S P D, Hayes A G, Howard A D, et al. 2016. Alluvial Fan Morphology, distribution and formation on Titan. Icarus, 270: 238-247.

Blair T C. 1999. Alluvial fan and catchment initiation by rock avalanching, Owens Valley, California. Geomorphology, 28 (3): 201-221.

Blair T C. 2002. Cause of dominance by sheetflood vs. debris-flow processes on two adjoining alluvial fans, Death Valley, California. Sedimentology, 46 (6): 1015-1028.

Bull W B. 1973. Geologic factors affecting compaction of deposits in a land-subsidence area. Geological Society of America Bulletin, 84 (12): 3783-3802.

Cesta J M, Ward D J. 2016. Timing and nature of alluvial fan development along the Chajnantor Plateau, northern Chile. Geomorphology, 273: 412-427.

Chen B B, Gong H L, Li X J, et al. 2017. Characterization and causes of land subsidence in Beijing, China. International Journal of Remote Sensing, 38 (3): 808-826.

Chen T D, Jiao J Y, Chen Y X, et al. 2021. Distribution and land use characteristics of alluvial fans in the Lhasa River Basin, Tibet. Journal of Geographical Sciences, 31 (10): 1437-1452.

Crosta G B, Frattini P. 2004. Controls on modern alluvial fan processes in the central Alps, northern Italy. Earth Surface Processes and Landforms, 29 (3): 267-293.

de Haas T, Ventra D, Carbonneau P E, et al. 2014. Debris-flow dominance of alluvial fans masked by runoff reworking and weathering. Geomorphology, 217: 165-181.

Deng Y S, Shen X, Xia D, et al. 2019. Soil erodibility and physicochemical properties of collapsing gully alluvial fans in Southern China. Pedosphere, 29 (1): 102-113.

Dorn R I. 1994. The role of climatic change in alluvial fan development//Abrahams A D, Parsons A J. Geomorphology of Desert Environments. London: Chapman and Hall: 593-615.

Fernández C V A M, Viseras C, Calvache M, et al. 2003. Differential features of alluvial fans controlled by tectonic or eustatic accommodation space. Examples from the Betic Cordillera, Spain. Geomorphology, 50: 181-202.

Goswami P K, Pant C C, Pandey S. 2009. Tectonic controls on the geomorphic evolution of alluvial fans in the Piedmont Zone of Ganga Plain, Uttarakhand, India. Journal of Earth System Science, 118 (3): 245-259.

Hamerlynck E P, McAuliffe J R, McDonald E V, et al. 2002. Ecological responses of two Mojave Desert shrubs to soil horizon development and soil water dynamics. Ecology, 83 (3): 768-779.

Harvey A M, Wigand P E, Wells S G. 1999. Response of alluvial fan systems to the late Pleistocene to Holocene climatic transition: contrasts between the margins of pluvial Lakes Lahontan and Mojave, Nevada and California, USA. Catena, 36: 255-281.

Harvey A M. 2002. The role of base-level change in the dissection of alluvial fans: case studies from southeast Spain and Nevada. Geomorphology, 45 (1): 67-87.

Harvey A M. 2012. The coupling status of alluvial fans and debris cones: a review and synthesis. Earth Surface Processes and Landforms, 37 (1): 64-76.

Heyvaert V M A, Walstra J. 2016. The role of long-term human impact on avulsion and fan development. Earth Surface Processes and Landforms, 41 (14): 2137-2152.

Hooke L. 1968. Model geology: prototype and laboratory streams: discussion. Geological Society of America Bulletin, 79 (3): 391-393.

Kang Z Q A, Wang S, Xu L, et al. 2021. Suitability assessment of urban land use in Dalian, China using PNN and GIS. Natural Hazards, 106 (1): 913-936.

Khan M A, Haneef M, Khan A S, et al. 2013. Debris-flow hazards on tributary junction fans, Chitral, Hindu Kush Range, northern Pakistan. Journal of Asian Earth Sciences, 62: 720-733.

Leuschner A, Mattern F, Van Gasselt S. 2015. Morphometric characterization and classification of alluvial fans in Eastern Oman. Vienna: EGU General Assembly Conference Abstracts.

Levson V M, Rutter N W. 2000. Influence of bedrock geology on sedimentation in Pre-Late Wisconsinan alluvial fans in the Canadian Rocky Mountains. Quaternary International, 68: 133-146.

Li J J, Zhao C J, Chen T D, et al. 2022. Gully erosion on alluvial fan can be mitigated by altering the hydrological connectivity between alluvial fan and contributing catchment in the Lhasa River Basin. Land Degradation & Development, 33 (8): 1170-1183.

Ma D T, Tu J J, Cui P, et al. 2004. Approach to mountain hazards in Tibet, China. Journal of Mountain Science, 1 (2): 143-154.

Maghsoudi M, Simpson I A, Kourampas N, et al. 2014. Archaeological sediments from settlement mounds of the Sagzabad Cluster, central Iran: human-induced deposition on an arid alluvial plain. Quaternary International, 324: 67-83.

Mazzorana B, Ghiandoni E, Picco L. 2020. How do stream processes affect hazard exposure on alluvial fans? Insights from an experimental study. Journal of Mountain Science, 17 (4): 753-772.

Meinsen J, Winsemann J, Roskosch J, et al. 2014. Climate control on the evolution of Late Pleistocene alluvial-fan and aeolian sand-sheet systems in NW Germany. Boreas, 43 (1): 42-66.

Mollaei Z, Davary K, Hasheminia S M, et al. 2018. Enhancing flood hazard estimation methods on alluvial fans using an integrated hydraulic, geological and geomorphological approach. Natural Hazards and Earth System Sciences, 18 (4): 1159-1171.

Nichols G, Thompson B. 2010. Bedrock lithology control on contemporaneous alluvial fan facies, Oligo-Miocene, southern Pyrenees, Spain. Sedimentology, 52 (3): 571-585.

Norini G, Zuluaga M C, Ortiz I H, et al. 2016. Delineation of alluvial fans from digital elevation models with a GIS algorithm for the geomorphological mapping of the Earth and Mars. Geomorphology, 273: 134-149.

Norton J B, Sandor J A, White C S, et al. 2007. Organic matter transformations through arroyos and alluvial fan soils within a Native American agroecosystem. Soil Science Society of America Journal, 71 (3): 829.

Oliveira Junior J C, Furquim S A C, Nascimento A F, et al. 2019. Salt-affected soils on elevated landforms of an alluvial megafan, northern Pantanal, Brazil. Catena, 172: 819-830.

Parker K C. 1995. Effects of complex geomorphic history on soil and vegetation patterns on arid alluvial fans. Journal of Arid Environments, 30 (1): 19-39.

Rahaman S. 2016. The formation and morphological characteristics of alluvial fan deposits in the Rangpo Basin Sikkim. European Journal of Geography, 7 (3): 86-98.

Santangelo N, Daunis-i-Estadella J, Di C G, et al. 2012. Topographic predictors of susceptibility to alluvial fan flooding, Southern Apennines. Earth Surface Processes and Landforms, 37 (8): 803-817.

Sorrisovalvo M, Antronico L, Le P E. 1998. Controls on modern fan morphology in Calabria, Southern Italy. Geomorphology, 24 (2-3): 169-187.

Stock J D, Schmidt K M, Miller D M. 2008. Controls on alluvial fan long-profiles. Geological Society of America Bulletin, 120 (5-6): 619-640.

Stokes M, Gomes A. 2020. Alluvial fans on volcanic islands: a morphometric perspective (So Vicente, Cape Verde). Geomorphology, 368: 1-15.

Stokes M, Mather A E. 2015. Controls on modern tributary-junction alluvial fan occurrence and morphology: high Atlas Mountains, Morocco. Geomorphology, 248: 344-362.

Telbisz T, Imecs Z, Mari L, Bottlik Z. 2016. Changing human-environment interactions in medium mountains: the Apuseni Mts (Romania) as a case study. Journal of Mountain Science, 13 (9): 1675-1687.

Ventra D, Clarke L E. 2018. Geology and geomorphology of alluvial and fluvial fans: current progress and research perspectives. Geological Society, London, Special Publications, 440: 1-21.

Verburg P H, Van de Steeg J, Veldkamp A, et al. 2009. From land cover change to land function dynamics: a major challenge to improve land characterization. Journal of Environmental Management, 90 (3): 1327-1335.

Wang L, Liu H. 2019. Quantitative evaluation of Tibet's resource and environmental carrying capacity. Journal of Mountain Science, 16 (7): 1702-1714.

White K, Drake N, Millington A, et al. 1996. Constraining the timing of alluvial fan response to Late Quaternary climatic changes, southern Tunisia. Geomorphology, 17 (4): 295-304.

第 2 章 | 洪积扇的分布特征

2.1 研究方法

2.1.1 研究区概况

拉萨河是雅鲁藏布江的一级支流，发源于念青唐古拉山南麓，是世界上海拔最高的河流之一。拉萨河流域位于青藏高原南部，流域面积为 31 760km²，仅占西藏自治区 2.7% 的面积，但分布着西藏自治区 15% 的耕地与人口，是西藏政治、经济和文化的中心区域（王芸，2017）。拉萨河上游人口较少，主要发展牧业；中游人口较多，主要发展农业；而下游地区人口密集，主要发展工、农业及服务业（乔丽，2020）。

在地质构造和河流侵蚀下切的控制和影响下，拉萨河流域的地形整体呈现为高山和河谷，二者间的海拔落差较大，因此整体地势较陡（刘久潭，2020）。海拔范围从 3523m 到 7067m 不等，地貌以山地、河谷、阶地等为主（Zhang et al., 2010）。拉萨河流域按照地貌差异整体上可划分为三个区（图 2-1）：雅鲁藏布高山峡谷区（YV）、念青唐古拉高山峡谷区（NV）和念青唐古拉高山盆地区（NB）（Chen et al., 2022a; Wang et al., 2020; 王春连等，2010）。这三个地貌区的海拔整体上念青唐古拉高山峡谷区最高，念青唐古拉高山盆地区次之，雅鲁藏布高山峡谷区最低。尽管念青唐古拉高山峡谷区的海拔最高，但拉萨河河源区的河谷与山地间的海拔落差较小，地势反而相对平坦。地貌类型按照成因可分为 4 种类型，按照形态单元又可分为 17 种类型（张丰述，2011），具体如表 2-1 所示。

表 2-1　地貌类型划分（张丰述，2011）

成因类型		形态单元
风成地貌		沙丘、平沙地
冰川地貌		冰前扇地
侵蚀（溶蚀）剥蚀构造地貌	构造侵蚀剥蚀山地	极高山
		中高山
		低高山
	构造溶蚀剥蚀山地	极高山
		中高山
		低高山

续表

成因类型	形态单元
侵蚀堆积地貌	沼泽地
	河床、低漫滩
	高漫滩
	一级阶地
	一级阶地
	二至四级阶地
	河床、漫滩
	冲洪积扇
	洪积扇

其中成因类型列第一大项为"冲积平原"（对应前四个形态单元），第二大项为"冲洪积平原"（对应一级阶地、二至四级阶地、河床、漫滩），第三大项为"支谷扇形地"（对应冲洪积扇、洪积扇）。

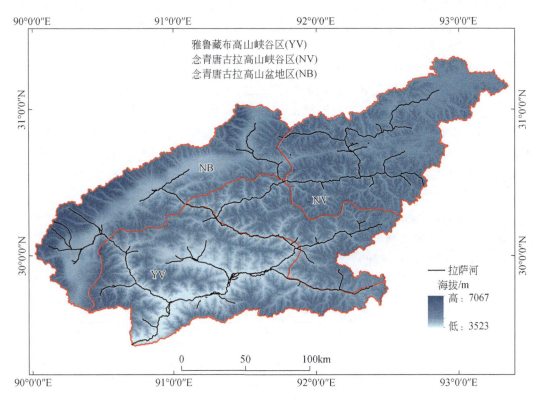

图 2-1   拉萨河流域及地貌分区

拉萨河流域的气候类型为高原季风半干旱气候，受半干旱季风的影响，年降水量在 340～600mm，年内降水分布不均，集中在 6～9 月（Wei et al., 2012；Zhang et al., 2010）；另外，在许多年份 11 月至次年 2 月没有降水（刘久潭，2020）。受到海拔的影响，流域整体气温较低，年平均气温在 -1.7～9.7℃，冬春季农牧业易受冻灾影响。由于该区域空气相对稀薄，云量较少，因此太阳辐射强烈，全年日照总时长约 2800h，多年平均蒸发量可达 1216mm（乔丽，2020）。冬春季节由于降水稀少，河床外露，加之河谷风盛行，易在局部地区形成沙尘暴天气，给当地经济发展造成一定程度的危害（刘久潭，2020）。

拉萨河主要有三种水源补给形式，包括降水、地下水和冰雪融水，三者的补给量分别占年径流总量的 48%、29% 和 23%（张凤熔，2018）。冰雪融水主要来源于流域内高海拔区域发育的冰川和季节性冻土（蔺学东等，2007）。流域内冰川总面积可达 670km^2，占流域面积的 2.1%，主要分布于羊八井地区（陈家昌，2020）。拉萨河多年径流量在 330m^3/s 左右，径流量在年内分布不均，在 6~9 月的雨季，径流量增大，曾多次引发 1000m^3/s 的洪水；而在冬春枯水期，流量可低至 8m^3/s（乔丽，2020）。另外，拉萨河的河床摆动性较强，边滩、心滩和汊流发育广泛（刘久潭，2020）。

流域内的植被具有明显的垂直分布规律（王建林，1994），且土壤类型多与植被类型相对应：5700m 以上基本无植被（基本无土壤发育，地表多石质），5200~5700m 为高山垫状植被（寒漠土），4700~5200m 为高山草甸（草甸土），4250~4700m 为灌丛草甸（亚高山灌丛草甸土），4250m 以下为灌丛草原（灌丛草原土和阿嘎土）（刘燕华和杨勤业，1984）。拉萨河流域耕地总面积为 656.44km^2（2011 年），主要分布在下游，逐渐向上游减少，目前有逐步向更大坡度和海拔区域推进的趋势（摆万奇等，2014）。

拉萨河流域河谷区的谷宽 3~8km，两岸阶地发育，河流堆积物可达百米，洪积扇、冲积扇广泛分布（布多等，2009）。洪积扇上部多为洪积物，土壤仍处于发育过程，下部土壤多为阿嘎土，有 CaCO$_3$ 沉积，土壤剖面分层明显（刘燕华和杨勤业，1984）。洪积扇上植被主要有藏川杨（拉丁名见附表，其他物种同）、薄皮木、鼠曲草、狼毒、豌豆、青稞、油菜等（刘燕华和杨勤业，1984；林红等，2021）。洪积扇地形平缓，有一定开发利用潜力，但目前面临沟蚀、山洪、泥石流、土壤粗化和沙漠化等诸多生态环境风险（关树森，1994；伍永秋等，2017；赵春敬，2020）。

2.1.2 洪积扇地貌识别及其边界确定

洪积扇是拉萨河流域典型的流水地貌，与当地人民的生活息息相关。有部分洪积扇的边界由于自然或人为的影响而难以识别，具体表现为：首先，当地冲积扇和洪积扇这两种地貌类型同时分布，其形态容易混淆，二者边界难以识别；其次，由于人类活动，洪积扇和阶地的边界不清晰，难以识别二者界限。但洪积扇边界的确定对于洪积扇土地资源的价值判断有重要影响，因此本研究通过文献和资料查阅，确定西藏地区洪积扇地貌及其边界的判断方法。

1. 洪积扇和冲积扇的区分方法

通过梳理文献资料，发现区分洪积扇和冲积扇的一个重要特征是：扇面是否有辫状流道，若有辫状流道（不固定流道）且没有常流水，即洪积扇；若为固定流道（具有常流水），即冲积扇。以达孜区政府驻地附近为例（图 2-2），该扇具有明显的固定流道，且具有常流水，因此该扇主体属于冲积扇，而在扇顶和两侧分布有若干个洪积扇。因此准确来说，该扇形地貌应为冲洪积扇。

图2-2 位于达孜区的冲洪积扇

1，2，3，4，5，6，7，8为洪积扇（其他面积较小的洪积扇未画出），红色箭头为固定流道的水流流向

2. 洪积扇和阶地边界的区分

阶地是由河流常年流水挟带的沉积物堆积形成，而洪积扇则是由季节性山洪暴发而成的，因此阶地物质有一定分选性，相比之下，洪积扇物质一般磨圆性差且大小混杂，无明显的分选性；阶地物质由于其物源较广，因此物质成分复杂；而洪积扇物质物源相对简单，基本来源于集水区，因此物质成分较为单一。阶地通常沿着河流两岸发育，并随着河流有一定纵坡降，而洪积扇的坡降一般都比阶地大（苏永超，2011）。以达孜区行政地对岸为例（图2-3），A和B为堆积阶地，它们是由河流冲积物组成的阶地；C和D为洪积扇，但其与堆积阶地的边界混合，难以区分具体的地貌边界。为此，参考第一次青藏科考（中国科学院青藏高原综合科学考察队，1983）年楚河与雅鲁藏布江交汇处的地貌资料

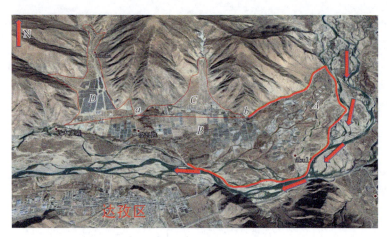

图2-3 堆积阶地和洪积扇边界混淆

[图2-4（a）]，在 Google Earth 上勾画出对应地貌 [图2-4（b）]，以此来判断上文对地貌的判断是否准确。对比图2-4（a）和图2-4（b），可知图2-4（b）中 B 和 C 均为阶地，图2-4（a）中它们分别被命名为低阶地和高阶地，二者均为堆积阶地，阶地靠近河道的一侧均为河漫滩，因此能确定图2-3中 A 和 B 为堆积阶地，但和山麓洪积扇 C、D 的扇缘边界混淆，难以确定洪积扇边界，为确保研究对象的准确性（不能将不属于洪积扇的部分划入洪积扇范围内），因此将 C 和 D 的扇缘边界直接定义为两侧山口连接线，以确保解译对象属于洪积扇，即洪积扇 C 的扇缘边界线为直线 ab。

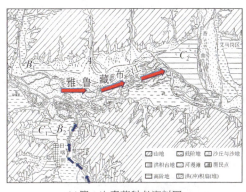 

(a)第一次青藏科考资料图　　　　(b)Google Earth对照图(2018年10月3日)

图 2-4　年楚河与雅鲁藏布江交汇段地貌图

B 表示低阶地，B_1 和 B_2 分别表示低阶地1和低阶地2；C 表示高阶地，C_1 和 C_2 分别表示高阶地1和高阶地2

2.1.3　洪积扇及其集水区解译

根据2.1.2节中确定的洪积扇目视解译标志及边界区分方法，在谷歌影像上逐个沟道解译洪积扇及其集水区的边界（图2-5），然后由课题组其他成员根据解译标注进行逐个校核。谷歌影像的精度在 $0.5 \sim 2.6m$，影像时间在 $2007 \sim 2020$ 年。为了更加精细地确定洪积扇的分布，以服务于洪积扇的合理利用为目的，对洪积扇进行分级。由于洪积扇的面积 $\leq 0.1km^2$ 时，难以进行规模利用。因此按照洪积扇的面积大小，以 $0.1km^2$ 为基准，面积每增加 10 倍划分为一级（Chen et al., 2021），共划分了四级，分别为第一级（面积 $\leq 0.1km^2$），第二级（$0.1km^2 <$ 面积 $\leq 1km^2$），第三级（$1km^2 <$ 面积 $\leq 10km^2$）和第四级（面积 $> 10km^2$）。

2.1.4　基于机器学习的洪积扇发育影响因素分析

通过建立机器学习模型的方法确定洪积扇发育的影响因素，建模过程主要包括建立洪积扇发育指数（D_i）、获取洪积扇发育的影响因素数据、构建不同机器学习回归模型及评估模型等（图2-6）。

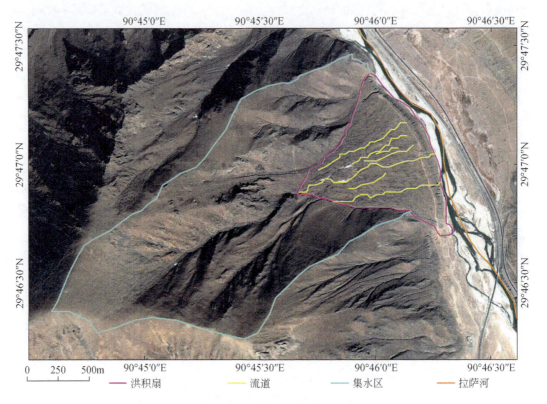

图 2-5　拉萨河流域典型洪积扇及其集水区

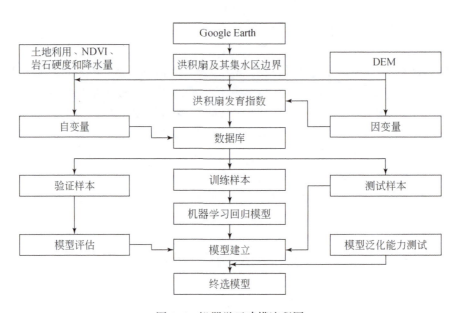

图 2-6　机器学习建模流程图

1. 洪积扇发育指数的建立

洪积扇是一种扇形地貌，是在集水区的泥沙沉积作用，以及由径流、风力和（或）人类活动等影响的侵蚀作用下发展而来。在这两种相反的作用下，洪积扇的发展包括正向和逆向两个方向。正向是指洪积扇发展成面积较大或（和）高度较低的稳定状态［图 2-7（a）至（b）、（c）或（d）；图 2-7（b）或（c）至（d）］。负方向的发展过程与正方向相反，即图 2-7（d）至（a）、（b）或（c）；图 2-7（b）或（c）至（a）。一般来说，洪积扇的发育过程中其周长和坡度会随着其面积和高度的变化而变化。因此，表征洪积扇发育的常见指标为洪积扇面积（F_a）、洪积扇周长（F_p）、洪积扇平均坡度（F_g）和洪积扇高度（F_h，洪积扇的最高点与最低点的高差）等地貌形态参数（Sorrisovalvo et al., 1998；Stokes and Gomes, 2020），这四个相关参数如表 2-2 所示。在 ArcGIS 中加载 DEM（ALOS，12.5m）后，利用计算几何、坡度和分区统计功能即可得到 F_a、F_p、F_g 和 F_h 四个参数。

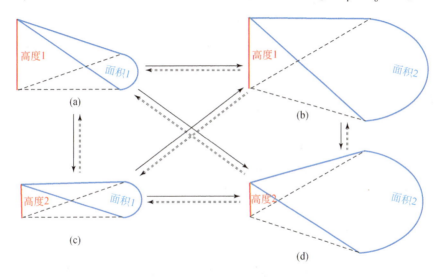

图 2-7　洪积扇发育的概念图

其中高度 1 大于高度 2，面积 1 小于面积 2；（a）面积小，高度高，而（d）面积大、高度低，因此在（a）、（b）、（c）和（d）中，（a）是最不稳定的，（d）是最稳定的状态

表 2-2　洪积扇的四个地貌形态参数

编号	参数	简写	单位
1	面积	F_a	km²
2	周长	F_p	km
3	平均坡度	F_g	(°)
4	高度	F_h	m

在洪积扇发育概念图的基础上，创建洪积扇发育指数（D_i），作为机器学习模型中的因变量。洪积扇的高度（坡度）越低，或者面积（周长）越大，其 D_i 值越大。因此，选

择上述四个指标建立 D_i。D_i 借鉴土壤质量指数（SQI）（Doran and Parkin，1994；Guo et al.，2017；Li et al.，2013）进行构建，D_i 由式（2-1）得到：

$$D_i = \sum_{i=1}^{n} W_{x_i} f_{x_i} \tag{2-1}$$

式中，D_i 为洪积扇发育指数，范围在 0~1；W_{x_i} 为各指标的权重；f_{x_i} 为指标的标准化函数；i 为指标的个数，共计 4 个，分别为 F_a、F_p、F_g、F_h。

W_{x_i} 由熵权法（EWM）计算，熵权法是一种客观赋权法，以各指标的变异程度为依据，利用信息熵来量化指标的权重（Gao et al.，2018）。式中的 f_{x_i} 采用标准化函数（Guo et al.，2017）进行计算和标准化，标准化可避免不同指标量纲对计算结果的影响。本研究选择两种标准化函数，即 S 方程式（2-2）和反 S 方程式（2-3）来标准化洪积扇的发育指标。根据图 2-7，面积和周长由 S 方程标准化，高度和平均坡度用反 S 方程标准化。这两个方程如下所示。

$$\text{S 方程}: f(x) = \begin{cases} 0.1 & , \quad x < x_{\min} \\ 0.1 + \dfrac{0.9 \times (x - x_{\min})}{x_{\max} - x_{\min}} & , \quad x_{\min} < x < x_{\max} \\ 1 & , \quad x > x_{\max} \end{cases} \tag{2-2}$$

$$\text{反 S 方程}: f(x) = \begin{cases} 1 & , \quad x < x_{\min} \\ 1 - \dfrac{0.9 \times (x - x_{\min})}{x_{\max} - x_{\min}} & , \quad x_{\min} < x < x_{\max} \\ 0.1 & , \quad x > x_{\max} \end{cases} \tag{2-3}$$

式中，$f(x)$ 为 0.1~1 的指标得分；x 为某指标的数值；$x_{\min}$ 和 $x_{\max}$ 分别为某指标的最小值和最大值。

2. 集水区相关参数的获取

根据现有研究，集水区的地形地貌因素、植被岩性因素和降水冰雪因素对洪积扇发育有着重要的影响（Chen et al.，2022b）。地形地貌因素影响径流量及其汇集过程，其包括集水区面积、周长、平均坡度和坡向等因子；植被岩性包括岩性和植被因子，影响着集水区的风化物质的数量；降水冰雪因素直接影响径流的形成，影响洪积扇发育的源动力，包括降雨、冰川和积雪因子（Harvey et al.，1999；Nichols and Thompson，2010）。因此，本研究将这些参数作为自变量输入模型，共选择了 11 个与集水区地形地貌相关的参数，包括集水区面积（CA）、集水区周长（CP）、集水区平均坡度（CSGa）、集水区坡向（CSA）、集水区高差（CR）、集水区主沟比降（CRR）、集水区沟壑密度（CDD）和集水区形状系数（CSC）；其中，又将坡向根据角度分为 4 类（Huang et al.，2015），包括阳坡（157.5°~247.5°）、半阳坡（112.5°~157.5°、247.5°~292.5°）、阴坡（0°~67.5°、337.5°~360°）、半阴坡（67.5°~112.5°、292.5°~337.5°）。为了更详尽地说明坡向对洪积扇发育的作用，将各洪积扇集水区不同坡向的面积和集水区总面积的比值，作为一个独立的自变量加入模型，分别为集水区阳坡面积占比（CSA1）、集水区半阳坡面积占比（CSA2）、集水区阴坡面积占比（CSA3）和集水区半阴坡面积占比（CSA4）。CR 是集水区顶部和出口之间的高差（Zhou et al.，2016）。CRR 是 CR 和主沟长度的比值，可反映集水区整体陡峭程度。CDD 为沟道总长与集水区面积 CA 之间的比值。集水区形状系数（CSC）是反映集水区汇流速度的一个重要参数，它被定义为集水区实际周长与相同面积圆形集水区周长之间的比值。CSC 越大，集水区越接近圆形，径流越容易汇集。CSC 如式（2-4）所示：

$$CSC = P_t / P_c = P_t / (4\pi A)^{1/2} \tag{2-4}$$

式中，CSC 为集水区形状系数；P_t 为集水区的实际周长（km）；P_c 为与实际真实集水区面积相同圆形集水区的周长（km）；A 为集水区的真实面积（km^2）。

上述这 11 个参数在 ArcGIS 中加载 DEM，利用计算几何、坡度、坡向、空间分析和分区统计等功能即可计算得到相关数据。

洪积扇发育的植被岩性因素包括岩性和植被盖度这两个参数（表 2-3 中的指标 12 和 13），拟用岩性强度数据和 NDVI 数据代替这两个参数。地层岩性数据通过矢量化 1∶250 000 比例尺的地质图获得，研究区地层岩性错综复杂，从奥陶纪到第四纪均有分布（图 2-8）。为了表征集水区的岩性特征，首先将地层岩性数据根据岩性强度分为极软（第四系松散物质）、软（古生代层状中酸性侵入岩、碎屑岩）、中等（新生代层状片岩、侵入岩、碎屑岩）、硬（新生代和中生代中酸性侵入岩）和极硬（新生代和中生代基性和中性侵入岩）五个等级（Zhao et al.，2020）；同时，在 ArcGIS 中将这五个等级分别赋值为 1、2、3、4、5，得到拉萨河流域地层岩性强度分布图（图 2-9）；然后，利用 ArcGIS 的分区统计功能，即可获取各洪积扇集水区的平均地层岩性强度（RHa）。用 RHa 代替集水区岩性，成为模型的一个自变量。集水区的植被数据采用多年平均 NDVI 代替，这些数据通过国家青藏高原数据中心获取，具体为拉萨河流域的 NDVI 数据（分辨率为 250m，时间跨度为 2000～2018 年）。NDVI 数据的处理方式与岩性数据相同。首先，在 ArcGIS 中，将 NDVI 分为五个级，分别为低（0～0.2）、较低（0.2～0.4）、中（0.4～0.6）、较高（0.6～0.8）和高（0.8～1）；然后，将五个等级分别赋值为 1、2、3、4、5；最后，基于利用 ArcGIS 的分区统计功能，即可得到各洪积扇集水区的多年平均 NDVI（VIa）。

表 2-3　洪积扇集水区相关参数（自变量）

序号	参数	简写	单位
1	集水区面积	CA	km^2
2	集水区周长	CP	km
3	集水区平均坡度	CSGa	（°）
4	集水区阳坡面积占比	CSA1	%
5	集水区半阳坡面积占比	CSA2	%
6	集水区阴坡面积占比	CSA3	%
7	集水区半阴坡面积占比	CSA4	%
8	集水区高差	CR	m
9	集水区主沟比降	CRR	m/m
10	集水区沟壑密度	CDD	km/km^2

序号	参数	简写	单位
11	集水区形状系数	CSC	—
12	集水区地层岩性强度	RHa	—
13	集水区多年平均 NDVI	VIa	—
14	集水区多年平均降水量	Ra	mm
15	集水区多年平均冰川积雪面积	GSa	km²

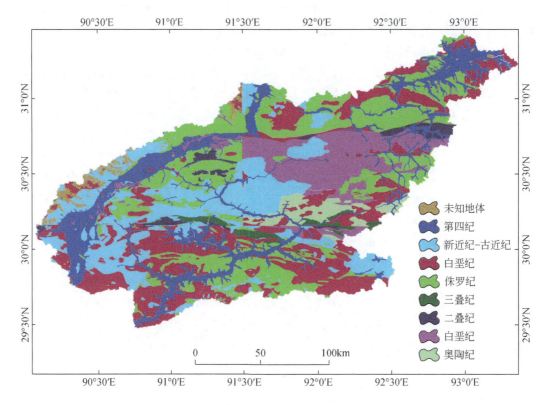

图 2-8　拉萨河流域地质年代分布图

　　本研究选择的影响洪积扇发育的降水冰雪因素为降水量和冰川积雪面积。在拉萨河流域雨雪是影响集水区水文要素（如径流量）的重要因素。而洪积扇是典型的流水地貌，受径流量的影响较大。在拉萨河流域，径流的主要来源是降水和冰川积雪的融化。因此，选择集水区多年平均降水量（Ra）和集水区多年平均冰川积雪面积（GSa）（表 2-3 中的指标 14 和 15）。其中，年降水量数据（分辨率 1km，1990~2015 年）由国家青藏高原科学数据中心申请获得；30m 分辨率的土地利用数据（2000 年、2010 年和 2020 年）在 GlobeLand30 网站申请获得（表 2-4）。然后，在 ArcGIS 中，使用计算几何和分区统计功能计算洪积扇集水区的 Ra 和 GSa 参数。

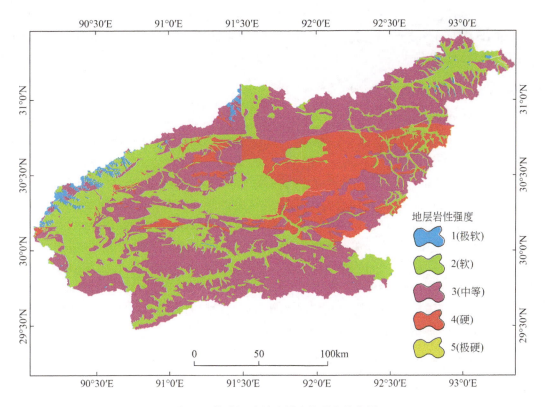

图 2-9　拉萨河流域地层岩性强度分布图

表 2-4　数据来源

数据	来源	分辨率
DEM	ALOS	12.5m
降水［西藏年降水量气候要素数据集（1990~2015 年）］	国家青藏高原科学数据中心	1km
NDVI［青藏高原植被指数数据集（2000~2018 年）］	国家青藏高原科学数据中心	250m
土地利用数据	GlobeLand30	30m

3. 参数样本的分配及预处理

首先，建立由洪积扇发育指数（一个因变量即 D_i）和影响其发育的环境数据（表 2-3 中的 15 个自变量）组成的数据库。参照前人研究（Bengio et al., 2016），将数据样本按照 72%、18% 和 10% 的比例随机分为训练样本、验证样本和测试样本。然后，对所有数据进行 min-max 标准化。

其次，检测具有高相关性和多重共线性的参数，并将其去除（Heiser et al., 2015）。根据 Dormann 等（2013）的研究，去除相关系数大于 0.7 的参数可以有效克服建立的模型具有多重共线性的问题。因此，根据参数相关系数的结果（表2-5），删除了 CP、CR、CSA3 和 CSA4 四个参数，以避免模型出现多重共线性而存在过拟合问题。最后，保留剩余的 11 个参数用于建模。

4. 运行不同机器学习模型的算法

本研究涉及的机器学习算法的运行环境为 Python，从 https://www.anaconda.com/下载并安装 10 个不同类型的算法包（packages）进行建模，这 10 个算法包可分为两类。第一类是单一型学习算法，包括 Bayesian Ridge、Linear Regression、ARD Regression、Decision Tree 和 Support Vector Machine；这类算法的决策边界（decision boundary）相对简单，其在训练样本的过程中，一般会使用模型固定的决策边界分类样本。第二类是集成型学习算法，包括 Gradient Boost Decision Tree、Random Forest、Adaboost、EXtree 和 XGBoost。第二类的算法的决策边界较复杂，在训练样本的过程中，会尝试不同的决策边界分类样本，从最大化决策边界与训练样本间的间隔，提高模型对各样本特征的识别能力，因此其泛化能力一般均较单一型学习算法优越。所谓泛化能力是指机器学习算法对新样本的适应能力随之增强。学习的目的是挖掘到隐含在数据（自变量）背后的规律，对具有训练集以外的数据（自变量），也能给出合适的输出（因变量）。

5. 检验不同机器学习模型的准确性

首先，在 Python 中运行不同的机器学习算法。其次，将训练样本输入至各算法中来构建一系列初步模型，并将其输出。然后，根据确定系数（R^2）对各类模型的准确性进行检验。R^2 值越接近 1，模型的预测值就越接近真实值。因此，R^2 越高，模型的精度越高。R^2 的计算公式如下：

$$R^2 = 1 - \frac{SS_{res}}{SS_{tot}} = 1 - \frac{\sum (y_i - f_i)^2}{\sum (y_i - \bar{y})^2} \tag{2-5}$$

式中，R^2 为确定系数；SS_{res} 为残差平方和；SS_{tot} 为平方和；y_i 为由式（2-1）计算的 D_i，而 f_i 为由不同机器学习模型估计的 D_i；$\bar{y}$ 为 y_i 的平均值。

6. 优化不同的初始模型

利用验证样本和网格搜索（grid search）方法来优化各类机器学习模型。在模型中调用验证样本，同时采用网格搜索来调整模型参数，网格搜索可通过 GridSearchCV（Pedregosa et al., 2011）中的 model_ select.GridSearchCV 算法包来实现。网格搜索在初始条件下，任何参数都采用默认参数，通过拟合数据来检验初始模型的性能。模型的参数先粗调后再细调，不断缩小搜索范围，从以上 10 个模型中选择部分模型作为性能较好（即 R^2 较高）的备选或终选模型。例如，在 Extree 模型中，通过调整模型参数的学习率（the earning rate of model parameters）、树的最大深度（the maximum depth of tree）、叶子的最大值（the maximum value of leaves）等参数，利用网格化搜索确定各参数的最优值，模型可达到最佳性能。

表 2-5　D_i 与自变量之间的相关性

	D_i	CA	CP	CSGa	CSA1	CSA2	CSA3	CSA4	CR	CRR	CDD	CSC	RHa	VIa	Ra	GSa
D_i	1.000															
CA	0.580**	1.000														
CP	0.641**	0.979**	1.000													
CSGa	0.057	0.026	0.033	1.000												
CSA1	0.097**	0.088*	0.093**	0.051	1.000											
CSA2	-0.004	0.030	0.024	-0.007	0.541**	1.000										
CSA3	0.028	0.052	0.051	-0.049	-0.866**	-0.743**	1.000									
CSA4	-0.003	0.024	0.020	-0.009	-0.803**	-0.427**	0.578**	1.000								
CR	0.190**	0.729**	0.686**	0.065	0.033	0.025	0.033	0.024	1.000							
CRR	0.198**	-0.117**	-0.080*	0.017	0.046	0.022	-0.046	-0.042	-0.481**	1.000						
CDD	-0.076**	0.149**	0.106**	0.027	-0.022	-0.047	-0.025	0.034	0.351**	0.129**	1.000					
CSC	0.527**	0.296**	0.468**	0.067	0.056	-0.028	0.018	0.005	0.095**	0.123**	-0.121**	1.000				
RHa	-0.249**	-0.127**	-0.144**	-0.025	-0.425**	-0.267**	0.377**	0.362**	-0.073*	-0.011	0.084**	-0.146**	1.000			
VIa	-0.256**	-0.159**	-0.191**	0.048	-0.131**	-0.173**	0.108**	0.104**	-0.047	-0.026	0.108**	-0.193**	0.267**	1.000		
Ra	-0.208**	-0.126**	-0.160**	-0.136**	-0.100**	0.005	0.031	0.102**	-0.086**	-0.061	-0.028	-0.221**	0.146**	0.074*	1.000	
GSa	0.126**	0.236**	0.189**	-0.013	0.024	0.032	-0.003	0.008	0.121**	-0.031	0.040	-0.130**	-0.140**	-0.343**	0.119**	1.000

* 为 0.05 水平的显著相关，** 为 0.01 水平的显著相关。

注：Spearman 相关分析在 SPSS 19.0 中完成。D_i 为洪积扇聚发育指数，CA 为集水区面积，CP 为集水区周长，CSGa 为集水区平均坡度，CSA1 为集水区阴面面积占比，CSA2 为集水区半阳坡面面积占比，CSA3 为集水区半阴坡面积占比，CSA4 为集水区阴面面积占比，CR 为集水区高差，CRR 为集水区多年平均高差，CDD 为集水区主沟比降，CSC 为集水区地层岩性强度，RHa 为集水区形状系数，VIa 为集水区多年平均 NDVI，Ra 为集水区多年平均降雨量，GSa 为集水区多年平均冰川积雪面积。

7. 检验终选模型的泛化能力

模型的泛化能力的高低不仅是体现模型是否能被推广应用，也是评价其性能是否优越的重要参考。模型的泛化能力越强，越容易推广。选择上一小节中确定的备选或终选模型，然后选择达那普曲流域、尼洋河流域和巴音河流域（图 2-10）检验其泛化能力，每个流域内随机选取 10 个洪积扇。达那普曲流域、尼洋河流域和巴音河流域与拉萨河流域的距离分别为 195.91km、310.42km 和 1016.72km。根据 2.1.2 ~ 2.1.4 节中的步骤，获得了这三个流域每 10 个洪积扇及其和集水区的相关数据。这 30 个样本用于测试备选终选模型的泛化能力，然后选择泛化能力最强（R^2 最大）的模型为最终模型。最后，在特征值算法包（feature engine）中生成最终模型各自变量（环境因子）的相对特征重要值，即环境因子对洪积扇发育（D_i）的重要值。

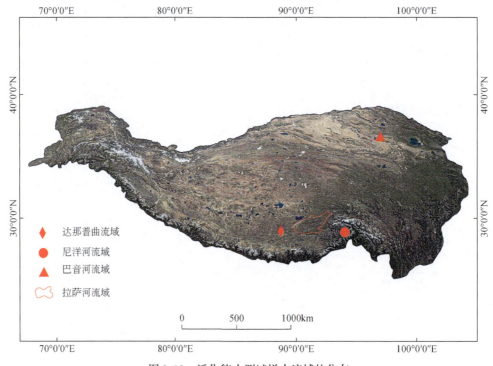

图 2-10　泛化能力测试样本流域的分布

2.2　结果与分析

2.2.1　洪积扇的空间分布

1. 洪积扇的数量特征

不同规模洪积扇的数量分布如图 2-11 所示。拉萨河流域共解译提取到 826 个洪积扇，总面积为 1166.03km²。以第二等级 [0.1（不包含）~1（包含）km²] 的洪积扇为主，其数量可达 517 个 (62.59%)。第三等级 [1（不包含）~10（包含）km²] 的洪积扇数量次之，数量为 205 个 (24.82%)。第一等级 (≤0.1km²) 的洪积扇数量排第三，共计 87 个 (10.53%)。第四等级的洪积扇 (>10km²) 数量最少，仅有 17 个，仅占洪积扇总数量的 2.06%，但其面积占洪积扇总面积的 38.48%。因此，拉萨河流域以面积小于或等于 1km² 的洪积扇为主，面积大于 10km² 的洪积扇较少。

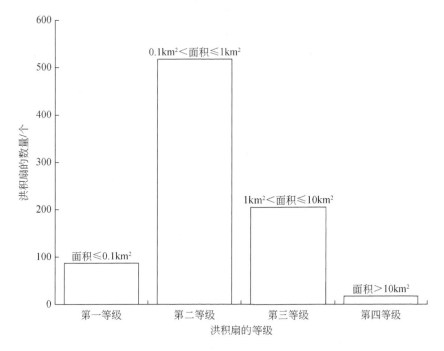

图 2-11　不同等级洪积扇的数量

此外，将洪积扇按照面积从小到大进行排序，并分析洪积扇数量与其累计面积之间的关系，发现二者之间存在指数关系：$y = 3.93e^{0.0067x}$，$R^2 = 0.92$（图 2-12）。当洪积扇的数量为洪积扇总量的 50% 时，洪积扇的面积仅有 83.39km²，说明前 413 个洪积扇面积的总和仅占洪积扇总面积的 7.15%。然而，当洪积扇的面积占总面积的 50% 时，洪积扇数量为 746.27（≈747）个；而其余 50% 的面积由剩余的 79 个洪积扇占据，说明拉萨河流域洪积扇的面积主要集中于少数面积较大的洪积扇上，即第四等级洪积扇。

2. 洪积扇数量和面积的空间分布

洪积扇的数量集中在拉萨河流域的中部和东部，尤其是在林周县、墨竹工卡县和嘉黎县，这三个县的洪积扇总数可达 452 个，占总洪积扇数量的 54.72%（图 2-13，表 2-6）。然而，洪积扇面积的分布规律与洪积扇数量相反（图 2-14）。与拉萨河流域的中东部区域相比，西部区域的洪积扇面积较大，尤其是当雄县，仅该县洪积扇的总面积即可达到拉萨河流域洪积扇总面积的 41.61%。堆龙德庆区、达孜区、城关区、色尼区和曲水县的洪积扇数量与面积均较少。

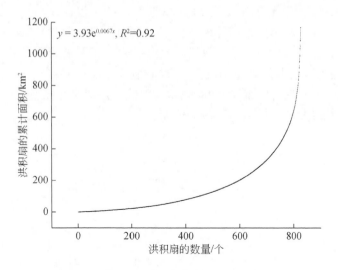

图 2-12　洪积扇的数量与其累计面积之间的关系

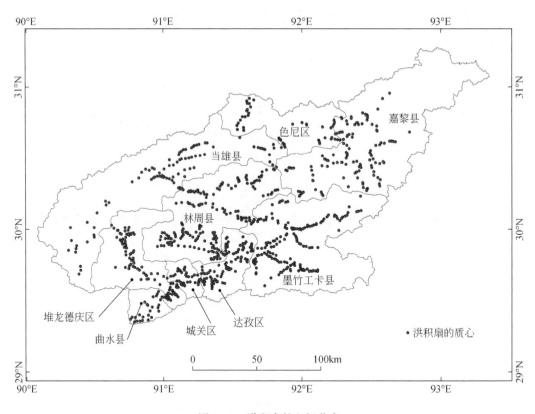

图 2-13　洪积扇的空间分布

表 2-6   拉萨河流域各县（区）洪积扇的数量与面积

县（区）	数量/个	面积/km²
林周县	174	191.74
墨竹工卡县	156	89.95
嘉黎县	122	60.42
堆龙德庆区	90	94.61
当雄县	88	485.20
达孜区	87	61.32
色尼区	47	94.90
城关区	36	25.98
曲水县	26	61.91

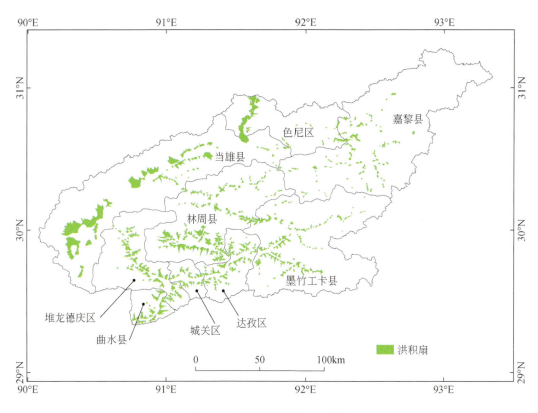

图 2-14   洪积扇面积的空间分布

3. 不同规模洪积扇空间分布

拉萨河流域所有县（区）均分布有第一、第二和第三等级洪积扇，而仅有四个县分布有第四等级洪积扇。第一等级洪积扇主要分布在拉萨河流域东部区域（墨竹工卡县和嘉黎县），在西部和南部区域分布较少［图 2-15（a），表 2-7］。第二等级洪积扇主要分布在林

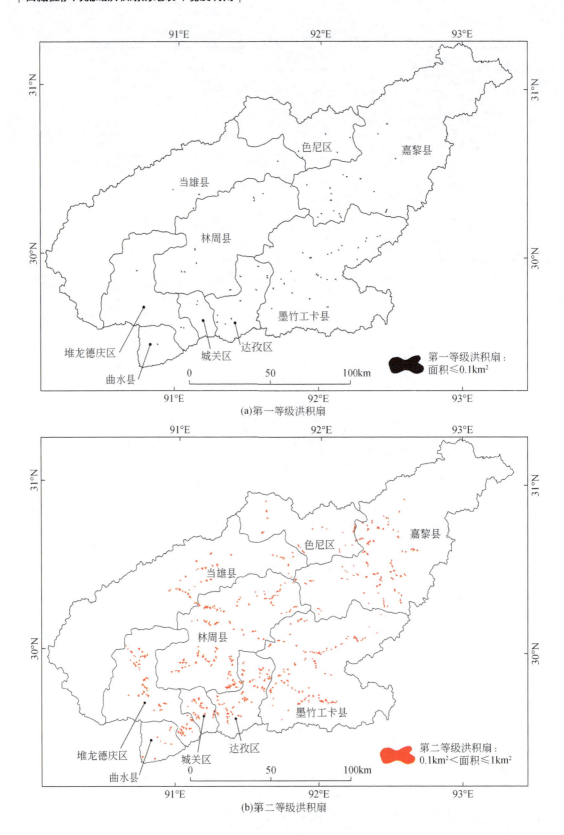

(a)第一等级洪积扇

(b)第二等级洪积扇

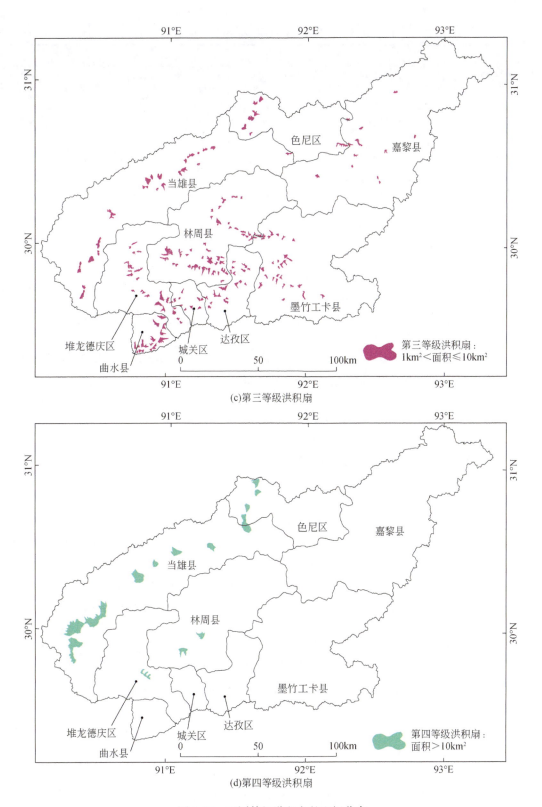

(c)第三等级洪积扇

(d)第四等级洪积扇

图 2-15　不同等级洪积扇的空间分布

表 2-7　不同等级洪积扇的数量与面积

县（区）	一级		二级		三级		四级	
	数量/个	面积 /km²	数量/个	面积 /km²	数量/个	面积 /km²	数量/个	面积 /km²
城关区	2	0.17	24	9.77	10	16.04	0	0
达孜区	10	0.79	59	22.58	18	37.94	0	0
当雄县	4	0.29	40	16.08	34	107.22	10	361.61
堆龙德庆区	3	0.22	63	25.63	23	57.62	1	11.15
嘉黎县	23	1.81	88	34.25	11	24.38	0	0
林周县	11	0.85	113	45.89	48	117.73	2	27.27
墨竹工卡县	27	2.12	100	33.41	29	54.42	0	0
曲水县	1	0.07	8	2.98	17	58.85	0	0
色尼区	6	0.44	22	8.12	15	37.72	4	48.61

周县、墨竹工卡县和嘉黎县 ［图 2-15（b），表 2-7］。第三等级洪积扇主要分布在当雄县和林周县 ［图 2-15（c），表 2-7］。第四等级的洪积扇数量较少，仅零星分布于当雄县、色尼区和林周县 ［图 2-15（d），表 2-7］。当雄县的第四等级洪积扇最多，10 个洪积扇的面积可达 361.61km²，占洪积扇总面积的 31.01%。

2.2.2　洪积扇的形态与地貌特征

1. 洪积扇的形态特征

拉萨河流域洪积扇的形态多种多样，按照洪积扇之间的连接情况，可将洪积扇分为独立型洪积扇和组合型洪积扇。这两类洪积扇按照其形态特征，分别又可分为三类洪积扇。

独立型洪积扇的三种类型分别为扇形洪积扇、半扇形洪积扇和梯形洪积扇。其中，扇形洪积扇是拉萨河流域最为典型的洪积扇，分布数量较多，这类洪积扇的形成主要是由于集水区出口处较宽阔，地势平坦，无其他地物（如山体）阻挡，洪水挟带的沉积物在出集水区后会沿着地势不断沉积，并同时向两侧延伸形成扇形洪积扇，如当雄县塘庆多村的洪积扇 ［图 2-16（a）］。半扇形洪积扇是由于沉积物出集水区出口后，因一侧受到山体或地势影响，而更多地向另外一侧相对宽阔平缓的区域不断地堆积，进而形成半扇形洪积扇，如堆龙德庆区喀努纳村洪积扇 ［图 2-16（b）］。梯形洪积扇是由洪积扇扇缘被河流或者人类活动破坏后形成，如堆龙德庆区色荣村洪积扇，由于长期的人类过度利用，其原来的扇缘已完全消失，形成近似梯形的洪积扇 ［图 2-16（c）］。梯形洪积扇在拉萨河流域分布也较多，基本均沿着拉萨河及其支流分布，其扇缘很容易受到河流的切割作用；另外，长期以来，当地人在洪积扇扇缘的生活生产活动较为频繁，因此其原始形状也容易被人类破坏。

(a)当雄县塘庆多村洪积扇(扇形)　　　(b)堆龙德庆区喀努纳村　　　(c)堆龙德庆区色荣村
洪积扇(半扇形)　　　　洪积扇(梯形)

图 2-16　独立型洪积扇的不同形态

组合型洪积扇的三种类型分别是扇顶相连型洪积扇、扇缘相连型洪积扇和串联型洪积扇。扇顶相连型洪积扇主要发育于当雄盆地，主要原因是当雄盆地地形开阔，洪积扇有较大的发育空间，多个集水区的沉积物随洪水出山口后各自先按照扇形洪积扇发育，洪积扇的两侧在发育过程中开始相接，由于有足够大的发育空间，共同组成一个大的洪积扇继续向下发育，形成扇顶相连型洪积扇，如当雄县甲多村洪积扇［图 2-17（a）］。扇缘相连型洪积扇主要分布于拉萨河中下游地区，该地区为高山峡谷区，洪积扇的发育空间较小，多个扇形洪积扇发育至相连后难以继续向下发育，因此形成扇缘相连型洪积扇，如堆龙德庆区色嘎冲村洪积扇［图 2-17（b）］。串联型洪积扇通常表现为一个小型的"子扇"发育在其"母扇"侵蚀沟道的沟口处，二者共同组成串联型洪积扇［图 2-17（c）］。

(a)当雄县甲多村洪积扇　　　(b)堆龙德庆区色嘎冲村　　　(c)林周县美穷村
(扇顶相连型)　　　洪积扇(扇缘相连型)　　　洪积扇(串联型)

图 2-17　组合型洪积扇的不同形态

2. 洪积扇的地形地貌特征

洪积扇的地形地貌特征，如面积和坡度等，影响着人类对其的利用方式和程度，如面积过小或坡度过陡的洪积扇难以被高程度利用。以下对洪积扇的坡度（指平均坡度）进行分析，将洪积扇的坡度按照《土壤侵蚀分类分级标准》（SL 190—2007）中的分级方式进行分类，共可分为≤5°、5°~8°、8°~15°、15°~25°、25°~35°和≥35°六个等级。

拉萨河流域洪积扇的坡度分级涉及前四个等级（图 2-18），分别为≤5°、5°~8°、8°~15°和15°~25°，该流域没有坡度在25°以上的洪积扇。其中，坡度8°~15°的洪积扇数量最多，数量可达388个，可占洪积扇总数量的46.97%；其次为5°~8°的洪积扇，数量占洪积扇总量的32.57%；≤5°和15°~25°的洪积扇数量较少，分别占洪积扇总量的13.92%和6.54%。但不同等级洪积扇的面积分布规律与数量不同，≤5°洪积扇的面积最大，占洪积扇总面积的50.78%；其次为5°~8°的洪积扇，占洪积扇总面积的31.69%；8°~15°的洪积扇面积较小，占洪积扇总面积的16.59%；而15°~25°的洪积扇面积仅占0.94%。因此，拉萨河流域的洪积扇从数量角度而言，8°~15°的洪积扇最多；而从面积角度而言，≤5°的洪积扇最多。

3. 洪积扇与集水区地形地貌的关系

洪积扇与集水区的地形地貌参数之间关系密切（图 2-18）。洪积扇的面积和周长与集水区的面积、周长、平均坡度和高差均呈显著正相关（表 2-8）。洪积扇的平均坡度与集水区的面积、周长和高差呈显著负相关，而与集水区的平均坡度关系不显著。洪积扇的高度与集水区的面积、周长和高差呈显著正相关，与集水区的平均坡度关系也不显著。集水区的面积/周长主要反映汇水面积的大小，如果集水区的面积/周长越大，其汇水面积也越大，产生的径流也越多，因此径流有更多能量挟带集水区的沉积物质至洪积扇。集水区的平均坡度/高差可以反映汇流速率，如果平均坡度/高差越大，径流的重力势能也越大，径流也会有更多能量挟带集水区的沉积物至洪积扇。但集水区的面积/周长对洪积扇地形地貌的形成影响更大，因为洪积扇的面积/周长与其的相关系数高于与集水区高差/平均坡度的相关系数。

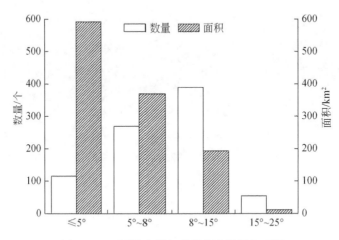

图 2-18　不同坡度等级的洪积扇数量与面积

表 2-8　洪积扇与集水区地形地貌参数间的关系

参数	F_a	F_p	F_g	F_h	CA	CP	CSGa	CR
F_a	1.000							

参数	F_a	F_p	F_g	F_h	CA	CP	CSGa	CR
F_p	0.973 **	1.000						
F_g	−0.555 **	−0.512 **	1.000					
F_h	0.573 **	0.615 **	0.167 **	1.000				
CA	0.729 **	0.708 **	−0.460 **	0.316 **	1.000			
CP	0.795 **	0.784 **	−0.505 **	0.383 **	0.979 **	1.000		
CSGa	0.101 **	0.096 **	−0.028	0.045	0.026	0.032	1.000	
CR	0.418 **	0.386 **	−0.091 **	0.307 **	0.729 **	0.686 **	0.065	1.000

＊＊代表显著相关（Spearman 相关分析，双尾检验）。

注：F_a 为洪积扇面积，F_p 为洪积扇周长，F_g 为洪积扇平均坡度，F_h 为洪积扇高度；CA 为集水区面积，CP 为集水区周长，CSGa 为集水区平均坡度，CR 为集水区高差。

因此，可以推断集水区地形地貌特征为洪积扇发育的影响因素之一，但是否为主要的影响因素，除了集水区的地形地貌因素，还需要考虑岩性、植被、降水和冰川积雪等因素。

2.2.3 洪积扇发育的主控因素

1. 洪积扇发育预测模型的优选

不同模型的初步运行结果如图 2-19 所示，结果发现集成模型的结果比单一型学习算法更准确。Gradient Boost Decision Tree、Random Forest 和 XGBoost 这三种集成模型在预测样本值方面具有相对较好的性能（$R^2 > 0.5$），尤其是 XGBoost 的 R^2 接近 0.7 ［图 2-19（b）］。所有单一模型的性能均都低于集合模型，其 R^2 均小于 0.5 ［图 2-19（a）］。Linear Regression、ARD Regression 和 Decision Tress 的 R^2 甚至小于 0，说明这三个模型没有预测洪积扇发育的能力。因此，Gradient Boost Decision Tree、Random Forest 和 XGBoost 可被初选为预测洪积扇发育的模型，其至少对洪积扇的发育有超过 50% 的解释度。另外，两类模型的结果比较也反映了集成算法对测试样本具有更好的验证能力。集成型模型的预测值更接近测试样本真实的 D_i，尤其对一些极值的预测效果更佳 ［图 2-19（b）］。

利用网格搜索法优化后的结果如图 2-20 所示。利用该方法优化后的结果，无论是单一型模型还是集成型模型，基本均优于优化前的结果（图 2-19）。集成型模型中的 Gradient Boost Decision Tree 和 XGBoost 的 R^2 值分别可达到 0.782 和 0.870 ［图 2-20（b）］，说明，Gradient Boost Decision Tree 和 XGBoost 对洪积扇发育（D_i）的预测能力较强。因此，Gradient Boost Decision Tree 和 XGBoost 均可作为预测拉萨河流域洪积扇发育的备选或终选模型。

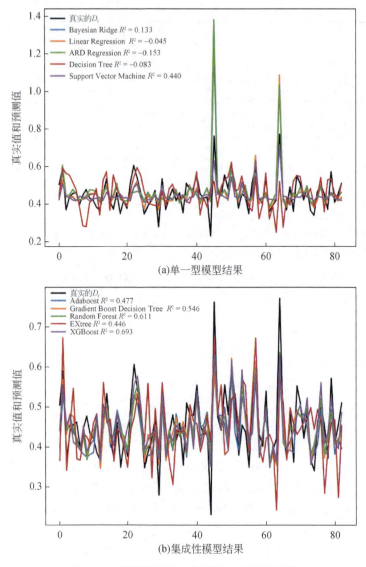

图2-19 不同机器学习模型的初步运行结果

　　两种备选模型在三个流域的泛化能力测试结果如表2-9所示。两种模型的测试结果均有一个共同规律：距离拉萨河流域越远，泛化能力越弱，也即在本研究现有条件下，这两个模型在靠近拉萨河流域的区域具有更好的预测结果。XGBoost的准确率（R^2）在达那普曲流域、尼洋河流域和巴音河流域都高于Gradient Boost Decision Tree，因此XGBoost比Gradient Boost Decision Tree具有更好的泛化能力。在距离拉萨河流流域最近的达那普曲流域，XGBoost的R^2可达0.670，也就是XGBoost在达那普曲流域对洪积扇发育（D_i）的预测精度接近0.7。因此，选择XGBoost为终选模型。

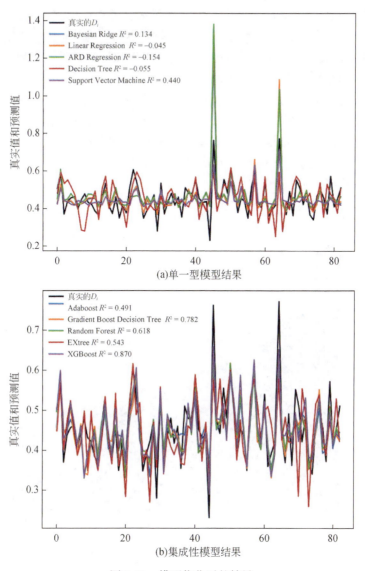

(a)单一型模型结果

(b)集成性模型结果

图 2-20 模型优化后的结果

表 2-9 两种备选模型的泛化能力测试结果

流域名	Gradient Boost Decision Tree（R^2）	XGBoost（R^2）
达那普曲流域	0.569	0.670
尼洋河流域	0.277	0.389
巴音河流域	0.093	0.297

2. 影响因素的重要值及主控因素

XGBoost 中 11 个自变量（即洪积扇发育的影响因子）的相对重要值如图 2-21 所示。

地形地貌因素包括 CA（集水区面积）、CSGa（集水区平均坡度）、CSA1（集水区阳坡面积占比）、CSA2（集水区半阳坡面积占比）、CDD（集水区沟壑密度）、CSC（集水区形状系数）和 CRR（集水区主沟比降），其相对重要值之和为 74.60%，其中 CA（集水区面积）的特征重要值最高，为 17.88%。植被岩性因素包括 VIa（集水区多年平均 NDVI）和 RHa（集水区地层岩性强度），其相对重要值之和为 14.42%。降水冰雪因素包括 Ra（集水区多年平均降雨量）和 GSa（集水区多年平均冰川积雪面积），其相对重要值之和为 10.98%。因此，集水区地形地貌因素是影响拉萨河流域洪积扇发育的主要因素，植被岩性因素和降水冰雪因素次之，而地形地貌因素中的集水区面积（CA）是影响拉萨河流域洪积扇发育的主要因子。

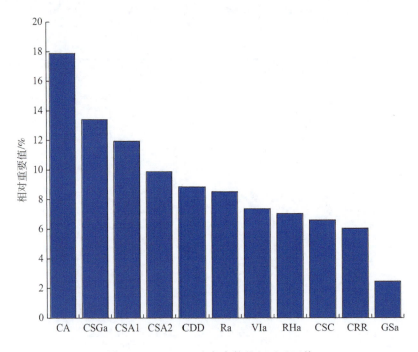

图 2-21　XGBoost 中各参数的相对重要值

2.3　讨　　论

2.3.1　洪积扇的识别和提取

扇形地根据其形成和发育过程可以分为洪积扇、崩岗洪积扇、冲积扇和泥石流堆积扇四大类，识别和区分各扇形地的地貌实体可通过地貌特征、地理分布、遥感影像和实地勘察等方法完成（陈同德等，2020）。因此，本研究通过将上述四种方法综合起来初步识别和判断拉萨河流域的洪积扇，然后运用第一次青藏高原科考中有关雅鲁藏布江流域的地貌资料对其进行二次验证（中国科学院青藏高原综合科学考察队，1983）。冲积扇在我国北方（李新坡，2007）、华南（吴因业等，2015）和西南（王凤林等，2003）地区均有分布，是分布最广泛的一类扇形地，而洪积扇一般分布于我国干旱、半干旱地区，泥石流堆积扇多分布于我国西南山区，而崩岗洪积扇均分布于我国南方花岗岩丘陵区，所以首要区分的是冲积扇和其他扇形地。首先，可利用冲积扇和其他扇形地的地貌特征和多期遥感影像进行判断（图2-22）。冲积扇由河流作用形成，因此冲积扇的扇体具有明显的固定沟道（河道）和常流水；而洪积扇、泥石流堆积扇和崩岗洪积扇地貌实体均由季节性或者暂时性流水作用形成，扇体不具有固定沟道，也不具有常流水（地质矿产部地质辞典办公室，2005）。由此得到冲积扇和其他类型扇形地之间两个最主要的区别：①是否有明显的固定沟道；②是否有常流水。通过这两个地貌特征结合多期影像即可判别冲积扇和其他扇形地。例如，我国新疆很多区域同时分布有冲积扇和洪积扇（赵济，1960），以库尔勒市[库尔勒市就处于冲积扇上，以由孔雀河冲积形成（李晓东，2017）]的冲积扇和洪积扇为例，二者地貌特征的区别：冲积扇由常流水作用形成，冲积扇上方有常流水分布，且形成的沟道固定；而洪积扇为季节性流水（多期遥感影像可判断是否有常流水），沟道分布呈辫状（图2-23）。在西藏拉萨河流域分布的堆龙曲冲积扇（陈正位等，2007）和洪积扇地貌特征也呈现上述的特征（图2-24）。其次，需要区分的是崩岗洪积扇、洪积扇和泥石流堆积扇的地貌实体，崩岗洪积扇在我国只位于南方花岗岩丘陵区，且扇体上方一般具有崩岗侵蚀形成的"围椅状"地貌（图2-25）（区晓琳等，2016），可直接由地理分布区分出崩岗洪积扇（图2-22）。最后，需要区分的是洪积扇和泥石流堆积扇的地貌实体，因为在我国西南山区，在一些流域同时分布有泥石流堆积扇和洪积扇，且规模上没有较大差异（吕立群等，2016），加上植被的影响（图2-26），在分辨率较低的影像中难以进行准确区分。此时可通过高分遥感影像或者实地勘测，根据其物源组成和地貌特征进行区分（图2-22）。泥石流堆积扇扇面物质的分选性差，地表多砾石，且泥石流堆积扇的坡度要大于洪积扇（吕立群等，2016）。

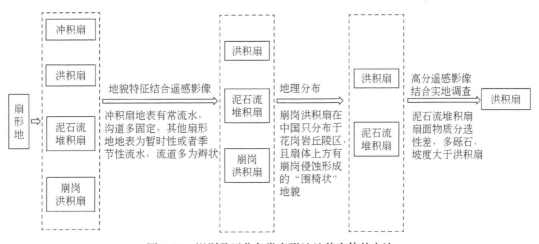

图 2-22　识别及区分各类扇形地地貌实体的方法

　　洪积扇的提取，根据数据来源可分为通过 DEM 和图像提取两大类（乔彦肖和赵志忠，2001；杨小兵和王登贵，2016）；根据提取方法又分为自动提取和目视解译两大类（冯光

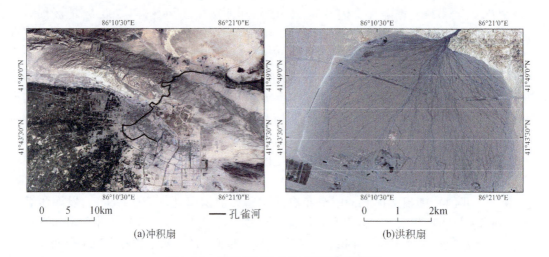

图 2-23　新疆库尔勒市的冲积扇和洪积扇

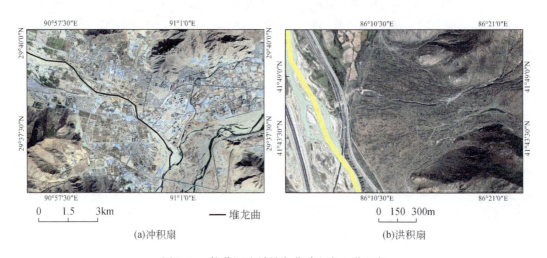

图 2-24　拉萨河流域堆龙曲冲积扇和洪积扇

胜，2012）。通过 DEM 提取洪积扇，一般使用自动提取的方法。首先，需要了解洪积扇的地貌特征，如洪积扇顶部是连接集水区和洪积扇两种地貌的过渡带，具有两种不同的坡度变化趋势；洪积扇是具有一定坡度的扇形堆积体，其表面向外辐射与其他地貌相交。其次，根据洪积扇的地貌特征建立相关几何算法，并在 ArcGIS 等平台实现洪积扇的自动提取（Norini et al.，2016）。但通过 DEM 提取洪积扇具有一定的区域性，全球甚至火星等外星球均有洪积扇的分布，其形成过程和形态均有差异，因此使用 DEM 提取洪积扇时，需建立与研究区相匹配的几何算法，且要注重后期验证工作。

　　相比 DEM，通过图像提取洪积扇较易实现，一般先根据经验或者相关研究建立洪积扇的解译标志，如形态、色调、亮度和纹理等，然后根据解译标志对洪积扇进行目视解译或者自动提取（冯光胜，2012）。两种方法各有优势：目视手动解译的精度虽然较高，但其

图 2-25 广西苍梧县龙圩镇崩岗洪积扇（梁传平等, 2015）

图 2-26 林芝市米林市泥石流堆积扇（苏永超, 2011）

工作量较大；而自动提取优势在于快速便捷，适于大范围的洪积扇提取工作。但在洪积扇或者其周边地形地貌较为复杂的区域，其精度较差（杨小兵和王登贵，2016）。另外，自动提取的解译标志，需要一定的目视解译样本来归纳自动提取的相关特征；自动提取结果的精度验证，也需要以目视解译的结果来进行对比分析。

因此，本研究考虑到拉萨河流域地形地貌的复杂性和精度需求，仍使用传统目视解译方法。后期西藏，甚至整个青藏高原洪积扇的提取，可以考虑使用自动提取方法。另外，近些年来，机器学习在影像识别领域的发展也很迅速，可以首先将拉萨河流域的洪积扇影像用机器学习的相关算法进行特征识别，然后再应用至青藏高原。

2.3.2　影响洪积扇发育的因素

集水区地形地貌因素是影响拉萨河流域洪积扇发育的主要因素，这一点在本研究中得到了验证。本研究将洪积扇发育的影响因素分为三类，包括地形地貌因素（表2-3，指标1～指标11）、植被岩性因素（表2-3，指标12和指标13）和降水冰雪因素（表2-3，指标14和指标15）。为了避免模型出现多重共线性从而过拟合的问题，根据相关分析的结果，删除了表2-3中CP、CR、CSA3和CSA4四个参数，保留剩余的11个参数用于建模。确定合适的模型后，得到了11个参数的相对重要值。经过计算，地形地貌因素的相对重要值之和为74.60%（图2-21），其中仅地形地貌因素中的集水区面积（CA）即可达17.88%；而植被岩性因素和降水冰雪因素的相对重要值之和分别为14.42%和10.98%。因此，地形地貌是影响洪积扇发育的主要因素。

影响洪积扇发育和演化的因素很多，可能受到这些因素的综合影响，也有可能受个别因素主导（Ventra and Clarke，2018）。如果存在较好对照，即可确定洪积扇发育的主要影响因素，如存在两个区域地质构造、历史气候、水文等背景条件一致的洪积扇，其地貌形态和规模有差异，那么就可以推断集水区的相关因素为这两个洪积扇发育的主导因素。然而，自然界很少存在具有类似良好对照的洪积扇（Nichols and Thompson，2010）。

此外，集水区的因素，如岩石强度、水文条件、植被特征等，对洪积扇的发育也很重要，但目前的研究很少将这些因素加入到洪积扇与集水区之间的关系模型中。通常，这些洪积扇与集水区之间的关系模型可以用多个回归函数来表示，关系模型一般有线性回归、多项式回归、逻辑回归等经验性回归模型，选择相关系数较高的模型来判断洪积扇发育的主要影响因素（Harvey，2002；Stokes and Gomes，2020；Stokes and Mather，2015）。然而，一些回归模型尽管确实存在，但由于并不常见或者难以用一般的方法得到而被忽略。基于机器学习的回归模型可以弥补这些不足，机器学习技术可以找到解决复杂问题的最佳解决方案（Géron，2019）。采用机器学习的方法，建立多种回归模型，可确定最优的模型以确定洪积扇发育的影响因素。

本研究中集水区的地形地貌因素对洪积扇发育更为重要，这与摩洛哥高阿特拉斯（High Atlas）山脉（Stokes and Mather，2015）的发现一致。该山脉的气候条件与拉萨河流域相似，均为半干旱气候，High Atlas山脉发育有洪积扇的集水区地势更高、面积更大、坡度更低、长度更长，而没有发育洪积扇的集水区则没有这些地貌特征，因此洪积扇发育的主要影响因素也为集水区的地形地貌因素（Stokes and Mather，2015）。然而，本研究的结论与大西洋中东部的火山岛和意大利南部卡拉布里亚（Calabria）地区不一致（Antronico et al.，2016；Stokes and Gomes，2020）。大西洋中东部的火山岛属于热带干旱气候，山脉（火山）间的容纳空间越大，发育的洪积扇规模也越大，因此该火山岛上洪积扇发育的主要因素是山脉之间的容纳空间（Stokes and Gomes，2020）。而位于意大利南部的 Calabria 地区洪积扇发育的主要影响因素是集水区的岩性，因为大多数洪积扇集水区的岩性为变质岩、页岩和火成岩，而没有这些岩石分布的集水区较少有洪积扇发育（Antronico et al.，2016）。

集水区地形地貌因素成为拉萨河洪积扇发育的主要影响因素，其主要有两个原因：首先，洪积扇的形成主要依靠洪水过程，而拉萨河流域降水较少，在这种半干旱条件下形成较大的洪水，需要有足够大的集水区来汇集更多的径流，且其形状也应易于径流汇集。集水区面积、集水区周长和集水区形状系数与洪积扇发育指数（D_i）呈显著正相关的关系（表2-5），这几个地形地貌因子的值越高，汇水面积和汇水速率也越大，因此集水区形成的径流挟带至洪积扇的风化物质也增加（Stokes and Mather，2015）。洪积扇发育指数（D_i）与集水区阳坡面积占比呈显著正相关关系，而与集水区阴坡面积占比、集水区半阳坡面积占比和集水区半阴坡面积占比无相关性（表2-5），可以说明阳坡面积更大的集水区更易发育洪积扇，这是由于阳坡受到的太阳辐射更多，集水区岩石更容易发生物理风化过程，从而产生更多风化物质（Ran and Liu，2018）。因此，地形地貌对该地区洪积扇的发育起着重要作用。其次，由于拉萨河流域大部分集水区的海拔高、气温低、降水少，植被生长和岩石化学风化作用受到限制（Chen et al.，2022a）。因此，植被岩性因素和降水冰雪因素对洪积扇发育的影响小于汇水区地形地貌。

两个植被岩性因素，包括集水区地层岩性强度和多年平均 NDVI，与洪积扇的发育（D_i）呈显著负相关（表2-5）。集水区地层岩性强度越大，越难以发生物理和化学风化过程，这将导致径流挟带至洪积扇的风化物质减少（Mather and Stokes，2017）。同样，在多年平均 NDVI 高的集水区，植被生长较好，不仅会固定风化物质，而且可以通过阻拦径流使其能量减少，从而会减少径流挟带的固体物质。

降水冰雪因素包括集水区多年平均降水量和多年平均冰川积雪面积这两个因子，这两个因子虽同样影响着集水区的水文过程，但从相关性分析的结果来看，两者对洪积扇的发育具有相反的效果（表2-5）。多年平均冰川积雪面积与洪积扇发育指数（D_i）呈显著正相关关系，这与拉萨河流域洪积扇的分布规律相符。在拉萨河流域，在冰川和积雪覆盖较高的地区，如当雄县，洪积扇发育的规模较大（Chen et al.，2021）。较多的冰川积雪更易产生大量径流，进而形成洪水，这是洪积扇形成的动力来源。然而，多年平均降水量与洪积扇发育呈现显著的负相关，这与拉萨河流域洪积扇分布规律也相符：当雄县的年平均降水量较其他区域低，但其洪积扇的面积均较大；而嘉黎县的年平均降水量高于其他区域，但其洪积扇的面积却较小。产生这种现象主要有三个原因：一是拉萨河处于高寒区，因此降水对洪积扇发育可能通过冰川积雪间接产生作用。洪积扇是一种由一系列洪水过程形成的堆积地貌，而洪水过程取决于冰川积雪融化或极端降水事件转化形成的极端径流（Santangelo et al.，2012）。当雄县的气温低于拉萨河流域其他地区（乔丽等，2020），因此，虽然此处降水量相对较低，但更容易产生和存储冰川积雪，冰川积雪在温暖季节融化后更有可能产生洪水过程。二是本研究中采用的多年平均降水量可能无法完全反映与洪积扇发育相关的极端降水事件。三是本研究洪积扇发育的时间［第四纪以来（祝嵩，2012）］与降水资料（1990~2015 年）不匹配，因此现有的降水数据可能并不能反映历史时期的降水时空特征，在今后需要获取到长历时高精度的降水数据以进一步加强研究。

由于数据的限制和不足，本研究中没有将构造活动、历史气候、容纳空间和人类活动等因素考虑到洪积扇的发育模型中，但这些因素也影响着洪积扇的发育（Bahrami et al.，2015；Ventra and Clarke，2018）。例如，洪积扇在发育过程中，如果集水区出口处有足够大的容纳空间，其发育规模将会更大；而如果容纳空间有限，其发育规模就会受限（Stokes and Gomes，2020）。处于念青唐古拉高山盆地区的当雄县地形开阔，洪积扇有较大的发育空间，如念青唐古拉高山盆地区的洪积扇 2-3，扇顶至当雄曲的距离达 9.5km ［图 2-27（a）］，该扇面积达 45.33km^2；而处于雅鲁藏布高山峡谷区的洪积扇 1-6，其扇顶至堆龙曲的直线距离为 1.1km ［图 2-27（b）］，因此该扇发育有限制，面积仅有 0.67km^2。另外，在洪积扇的发育过程中，人类可在其表面建造房屋、梯田和道路等，这些都可以改变洪积扇的形状（Bahrami et al.，2015；Chen et al.，2021）。因为这些因素很难进行量化，难以加入模型中，这可能是终选模型对洪积扇发育指数（D_i）的预测仍存在 13% 误差的主要原因之一。

(a)念青唐古拉高山盆地区洪积扇2-3　　　　　　　(b)雅鲁藏布高山峡谷区洪积扇1-6

图 2-27　不同地貌分区洪积扇的容纳空间

终选模型对洪积扇发育的预测有 13% 误差还有两个可能的原因。首先，最终模型中的地层岩性数据虽然来源于目前公开的精度最高的地质图（1∶250 000），但其空间尺度与洪积扇匹配性不高。其次，最终模型中使用的 NDVI 和降水数据，其时间与洪积扇发育时间不可能完全匹配。植被和降水是过去几十年的监测结果，而洪积扇的存在时间远大于此。因此在一定程度上，它们不能完全反映历史时期对洪积扇发展的影响。虽然地质、植被和降水数据在空间或者时间尺度上无法完全匹配洪积扇，但仍能基本反映这三个因素对洪积扇发育的影响。首先，地质是一个区域尺度的概念，一般在小范围（如洪积扇）内不会有大的变化（Zhao et al.，2020）。其次，有研究表明，自全新世早期（11 700 年以来）

以来，拉萨及周边区域的湿润气候开始转变为干旱少雨的气候，并且地表植被类型由森林为主的古代植被类型向以稀疏草本和灌木为主的现代植被转变，并且现代植被长期处于相对稳定的状态（Kaiser et al., 2009; Miehe et al., 2014; Zhang et al., 2018）。综上，尽管终选模型存在约13%的误差，但其对洪积扇发育的解释度仍能达到87%，所以，仍能推断地形地貌是洪积扇发育的最重要因素。因此，提高终选模型误差，其途径主要是通过提高地质、地貌、植被和降水等相关因子的数据精度来解决。

按照拉萨河流域地貌分区建立子模型，也是一个提高终选模型精度的有效途径。由洪积扇的形态可知，无论是独立型洪积扇还是组合型洪积扇，在三个地貌分区的空间分布上均有一定差异性。独立型洪积扇之一的梯形洪积扇，主要分布于拉萨河流域的雅鲁藏布高山峡谷区，而在念青唐古拉高山峡谷区和念青唐古拉高山盆地区的分布较少。其重要原因是雅鲁藏布高山峡谷区位于拉萨河的下游，洪积扇边缘受到河流切割或者人类活动影响的可能性更大。而另外两种独立型洪积扇，扇形洪积扇和半扇形洪积扇，主要受到地形地势的影响较大，因此在三个地貌分区均有较多分布。组合型洪积扇中的扇缘相连型洪积扇，主要分布于念青唐古拉高山盆地区，而扇顶相连型洪积扇，主要分布于念青唐古拉高山峡谷区，其原因主要在于两个地貌区洪积扇发育的容纳空间有较大差异，在上文中已有详细论述。因此，如果在雅鲁藏布高山峡谷区、念青唐古拉高山峡谷区和念青唐古拉高山盆地区分区建立子模型，终选模型的精度可能会有所提升，可在后续研究中对其进行进一步论证分析。

2.3.3 洪积扇发育模型的泛化能力及其提升途径

泛化能力是评价模型利用潜力的重要标准，终选模型泛化能力的高低决定了该模型在其他流域应用推广的能力。本研究从达那普曲流域、尼洋河流域和巴音河流域各选择了10个洪积扇用以测试两个备选模型的泛化能力（图2-10）。将这三个流域的三组数据输入这两个备选模型中（XGBoost和Gradient Boost Decision Tree）中，结果发现与拉萨河流域距离越远，它们的泛化能力越弱。这三个流域模型泛化能力表现不同，其原因主要是三个区域洪积扇发育环境因素的不同。达那普曲流域与拉萨河流流域相似，同位于雅鲁藏布江中游，属于同一构造分区（潘桂棠等，2009）、地貌分区（Wang et al., 2020）和气候分区（郑景云等，2013）。因此，这两个流域洪积扇发育的环境背景相似，XGBoost在达那普曲流域的泛化能力相对较好。因此，根据本研究数据建立的XGBoost模型目前更适用于与拉萨河流域环境背景类似的区域。此外，XGBoost相比Gradient Boost Decision Tree，在三个流域的测试能力均较好（表2-9），最终选择XGBoost作为本研究的终选模型。

尼洋河和巴音河流域，相比达那普曲流域，其与拉萨河流域的距离较远，这两个流域的地质构造分区、地貌分区和气候分区也与拉萨河不一致（Wang et al., 2020; 潘桂棠等，2009; 郑景云等，2013），因此终选模型（XGBoost）尼洋河和巴音河流域的泛化能力较低。然而，较低的泛化能力并不代表终选模型不适用于尼洋河流域、巴音河流域或者其他流域。泛化能力较低的原因除了上述洪积扇环境背景的差异外，有很大原因是本研究验证模型泛化能力的30个洪积扇数据样本直接用于测试，而没有样本加入模型的训练样本中。

而如果向模型输入一定数量其他区域洪积扇及其集水区的相关数据至模型的训练样本中，其泛化能力会得到较大提升（Dolnicar et al., 2016；Webb et al., 2010）。也就是说，在没有添加任何属于这三个流域的训练样本至 XGBoost 的情况下，达那普曲流域的准确性达到0.670，尼洋河流域的准确性达到0.389，巴音河流域的准确性达到0.297；如果将属于这三个流域洪积扇及其集水区的相关数据添加到 XGBoost 的训练样本中，将会提高模型的泛化能力。在以后应用的过程中，不同地区的训练样本量会有所不同，需要根据研究所需不断尝试。因此，在加入不同地区洪积扇训练样本的前提下，终选模型在青藏高原乃至其他地区会有应用潜力。无论是距离拉萨河流域较近的年楚河流域（同为雅鲁藏布江中游段），还是雅鲁藏布江上游的赤左藏布流域、下游的帕隆藏布流域、藏西北的清澈湖周边、三江源巴塘河流域和柴达木盆地巴音河流域，均有形态各异、不同规模的洪积扇分布（图2-28），在以后可利用本研究提到的方法，获取适量洪积扇及其集水区的数据至 XGBoost 中，即可探明影响各流域洪积扇发育的主控因素。

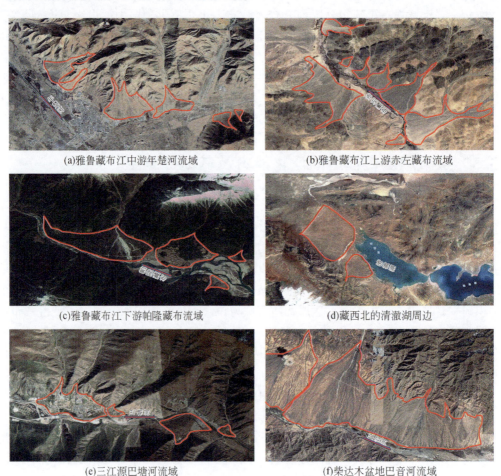

(a)雅鲁藏布江中游年楚河流域　　(b)雅鲁藏布江上游赤左藏布流域
(c)雅鲁藏布江下游帕隆藏布流域　　(d)藏西北的清澈湖周边
(e)三江源巴塘河流域　　(f)柴达木盆地巴音河流域

图2-28　青藏高原其他地区洪积扇的分布

2.4 小 结

（1）拉萨河流域的洪积扇数量有826个，面积总和为1166.03km²。其中，面积为0.1（不包含）～1（包含）km²的洪积扇数量达517个，占洪积扇总数量的62.59%；面积大于10km²的洪积扇占洪积扇总面积的38.48%。

（2）洪积扇的数量集中在拉萨河流域的中部和东部，尤其是在林周县、墨竹工卡县和嘉黎县，这三个县的洪积扇总数可达452个，占洪积扇总数量的54.72%；而洪积扇面积的分布规律与洪积扇的数量分布相反，仅当雄县的洪积扇总面积即可达到拉萨河流域洪积扇总面积的41.61%。

（3）按照洪积扇与其他洪积扇的连接情况，可将其分为独立型洪积扇和组合型洪积扇。其中按照洪积扇形态特征，独立型洪积扇又可划分为扇形洪积扇、半扇形洪积扇和梯形洪积扇；组合型洪积扇可划分为扇顶相连型洪积扇、扇缘相连型洪积扇和串联型洪积扇。

（4）XGBoost相比其他机器学习模型，在拉萨河流域具有最高的预测洪积扇发育的能力，其准确性可达87%，且在其他三个流域的泛化能力也较高，在距离较拉萨河流域较近的达那普曲流域，其准确性可达67%。因此，基于XGBoost构建的洪积扇发育模型具有应用至其他流域的潜力。在获得相关流域更多的洪积扇训练样本后，加入本研究建立的机器学习训练样本中，将有潜力探明相关流域洪积扇发育的主要影响因素。

（5）集水区地形地貌因素是拉萨河流流域洪积扇发育最主要的影响因素。集水区地形地貌因素的各指标，在XGBoost中的相对重要值之和可达74.60%，其中集水区面积是对洪积扇发育最重要的因子，其相对重要值为17.88%。植被岩性因素和降水冰雪因素各因子的相对重要值之和分别为14.42%和10.98%。

参 考 文 献

摆万奇，姚丽娜，张镱锂，等．2014．近35a西藏拉萨河流域耕地时空变化趋势．自然资源学报，29（4）：623-632．

布多，许祖银，吴坚扎西，等．2009．拉萨河流域选矿厂分布及其对环境的影响．西藏大学学报（自然科学版），24（2）：33-38．

陈家昌．2020．拉萨河流域地下水分布特征与演变规律．哈尔滨：哈尔滨工业大学．

陈同德，焦菊英，林红，等．2020．扇形地的类型辨析及区分方法探讨．水土保持通报，40（4）：190-198．

陈正位，曹忠权，谢平，等．2007．拉萨地区晚第四纪地壳的抬升与拉萨河的向南迁移．地质力学学报，（4）：307-314．

地质矿产部地质辞典办公室．2005．地质大辞典．北京：地质出版社．

冯光胜．2012．基于TM影像自动获取冲洪积扇信息模型研究．铁道工程学报，29（3）：1-5．

关树森．1994．作物低产因素与地貌及生态关系初探．西藏农业科技，15（1）：28-29．

李晓东．2017．库尔勒地震台建设与发展．地震地磁观测与研究，38（3）：2-227．

李新坡．2007．中国北方地区冲积扇地貌发育特征及影响因素分析．北京：北京大学．

梁传平, 邓羽松, 张杰源, 等. 2015. 苍梧崩岗洪积扇不同土地利用方式土壤性质分异及肥力评价. 南方农业学报, 46 (4): 592-596.

林红, 焦菊英, 陈同德, 等. 2021. 西藏拉萨河流域中下游洪积扇植被的物种组成与多样性特征. 水土保持研究, 28 (5): 67-75.

蔺学东, 张镱锂, 姚治君, 等. 2007. 拉萨河流域近50年来径流变化趋势分析. 地理科学进展, (3): 58-67.

刘久潭. 2020. 拉萨市河谷平原区地下水循环演化及合理开采研究. 青岛: 山东科技大学.

刘燕华, 杨勤业. 1984. 拉萨附近的土地类型研究. 山地研究, (1): 17-24.

吕立群, 王兆印, 徐梦珍, 等. 2016. 怒江泥石流扇地貌特征与扇体堵江机理研究. 水利学报, 47 (10): 1245-1252.

潘桂棠, 肖庆辉, 陆松年, 等. 2009. 中国大地构造单元划分. 中国地质, 36 (1): 1-16, 255, 17-28.

乔丽, 王文科, 马稚桐, 等. 2020. 拉萨河流域潜在蒸散发的气象因子敏感性. 南水北调与水利科技 (中英文), 18 (4): 97-103.

乔丽. 2020. 拉萨河流域主要水文生态要素对气候变化的响应. 西安: 长安大学.

乔彦肖, 赵志忠. 2001. 冲洪积扇与泥石流扇的遥感影像特征辨析. 地理学与国土研究, (3): 35-38.

区晓琳, 陈志彪, 陈志强, 等. 2016. 闽西南崩岗土壤理化性质及可蚀性分异特征. 中国水土保持科学, 14 (3): 84-92.

苏永超. 2011. 雅鲁藏布江米林段泥石流堆积扇形态特征与堆积范围研究. 成都: 成都理工大学.

王春连, 张镱锂, 王兆锋, 等. 2010. 拉萨河流域湿地生态系统服务功能价值变化. 资源科学, 32 (10): 2038-2044.

王凤林, 李勇, 李永昭, 等. 2003. 成都盆地新生代大邑砾岩的沉积特征. 成都理工大学学报 (自然科学版), (2): 139-146.

王建林. 1994. 西藏一江两河地区生态经济破坏现状及成因分析. 生态经济, (6): 48-50.

王芸. 2017. 拉萨河中上游原生动物群落结构特征及其与水环境之间的关系. 拉萨: 西藏大学.

吴因业, 冯荣昌, 岳婷, 等. 2015. 浙江中西部永康盆地及金衢盆地白垩系冲积扇特征. 古地理学报, 17 (2): 160-171.

伍永秋, 张春来, 杜世松, 等. 2017. 青藏高原沙漠化的过去与未来. 科技纵览, (9): 76-77.

杨小兵, 王登贵. 2016. 基于多光谱影像和DEM的泥石流堆积扇识别研究——以白龙江流域武都段为例. 测绘与空间地理信息, 39 (4): 118-121.

张丰述. 2011. 拉萨市城市环境地质评价. 成都: 成都理工大学.

张凤熔. 2018. 拉萨河流域水化学特征及水体重金属源解析. 天津: 天津大学.

赵春敬. 2020. 拉萨河流域典型洪积扇侵蚀沟形态特征及其对集水区的水文响应. 杨凌: 西北农林科技大学.

赵济. 1960. 新疆冲积平原、洪积平原的地貌特征及其垦荒条件. 地理学报, (2): 121-128.

郑景云, 卞娟娟, 葛全胜, 等. 2013. 1981~2010年中国气候区划. 科学通报, 58 (30): 3088-3099.

中国科学院青藏高原综合科学考察队. 1983. 西藏地貌. 北京: 科学出版社.

祝嵩. 2012. 雅鲁藏布江河谷地貌与地质环境演化. 北京: 中国地质科学院.

Antronico L, Greco R, Sorriso-Valvo M. 2016. Recent alluvial fans in Calabria (southern Italy). Journal of Maps, 12 (3): 503-514.

Bahrami S, Fatemi A, Bahrami K, et al. 2015. Effects of weathering and lithology on the quality of aggregates in the alluvial fans of Northeast Rivand, Sabzevar, Iran. Geomorphology, 241: 19-30.

Bengio Y, Courville A, Goodfellow I J. 2016. Deep Learning: Adaptive Computation and Machine

Learning. Cambridge：The MIT Press.

Chen D, Wei W, Chen L D. 2017. Effects of terracing practices on water erosion control in China：a meta-analysis. Earth-Science Reviews, 173 （1）：109-121.

Chen T D, Jiao J Y, Chen Y X, et al. 2021. Distribution and land use characteristics of alluvial fans in the Lhasa River Basin, Tibet. Journal of Geographical Sciences, 31 （10）：1437-1452.

Chen T D, Jiao J Y, Zhang Z Q, et al. 2022a. Soil quality evaluation of the alluvial fan in the Lhasa River Basin, Qinghai-Tibet Plateau. Catena, 209：105829.

Chen T D, Wei W, Jiao J Y, et al. 2022b. Machine learning-based identification for the main influencing factors of alluvial fan development in the Lhasa River Basin, Qinghai – Tibet Plateau. Journal of Geographical Sciences, 32 （8）：1557-1580.

Dolnicar S, Grün B, Leisch F. 2016. Increasing sample size compensates for data problems in segmentation studies. Journal of Business Research, 69 （2）：992-999.

Doran J W , Parkin T B . 1994. Defining and assessing soil quality// Doran J W, Coleman D C, Bezdicek D F. Defining Soil Quality for a Sustainable Environment. Madison, WI ：Soil Science Society of America, Inc. ：3-21.

Dormann C F, Elith J, Bacher V, et al. 2013. Collinearity：a review of methods to deal with it and a simulation study evaluating their performance. Ecography, 36 （1）：27-46.

Gao C, Li S, Wang J, et al. 2018. The risk assessment of tunnels based on grey correlation and entropy weight method. Geotechnical and Geological Engineering, 36 （3）：1621-1631.

Géron A. 2019. Hands-on Machine Learning with Scikit-Learn, Keras, and TensorFlow：Concepts, Tools, and Techniques to Build Intelligent Systems. Farnham：O'Reilly Media.

Guo L L, Sun, Z G. , Zhu O Y , et al. 2017. A comparison of soil quality evaluation methods for Fluvisol along the lower Yellow River. Catena, 152：135-143.

Harvey A M, Wigand P E, Wells S G. 1999. Response of alluvial fan systems to the late Pleistocene to Holocene climatic transition：contrasts between the margins of pluvial Lakes Lahontan and Mojave, Nevada and California, USA. Catena, 36：255-281.

Harvey A M. 2002. The role of base-level change in the dissection of alluvial fans：case studies from southeast Spain and Nevada. Geomorphology, 45 （1）：67-87.

Heiser M, Scheidl C, Eisl J, et al. 2015. Process type identification in torrential catchments in the eastern Alps. Geomorphology, 232：239-247.

Huang Y M, Liu D, An S S. 2015. Effects of slope aspect on soil nitrogen and microbial properties in the Chinese Loess region. Catena, 125：135-145.

Kaiser K, Lai Z P, Schneider B, et al. 2009. Sediment sequences and paleosols in the Kyichu Valley, southern Tibet （China）, indicating Late Quaternary environmental changes. Island Arc, （3）：404-427.

Li P, Zhang T L, Wang X X, et al. 2013. Development of biological soil quality indicator system for subtropical China. Soil and Tillage Research, 126 （1）：112-118.

Mather A E, Stokes M. 2017. Bedrock structural control on catchment-scale connectivity and alluvial fan processes, High Atlas Mountains, Morocco. Geological Society, London, Special Publications, 440 （1）：103-128.

Miehe S, Miehe G, Van L J F N, et al. 2014. Persistence of Artemisia steppe in the Tangra Yumco Basin, west-central Tibet, China：Despite or in consequence of Holocene lake-level changes? Journal of Paleolimnology, 51 （2）：267-285.

Nichols G, Thompson B. 2010. Bedrock lithology control on contemporaneous alluvial fan facies, Oligo-Miocene, southern Pyrenees, Spain. Sedimentology, 52 (3): 571-585.

Norini G, Zuluaga M C, Ortiz I H, et al. 2016. Delineation of alluvial fans from Digital Elevation Models with a GIS algorithm for the geomorphological mapping of the Earth and Mars. Geomorphology, 273: 134-149.

Pedregosa F, Varoquaux G, Gramfort A. 2011. Scikit-learn machine learning in Python. Journal of Machine Learning Research, 12 (85): 2825-2830.

Ran Z Z, Liu G N. 2018. Rock glaciers in Daxue Shan, south-eastern Tibetan Plateau: an inventory, their distribution, and their environmental controls. Cryosphere, 12 (7): 2327-2340.

Santangelo N, Daunis-i-Estadella J, Di C G, et al. 2012. Topographic predictors of susceptibility to alluvial fan flooding, Southern Apennines. Earth Surface Processes and Landforms, 37 (8): 803-817.

Sorrisovalvo M, Antronico L, Le P E. 1998. Controls on modern fan morphology in Calabria, Southern Italy. Geomorphology, 24 (2-3): 169-187.

Stokes M, Gomes A. 2020. Alluvial fans on volcanic islands: a morphometric perspective (So Vicente, Cape Verde). Geomorphology, 368: 1-15.

Stokes M, Mather A E. 2015. Controls on modern tributary-junction alluvial fan occurrence and morphology: high Atlas Mountains, Morocco. Geomorphology, 248: 344-362.

Ventra D, Clarke L E. 2018. Geology and geomorphology of alluvial and fluvial fans: current progress and research perspectives. Geological Society, London, Special Publications, 440: 1-21.

Wang N, Cheng W, Wang B, et al. 2020. Geomorphological regionalization theory system and division methodology of China. Journal of Geographical Sciences, 30 (2): 212-232.

Webb R Y, Smith P J, Firag A A F M. 2010. On the probability of improved accuracy with increased sample size. The American Statistician, 64 (3): 257-262.

Wei Y L, Zhou Z H, Liu G C. 2012. Physico-chemical properties and enzyme activities of the arable soils in Lhasa, Tibet, China. Journal of Mountain Science, 9 (4): 558-569.

Zhang Y J, Duo L, Pang Y Z, et al. 2018. Modern pollen assemblages and their relationships to vegetation and climate in the Lhasa Valley, Tibetan Plateau, China. Quaternary International, 406: 210-221.

Zhang Y L, Wang C L, Bai W Q, et al. 2010. Alpine wetlands in the Lhasa River Basin, China. Journal of Geographical Sciences, 20 (3): 375-388.

Zhao Y, Meng X M, Qi T J, et al. 2020. AI-based identification of low-frequency debris flow catchments in the Bailong River basin, China. Geomorphology, 359: 1-15.

Zhou W, Tang C, Van A T W J, et al. 2016. A rapid method to identify the potential of debris flow development induced by rainfall in the catchments of the Wenchuan earthquake area. Landslides, 13 (5): 1243-1259.

第3章 | 洪积扇的土壤养分及质量评价

3.1 研究方法

3.1.1 典型洪积扇的确定

考虑到洪积扇的土地利用类型、可达性和面积大小，以及在三个地貌分区中的数量分布，在提取的826个洪积扇中选择了典型洪积扇进行实地调查（图3-1），基本信息如表3-1所示。这些洪积扇的面积相差较大，最小的只有0.09km²（2-5号洪积扇），最大的为45.35km²（3-2号洪积扇）。洪积扇集水区的主要岩石，为花岗岩、花岗闪长岩、正长岩、凝灰岩、角砾岩、砾岩、二云母片麻岩和安山岩等（图3-2，以3-2号洪积扇为例）。洪积扇上的植被主要包括草本植物如冰草、牛筋草和鼠曲草等，木本植物如藏川杨、木梨和小叶锦鸡儿等，以及作物如青稞、油菜和豌豆等（表3-1）。洪积扇的主要土地利用类型包括草地、耕地、建筑用地和灌木林地。河流阶地的主要植被类型和土地利用类型与洪积扇类似，然而各类型的植被和土地利用在这两种地貌类型上分布的数量和规模不同。拉萨河流域主要的农田和居民区分布于地势开阔平坦、水资源丰富的河流阶地上（靠近拉萨河），少部分分布于面积较小的洪积扇上（图3-3）。

3.1.2 土样采集及其理化性质的测定

首先，在Google Earth中利用样线将洪积扇划分为上、中、下三部分，分别命名为扇顶、扇中、扇缘（Deng et al., 2019）。根据样线长度，将其分为三个等级，分别是<1000m、1000~1500m和>1500m。如果样线长度<1000m，则在样线上设置3个土样样品采样点；如果样线长度为1000~1500m，则在采样线上设置5个采样点；如果采样线的长度>1500m，则在采样线上设置7个采样点。通过等分样线来确定具体采样点，并在扇顶顶点设置了采样点。因此，当一个洪积扇的三条样线均<1000m时，也至少保证有10个样点，分别是扇顶4个土样，扇中3个土样，扇缘3个土样。在2019年和2020年的7~8月进行典型洪积扇土壤的采集工作，在土壤采集过程中，若等分的样点落在建筑用地，则采集附近的草地，或林地，或农田的土样。因此，洪积扇扇顶、扇中和扇缘，每个部分的土壤样品将会至少有3个重复（图3-4）。在每个样点布设2m×2m的样方中，记录每个样方的土地利用类型和植被覆盖度。

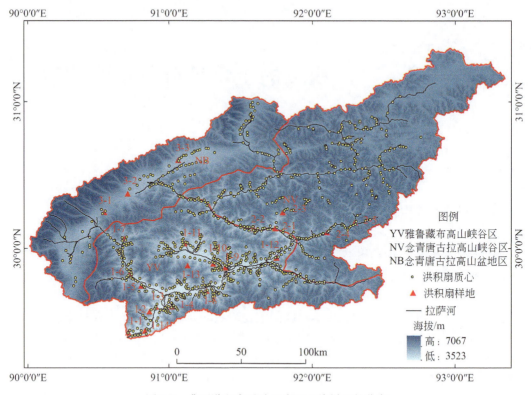

图 3-1　典型洪积扇及阶地农田土壤样地的分布

图中的 1-1 至 3-3 为洪积扇的命名，"－"前面的数字代表所处的地貌区（1，雅鲁藏布高山峡谷区；2，念青唐古拉高山峡谷区；3，念青唐古拉高山盆地区），后面的数字代表每个地貌区选择野外调查的洪积扇数量，如 1-1 代表雅鲁藏布高山峡谷区选择实地调查的第 1 号典型洪积扇；其中雅鲁藏布高山峡谷区有 14 个洪积扇，编号由 1-1 到 1-14；念青唐古拉高山峡谷区有 5 个洪积扇，编号由 2-1 到 2-5；念青唐古拉高山盆地区有 3 个洪积扇，编号由 3-1 到 3-3。在这些洪积扇中，1-3 和 1-8 洪积扇仅进行了土壤调查，1-13 和 1-14 仅进行了沟蚀调查；1-1，1-2，1-9，1-10，1-12，2-1 进行了土壤和侵蚀沟调查；1-5，1-11，2-3，2-4，2-5，3-1，3-2，3-3 进行了土壤和植被调查；1-4，1-6，1-7，2-2 进行了土壤、植被和侵蚀沟三项调查

　　在每个样方中，采用对角线取样法（五个点）采集表层约 20cm 的土样。从五个点均匀混合土样后，使用四分法保留大约四分之一装入土样袋。由于部分利用样线法确定的样点因各种原因无法到达而被舍去，共计采集了 284 个土壤样品；并根据不同植被类型的分布，补充采集了 37 个土样样品。同时，在拉萨河流域的河流阶地选取 9 块农田作为对比样地，采用"S"取样法从每个河流阶地农田采集了 5 份土壤样品，混合五个点的土壤样品后，保留大约四分之一的样品存入土样袋，因此共计有 9 个对照土壤样品。

　　将洪积扇及对照土壤样品带回实验室，风干后过筛（2mm）分离砾石及其他杂物。称量每个土壤样品砾石重量，并计算砾石含量。本研究中，砾石被视为土壤的一部分，因为洪积扇是由来自集水区的风化物质组成的扇形地貌，主要为土石混合物，其中的砾石和土壤都影响植物的生长，在自然环境中无法分离（图 3-5），这类土壤被命名为洪积扇石质土壤（Robertson et al., 2021）。使用 Mastersizer 2000 测定土壤机械组成，并根据美国农业部的土壤粒径分类标准进行分类。选择土壤砾石含量（GC%）、黏粒含量（caly%）、粉

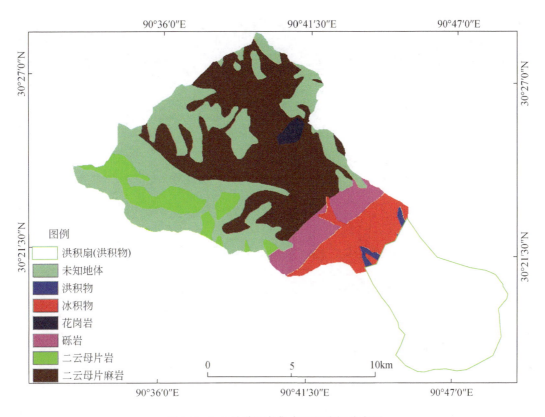

图 3-2   3-2 号洪积扇集水区的岩性分布图

(a)实拍图   (b)谷歌影像

图 3-3   拉萨河流域的典型洪积扇和阶地

粒含量（silt%）、砂粒含量（sand%）、全氮（TN）、全磷（TP）、全钾（TK）、碱解氮（AN）、速效磷（AP）、速效钾（AK）、有机质（OM）、pH、电导率（EC）和土壤可蚀性（K）作为土壤质量指标，并参照以往研究方法对指标进行测定和计算（刘鑫等，2018；Ma et al.，2020）。

表 3-1 土壤调查涉及典型洪积扇的基本信息

编号	地貌分区	面积/km²	海拔/m	平均坡度/(°)	多年降雨量/mm	植被覆盖度/%	主要植被类型	主要土地利用类型	集水区主要岩石类型
1-1	YV	3.56	3559~3846	6.53	397	30±6	藏川杨、小叶锦鸡儿、冰草、青稞	灌木林地、耕地、建筑用地	火山角砾岩、花岗闪长岩、安山岩
1-2	YV	6.37	3582~3706	5.19	442	43±9	藏川杨、小叶锦鸡儿、冰草、青稞	耕地、草地、林地	砾岩、安山岩、火山角砾岩、正长岩
1-3	YV	5.96	3584~3739	6.15	420	20±4	藏川杨、小叶锦鸡儿、冰草	耕地、建筑用地、灌木林地	二云母花岗岩、花岗闪长岩、冲洪积物
1-4	YV	1.43	3690~3875	9.50	440	26±3	小叶锦鸡儿、长硬苔藓芜、牛筋草、冰草	灌木林地、草地、建筑用地	砾岩、闪长岩、冲洪积物
1-5	YV	2.35	3718~3961	7.92	448	58±6	藏川杨、侧柏、牛筋草、青稞	耕地、林地、建筑用地	流纹岩、凝灰岩角砾岩、正长岩、花岗岩
1-6	YV	0.70	3819~3964	10.91	458	54±3	薄皮木、小蓝雪花、牛筋草、高山豆	灌木林地、草地	安山岩凝灰岩、闪长岩、冲洪积物
1-7	YV	1.47	4028~4092	8.28	444	48±4	扁刺峨眉蔷薇、长硬苔藓芜、青稞	耕地、草地、建筑用地	冲洪积物、安山岩、正长岩
1-8	YV	1.05	3648~3753	7.28	466	56±7	木梨、藏川杨、牛筋草、冰草	草地、建筑用地、林地	安山岩、火山角砾岩、正长岩
1-9	YV	0.36	3700~3759	7.84	483	29±4	牛筋草、高山豆、青稞、油菜	草地、建筑用地、林地	冲积砂砾、正长岩
1-10	YV	1.27	3702~3896	6.75	479	60±6	牛筋草、高山豆、青藏臺草、笔直黄芪	灌木林地、草地、建筑用地	砾岩、正长岩、冲洪积物
1-11	YV	1.27	3835~4014	8.97	471	58±4	牛筋草、长硬苔藓芜、鼠曲草、青稞	草地、建筑用地、耕地	火山角砾岩、冲洪积物、冲洪积物
1-12	YV	1.01	3831-4001	10.96	542	73±5	笔直黄芪、狗尾草、青稞、油菜	耕地、草地、建筑用地	砾岩、安山岩、火山角砾岩、正长岩
1-13	YV	2.64	3808~3988	4.02	539	50±7	青稞、油菜	耕地、渠地、草地	砾岩、正长岩、冲洪积物
1-14	YV	0.46	3603~3661	6.10	415	45±10	桃、马铃薯	园地、草地	火山角砾岩、花岗闪长岩

续表

编号	地貌分区	面积/km²	海拔/m	平均坡度/(°)	多年降雨量/mm	植被覆盖度/%	主要植被类型	主要土地利用类型	集水区主要岩石类型
2-1	NV	1.56	3876~4061	9.76	536	74±4	笔直黄芪、牛筋草、青稞、油菜	耕地、草地、建筑用地	砾岩、花岗斑岩、冲洪积物
2-2	NV	4.05	3915~4029	7.69	520	73±3	扁刺峨眉蔷薇、绢毛委陵菜、紫花针茅、青稞	耕地、草地、灌木林地	安山岩凝灰岩、砾岩、冲洪积物
2-3	NV	0.40	4192~4273	8.92	592	90±1	扁刺峨眉蔷薇、砂生小檗、水葱、牛筋草	草地、林地、灌木林地	安山岩凝灰岩、砾岩
2-4	NV	0.19	4093~4136	10.37	585	89±1	扁刺峨眉蔷薇、西藏天门冬、青稞、油菜	耕地、灌木林地、建筑用地	花岗闪长岩、砾岩、黑云母花岗岩
2-5	NV	0.09	4386~4411	9.84	630	84±4	蒿原毛茛、朝天委陵菜、老鹳草、地锦草	草地、裸地	花岗闪长岩、砾岩
3-1	NB	1.15	4473~4506	2.46	482	54±6	水葱、鼠曲草、青稞、豌豆	草地、建筑用地、耕地	片麻岩、正长岩、凝灰岩、二云母花岗岩
3-2	NB	45.35	4286~4556	3.32	473	51±5	小叶金露梅、鼠曲草、水葱、长梗紫苑	草地、灌木林地、建筑用地	二云母片麻岩、二云母片岩
3-3	NB	0.82	4252~4266	2.32	485	52±8	佛甲草、笔直黄芪、鼠曲草、高山豆	草地、建筑用地、裸地	正长岩、冰积物

注：表中的林地基本为苗圃用地。YV，雅鲁藏布高山峡谷区；NV，念青唐古拉山峡谷区；NB，念青唐古拉高山盆地区。

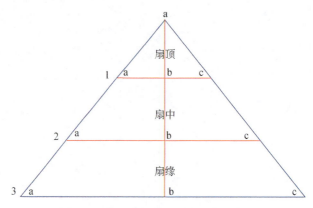

图 3-4 洪积扇土壤采样点分布示意图

图中 a、b、c 代表土壤采样点

图 3-5 1-4 号洪积扇某一侵蚀沟沟壁的土石混合土体

土壤可蚀性（K）反映土壤的抗侵蚀能力，K 值越大，土壤越容易受到外力侵蚀。因此，在本研究中，K 也被纳入土壤质量指标，并采用 Williams 等（1984）提出的土壤侵蚀与土壤生产力关系模型（EPIC）来计算洪积扇的土壤 K 值，具体如下：

$$K=\{0.2+0.3\exp[0.0256W_{SAN}](1-W_{SIL}/100)\}\times[W_{SIL}/$$
$$(W_{CLA}+W_{SIL})]0.3\times\{1-0.25W_C/[W_C+\exp(3.72-2.95W_C)]\}$$
$$\times\{1-0.7W_{SNI}/[W_{SNI}+\exp(-5.51+22.9W_{SNI})]\} \qquad (3-1)$$

式中，W_{SAN}、W_{SIL} 和 W_{CLA} 分别为砂粒、粉粒和黏粒的质量分数（%）；W_C 为土壤有机质含量（%）；W_{SNI} 等于 $1-W_{SAN}/100$。

3.1.3 土壤养分评价模型的构建

通过物元模型综合土壤养分各指标，对土壤养分水平进行评价。物元模型的基本组成有基本元、经典域物元和节域物元。其中，基本元是由待评价事物、目标特征以及特征量值构成的矩阵，是待评价事物在物元模型中的基本形式；经典域物元是由标准事物、目标特征以及标准事物的目标特征所包含的量值区间（经典域）构成的矩阵；节域物元是经典域物元的扩充，其包含了标准事物以及可转化为标准的事物。物元模型的基本运算过程如下：判断基本元的特征量值是否属于经典域物元的量值区间，若属于，则直接通过关联函数计算等级关联度，若不属于，则需经过节域修正，再通过关联函数计算等级关联度；得到单指标的等级关联度之后，将其加权平均得到综合关联度，最后根据综合关联度输出评价结果（程唱等，2021）。

1. 物元模型的构建及各养分指标等级关联度的计算

本研究中物元模型的基本元是由土壤样本 N、土壤养分指标 c_k 和实测指标量值 v_k 构成的矩阵，共选取土壤 OM、TN、TP、TK、AN、AP 和 AK 七个土壤养分指标对土壤养分水平进行综合评价，基本元 R 可以表示为

$$R = (N, c_k, v_k) = \begin{pmatrix} N & c_1 & v_1 \\ & c_2 & v_2 \\ & \vdots & \vdots \\ & c_7 & v_7 \end{pmatrix} \quad (3\text{-}2)$$

式中，N 为待评价的土壤样本；c_k 为土壤养分指标；v_k 为土壤养分指标 c_k 的实测量值；$k = 1, 2, \cdots, 7$，分别对应土壤 OM、TN、TP、TK、AN、AP 和 AK。

经典域物元是由土壤养分指标所对应的标准等级 N_{0j}、土壤养分指标 c_k 及其对应等级的量值区间所构成的矩阵，标准等级 N_{0j} 根据第二次全国土壤普查的土壤养分分级标准（全国土壤普查办公室，1998）划分，具体分级标准见表 3-2。经典域物元 R_{0j} 可以表示为

$$R_{0j} = (N_{0j}, c_k, X_{0jk}) = \begin{pmatrix} N_{0j} & c_1 & (a_{0j1}, b_{0j1}) \\ & c_2 & (a_{0j2}, b_{0j2}) \\ & \vdots & \vdots \\ & c_7 & (a_{0jk}, b_{0jk}) \end{pmatrix} \quad (3\text{-}3)$$

式中，N_{0j} 为土壤养分指标的标准等级，$j = 1, 2, \cdots, 6$；N_{0j} 分别对应表 3-2 中土壤养分指标的 Ⅰ ~ Ⅵ 级；X_{0jk} 为 j 等级的 k 指标 c_k 对应的量值区间，其值为 (a_{0jk}, b_{0jk})，如表 3-2 中 Ⅱ 级土壤 OM 所对应的量值区间为（30，40）。

表 3-2　第二次全国土壤普查土壤养分分级标准

指标	Ⅰ 极丰富	Ⅱ 丰富	Ⅲ 较丰富	Ⅳ 适量	Ⅴ 贫乏	Ⅵ 极贫乏
OM/（g/kg）	>40	30 ~ 40	20 ~ 30	10 ~ 20	6 ~ 10	<6
TN/（g/kg）	>2	1.5 ~ 2	1 ~ 1.5	0.75 ~ 1	0.5 ~ 0.75	<0.5
TP/（g/kg）	>1	0.8 ~ 1	0.6 ~ 0.8	0.4 ~ 0.6	0.2 ~ 0.4	<0.2
TK/（g/kg）	>25	20 ~ 25	15 ~ 20	10 ~ 15	5 ~ 10	<5
AN/（mg/kg）	>150	120 ~ 150	90 ~ 120	60 ~ 90	30 ~ 60	<30
AP/（mg/kg）	>40	20 ~ 40	10 ~ 20	5 ~ 10	3 ~ 5	<3
AK/（mg/kg）	>200	150 ~ 200	100 ~ 150	50 ~ 100	30 ~ 50	<30

注：本研究中实测得到土壤 OM、TN、TP、TK、AN、AP 和 AK 的上限分别为 315g/kg、18g/kg、2.1g/kg、30g/kg、360mg/kg、345mg/kg 和 1350mg/kg，各土壤养分指标的含量下限默认为 0。

节域物元是由土壤养分指标等级 P、土壤养分指标 c_k 及其量值区间所构成的矩阵，其中 P 包含了上述土壤养分指标的 6 个标准等级，量值区间为上述土壤养分指标的 6 个标准等级对应量值区间的集合，节域物元 R_p 可以表示为

$$R_p = (P, c_k, X_{pk}) = \begin{pmatrix} P & c_1 & (a_{p1}, b_{p1}) \\ & c_2 & (a_{p2}, b_{p2}) \\ & \vdots & \vdots \\ & c_7 & (a_{p7}, b_{p7}) \end{pmatrix} \tag{3-4}$$

式中，P 为土壤养分指标等级；X_{pk} 为 P 关于土壤养分指标 c_k 的量值区间，其值为 (a_{pk}, b_{pk})，如本研究中节域物元中土壤 TN 的量值区间为 $(0, 18)$，其为 TN 的 6 个标准等级对应量值区间的集合。

物元模型中通过计算待评土壤样本的养分指标值与标准等级养分指标量值区间之间的距离（等级关联度）来判断待评土壤养分指标的等级，等级关联度 $K_j(c_k)$ 的计算如下：

$$K_j(c_k) = \begin{cases} -\dfrac{P(v_k, X_{0jk})}{|X_{0jk}|}, v_k \in X_{0jk} \\ \dfrac{P(v_k, X_{0jk})}{P(v_k, X_{pk}) - P(v_k, X_{0jk})}, v_k \notin X_{0jk} \\ P(v_k, X_{0jk}) = \left| v_k - \dfrac{1}{2}(a_{0kj} + b_{0kj}) - \dfrac{1}{2}(b_{0kj} - a_{0kj}) \right| \\ P(v_k, X_{pk}) = \left| v_k - \dfrac{1}{2}(a_{pk} + b_{pk}) - \dfrac{1}{2}(b_{pk} - a_{pk}) \right| \\ |X_{0jk}| = |a_{0jk} - b_{0jk}| \end{cases} \tag{3-5}$$

式中，$P(v_k, X_{0jk})$ 为土壤养分指标 c_k 的实测量值 v_k 与该指标经典域物元中标准等级的量值区间之间的距离；$P(v_k, X_{pk})$ 为土壤养分指标 c_k 的实测量值 v_k 与该指标节域物元中的量值区间之间的距离；$K_j(c_k)$ 为土壤养分指标 c_k 关于评价等级 j 的单指标关联度，$K_j(c_k) \in R$。当 $K_j(c_k) = \max[K_j(c_k)]$ 时，待评价土壤样本的养分指标 c_k 属于等级 j。

土壤养分各指标对土壤总体养分水平的贡献程度不同，因此将各指标综合时需给予其相应的权重，通过对土壤样本各指标等级关联度的加权平均得到土壤样本养分等级与其标准养分等级之间的距离，该距离称为综合关联度，则其综合关联度（$K_j(N)$）可以表示为

$$K_j(N) = \sum_{k=1}^{n} W_k K_j(c_k) \tag{3-6}$$

式中，W_k 为土壤养分各评价指标的权重，$k = 1, 2, \cdots, 7$，分别对应土壤 OM、TN、TP、TK、AN、AP 和 AK；$K_j(N)$ 为待评土壤样本 N 和等级 j 的综合关联度，当 $K_j(N) = \max[K_j(N)]$ 时，待评价土壤样本 N 的综合评价等级属于 j；当 $K_j(N) < -1$ 时，说明待评土壤样本不符合该等级要求；当 $-1 \leqslant K_j(N) < 0$ 时，说明待评价土壤样本未能完全达到该等级要求；当 $K_j(N) \geqslant 0$ 时，说明待评价土壤样本符合该等级的要求。

2. 土壤养分指标权重（W_k）计算

本研究采用主成分分析法计算土壤养分各指标的权重。通过 KMO 和 Bartlett 检验确定

本研究中的各养分指标是否适用于主成分分析。由表 3-3 可得，本研究中各土壤养分指标的 KMO 值大于 0.6，且其 Bartlett 检验显著性小于 0.05；此外，各土壤养分指标之间存在不同程度的相关性（图 3-6），因此可以用主成分分析计算本研究中各养分指标的权重。指标权重是基于各主成分的方差贡献率，对该指标在各主成分线性组合中的系数进行加权处理，并获取归一化值。本研究中各土壤养分指标权重计算结果见表 3-4。

表 3-3 土壤养分指标之间的 KMO 和 Bartlett 检验

KMO	Bartlett 检验		
	近似卡方	自由度	显著性
0.690	1778.759	21	0.000

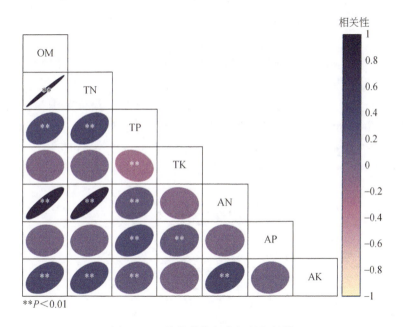

图 3-6 土壤养分指标之间的相关性

图中椭圆为右上—左下走向时各土壤养分指标表现为正相关，左上—右下走向时表现为负相关；椭圆越扁，相关性越强；反之，相关性越弱

表 3-4 通过主成分分析计算的指标权重

指标	OM	TN	TP	TK	AN	AP	AK
权重（W_k）	0.1448	0.1760	0.1245	0.1604	0.1726	0.1012	0.1204

3. 洪积扇土壤养分等级计算

本研究将洪积扇草地、灌丛和农田土壤样点与各等级的综合关联度进行面积加权，从而得到各洪积扇与相应等级的综合关联度 $K_j(H)$。

$$K_j(H) = W_g K_j(H_g) + W_s K_j(H_s) + W_c K_j(H_c) \tag{3-7}$$

式中，W_g、W_s 和 W_c 分别为根据草地、灌丛和农田的面积计算出的权重值；K_j（H_g）、K_j（H_s）和 K_j（H_c）分别为草地、灌丛和农田样点综合关联度的均值。

3.1.4　土壤质量指数的计算

土壤质量指数利用综合加权法实现，其中各指标的权重通过主成分分析（PCA）由共同因子方差值赋值（Jin et al.，2021），然后采用式（3-8）计算质量指数：

$$SQI = \sum_{i}^{n} W_{x_i} f_{x_i} \tag{3-8}$$

式中，SQI 为土壤质量指数；W_{x_i} 为 x_i 的权重；f_{x_i} 为 x_i 的标准化函数；x_i 为不同的土壤指标，i 为指标的数量；本研究中有 14 个土壤指标，即 clay%、silt%、sand%、TN、TP、TK、AN、AP、AK、OM、pH、EC、GC% 和 K。

对土壤指标通过标准化函数进行标准化（Guo et al.，2017），可以避免不同指标量纲对结果的影响。共选择三种类型的标准化函数（M、L 和 O）来标准化土壤指标。M 是"越多越好"型的方程，L 是"越少越好"型的方程，O 是"最优范围"型的方程。根据之前的研究（Guo et al.，2017），clay%、silt%、TN、TP、TK、AN、AP、AK 和 OM 由 M 型方程标准化，EC、sand%、GC% 和 K 由 L 型方程标准化，而 pH 由 O 型方程标准化。这三个方程为

$$M: f(x) = \begin{cases} 0.1, & x < x_{min} \\ 0.1 + \dfrac{0.9 \times (x - x_{min})}{x_{max} - x_{min}}, & x_{min} < x < x_{max} \\ 1, & x > x_{max} \end{cases} \tag{3-9}$$

$$L: f(x) = \begin{cases} 1, & x < x_{min} \\ 1 - \dfrac{0.9 \times (x - x_{min})}{x_{max} - x_{min}}, & x_{min} < x < x_{max} \\ 0.1, & x > x_{max} \end{cases} \tag{3-10}$$

$$O: f(x) = \begin{cases} 0.1, & x < x_{min} \\ 0.1 + \dfrac{0.9 \times (x - x_{min})}{x_{max} - x_{min}}, & x_{min} < x < x_{o_1} \\ 1, & x_{o_1} \leqslant x \leqslant x_{o_2} \\ 1 - \dfrac{0.9 \times (x - x_{min})}{x_{max} - o_2}, & x_{o_2} < x < x_{max} \\ 0.1, & x > x_{max} \end{cases} \tag{3-11}$$

式中，$f(x)$ 为指标的标准化函数；x 为指标的值；o_1 和 o_2 分别为指标的上限值和下限值。由于在拉萨河流域并无前人研究显示土壤的 pH 处于什么范围时土壤质量较好，因此认为 pH 等于 7（中性）时是最适宜的，即 o_1 和 o_2 均取为 7。

3.1.5 土壤质量环境影响因子相关数据的获取

根据前人研究，选择植被覆盖度（V）、土地利用类型（L）、多年平均降水量（P）、海拔（E）、坡度（G）、坡向（A）和多年平均温度（T）等指标作为影响土壤质量的环境指标。野外调查记录了每个样点的植被覆盖、土地利用类型（灌丛、草地、林地和农田）、不同部位（扇顶、扇中和扇缘）和地貌分区（雅鲁藏布高山峡谷区、念青唐古拉高山峡谷区和念青唐古拉高山盆地区）。其中，土地利用类型、部位和地貌分区是分类数据，以数字代替分类数据进行相关计算。使用 ArcGIS 10.7 从 DEM 提取高程、坡度和坡向，DEM 数据从 NASA EARTHDATA 获得，其分辨率为 12.5m。降水和气温数据从国家青藏高原科数据中心申请获得，数据为 1km 的栅格数据（图 3-7 和图 3-8）。

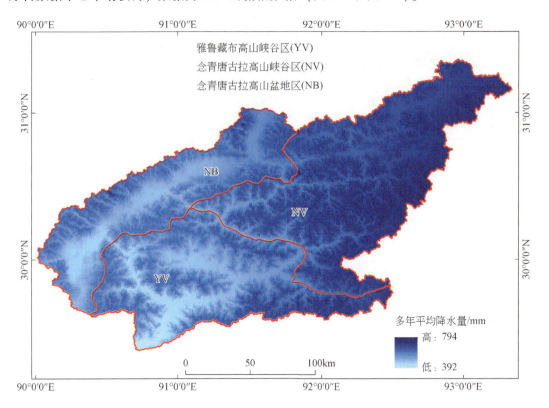

图 3-7 拉萨河流域多年平均降水量分布

3.1.6 数据分析

通过独立样本 t 检验，对比分析洪积扇和河流阶地农田土壤质量指标和土壤质量指数的差异性（$P<0.05$）。由主成分分析确定的公因子方差计算土壤质量指标的权重。采用单因素方差分析（ANOVA）和最小显著差异分析（LSD）评估不同土地利用类型、部位和

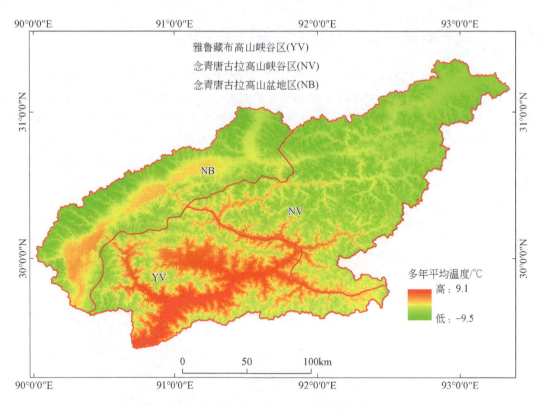

图 3-8　拉萨河流域多年平均温度分布

地貌分区之间的土壤理化指标（以及 SQI）之间的差异性是否显著。利用 Spearman 相关分析 SQI 与环境因素之间的相关性。所有分析均使用 SPSS 19.0（SPSS Inc. Chicago USA）进行。

3.2　结果与分析

3.2.1　洪积扇的土壤理化性质

洪积扇和河流阶地农田的土壤理化指标如表 3-5 所示。整体上，这两种地貌类型的土壤均属于沙壤土。洪积扇和河流阶地农田所有土壤指标之间没有显著差异性，表明二者土壤物理化学性质相近。因此，从土壤理化性质的角度，洪积扇与河流阶地农田土壤间无显著差异。但洪积扇各项指标的最大值、标准误和变异系数均大于河流阶地农田。洪积扇所有指标的变异系数为中等或高等变异（中等变异，10%≤CV≤100%；高等变异，CV>100%）。而河流阶地农田所有指标的变异系数为低或中等变异（低等变异，CV<10%；中等变异，10%≤CV≤100%）。因此，洪积扇土壤的理化指标较河流阶地农田具有更大的变异性。

表 3-5　洪积扇与河流阶地农田的土壤物理化学指标

项目		clay /%	silt /%	sand /%	TN/ (g/ kg)	TP/ (g/ kg)	TK/ (g/ kg)	AN/ (mg/ kg)	AP/ (mg/ kg)	AK/ (mg/ kg)	OM/ (g/ kg)	pH	EC/ (dS /m)	GC /%	K
洪积扇	平均值	15.12a	32.44a	52.44a	1.85a	0.71a	17.95a	65.62a	15.79a	111.44a	32.76a	6.70a	0.31a	0.37a	0.28a
	最小值	1.39	4.90	17.76	0.14	0.23	13.67	7.7	0.78	17	2.65	5.16	0.08	0	0.03
	最大值	29.01	70.59	93.72	17.55	2.06	22.98	349.86	342.5	1700	314.57	8.64	2.04	1	0.45
	标准误	5.15	12.60	14.22	1.53	0.28	2.55	42.23	35.92	184.45	26.39	0.58	0.24	0.28	0.08
	CV/%	34.06	38.85	27.11	83.1	39.01	14.18	64.36	227.49	140.12	80.56	8.71	77.42	74.92	28.97
阶地农田	平均值	16.52a	32.73a	50.75a	1.22a	0.64a	20.54a	48.87a	8.25a	61.78a	21.66a	7.03a	0.41a	0.29a	0.32a
	最小值	15.14	21.77	44.32	0.14	0.48	18.24	15.71	1.13	37	2.8	6.65	0.15	0.08	0.23
	最大值	17.50	38.26	63.09	2.04	0.78	22.23	97.82	24.55	133	38.44	8.64	1.1	0.68	0.37
	标准误	0.71	5.32	5.85	0.59	0.09	1.11	21.28	8.09	27.76	10.75	0.37	0.27	0.2	0.04
	CV/%	4.30	16.27	11.53	48.1	13.82	5.43	43.54	98.02	44.94	49.62	8.39	65.85	70.95	13.6

注：CV 为变异系数；不同小写字母表示洪积扇与阶地农田土壤理化指标间存在显著差异（独立样本 t 检验，$P <$ 0.05）。

洪积扇不同部位的土壤理化指标见表 3-6 所示。速效钾、粉粒含量和土壤可蚀性在洪积扇的两个或者三个部位之间存在显著差异，其余土壤理化指标在洪积扇的三个部位之间无显著差异。扇缘的速效钾显著高于扇中和扇顶；砾石含量由扇缘至扇顶显著递增；扇缘粉粒含量和土壤可蚀性显著低于扇顶，而与扇中无显著性差异。

表 3-6　洪积扇不同部位的土壤物理化学指标

部位		clay /%	silt /%	sand /%	TN/ (g/ kg)	TP/ (g/ kg)	TK/ (g/ kg)	AN/ (mg/ kg)	AP/ (mg/ kg)	AK/ (mg/ kg)	OM/ (g/ kg)	pH	EC/ (dS /m)	GC /%	K
扇顶	平均值	15.21a	33.97a	50.82a	2.03a	0.72a	17.94a	67.40a	15.71a	91.66a	35.79a	6.65a	0.29a	0.46a	0.29a
	最小值	1.39	4.89	17.76	0.21	0.34	14.00	7.70	0.78	17.00	5.23	5.16	0.09	0.02	0.03
	最大值	26.90	69.67	93.72	8.34	2.06	22.45	262.75	342.50	1700.00	129.26	8.32	0.92	1.00	0.44
	标准误	4.64	13.44	14.37	1.33	0.31	2.55	41.93	46.14	201.34	22.13	0.54	0.16	0.30	0.08
	CV/%	30.51	39.56	28.28	65.52	43.06	14.21	62.21	293.70	144.07	61.83	8.12	55.17	65.22	27.59
扇中	平均值	14.65a	32.85ab	52.50a	1.76a	0.69a	17.83a	59.77a	13.69a	93.98a	31.34a	6.68a	0.30a	0.36b	0.27ab
	最小值	2.30	10.26	22.36	0.22	0.30	13.67	9.10	1.08	23.00	4.22	5.52	0.09	0	0.05
	最大值	25.93	68.42	87.44	17.55	1.60	22.80	349.86	172.50	328.00	314.57	8.25	2.04	0.92	0.43
	标准误	5.20	11.78	13.12	2.05	0.25	2.60	45.57	25.65	59.51	35.73	0.59	0.26	0.26	0.08
	CV/%	35.49	35.86	25.00	116.48	36.23	14.58	76.24	187.36	63.32	114.01	8.83	86.67	72.22	0.29

续表

部位		clay /%	silt /%	sand /%	TN/ (g/ kg)	TP/ (g/ kg)	TK/ (g/ kg)	AN/ (mg/ kg)	AP/ (mg/ kg)	AK/ (mg/ kg)	OM/ (g/ kg)	pH	EC/ (dS /m)	GC /%	K
扇缘	平均值	15.46a	30.18bc	54.36a	1.71a	0.72a	18.08a	68.88a	17.84a	156.86b	30.36a	6.77a	0.35a	0.27c	0.26bc
	最小值	1.81	8.02	19.19	0.14	0.23	14.26	9.10	1.33	20.00	2.65	5.56	0.08	0.00	0.04
	最大值	29.00	70.58	90.17	6.71	1.79	22.98	202.06	222.50	1350.00	109.11	8.64	0.19	0.91	0.45
	标准误	5.69	12.08	14.98	1.18	0.25	2.53	39.41	29.79	231.41	20.30	0.63	0.31	0.23	0.08
	CV/%	36.80	40.03	27.55	69.01	34.72	13.99	57.22	166.98	147.53	66.86	9.31	88.58	85.19	0.32

注：CV 为变异系数；不同小写字母表示扇顶、扇中和扇缘的土壤理化指标之间存在显著差异（最小显著性差异分析，$P<0.05$）。

洪积扇不同地貌分区的土壤理化指标见表 3-7。在雅鲁藏布高山峡谷区（YV）、念青唐古拉高山峡谷区（NV）和念青唐古拉高山盆地区（NB）这三个地貌分区中，电导率无显著性差异；而其他理化指标在三个或者其中两个地貌分区之间有显著性差异，但其值大小无规律性。以黏粒含量、粉粒含量、砂粒含量、砾石含量和可蚀性 5 个土壤物理性质为例，在三个或其中两个地貌分区之间有显著差异，但其规律不一致。其中，黏粒含量和砾石含量在 YV 显著小于 NV 和 NB，而在 NV 和 NB 之间无显著差异性；粉粒含量在 YV 显著大于 NV 并同时显著大于 NB；土壤砂粒含量在 YV 与 NV 之间没有显著差异性，而二者显著小于 NB；土壤可蚀性在 YV 和 NB 没有显著的差异性，而二者均显著大于 NV。而上述三个地貌分区洪积扇的土壤理化性质与阶地农田（TF）相比，YV 和 NB 与 TF 更为接近（表 3-7）。在 14 个指标中，YV 洪积扇全钾和砾石含量这两个指标显著小于阶地农田，而其他 12 个指标均与农田无显著性差异；NB 洪积扇的粉粒含量显著小于阶地农田，而砂粒含量显著大于阶地农田，剩余的 12 个指标也于农田无显著差异；念青唐古拉高山峡谷区（NV）洪积扇的全氮、全磷、碱解氮和有机质含量 4 个指标均显著高于阶地农田，而全钾和 pH 这两个指标显著小于阶地农田。由此可以说明，雅鲁藏布高山峡谷区和念青唐古拉高山盆地区洪积扇土壤的各项理化指标更接近阶地农田土壤。

表 3-7 洪积扇不同地貌分区的土壤物理化学性质指标

部位		clay /%	silt /%	sand /%	TN/ (g/ kg)	TP/ (g/ kg)	TK/ (g/ kg)	AN/ (mg/ kg)	AP/ (mg/ kg)	AK/ (mg/ kg)	OM/ (g/ kg)	pH	EC/ (dS /m)	GC /%	K
YV	平均值	13.95a	35.44a	50.61a	1.41a	0.67a	16.90a	58.50a	11.64a	102.27a	24.95a	6.82a	0.29a	0.25a	0.42a
	最小值	1.39	4.89	17.76	0.14	0.23	13.67	7.70	0.78	17.00	2.65	5.92	0.09	0.03	0.00
	最大值	29.00	70.58	93.72	4.03	1.60	22.12	135.10	222.50	612.00	73.65	8.64	0.88	0.45	1.00
	标准误	0.47	1.07	1.25	0.05	0.02	0.18	2.32	1.55	5.71	0.90	0.04	0.01	0.01	0.02
	CV/%	43.60	39.24	32.13	49.69	35.99	13.75	51.63	173.23	72.84	47.08	7.44	0.59	33.68	70.59

续表

部位		clay /%	silt /%	sand /%	TN/ (g/ kg)	TP/ (g/ kg)	TK/ (g/ kg)	AN/ (mg/ kg)	AP/ (mg/ kg)	AK/ (mg/ kg)	OM/ (g/ kg)	pH	EC/ (dS /m)	GC /%	K
NV	平均值	17.42b	31.39b	51.18a	2.80b	0.85a	18.53b	93.07b	31.25b	120.17a	49.96b	6.22b	0.35a	0.30b	0.26b
	最小值	11.36	13.44	28.71	0.63	0.40	14.65	14.99	1.35	20.00	11.59	5.16	0.11	0.20	0.00
	最大值	26.56	51.31	71.11	17.55	2.06	22.59	349.86	342.50	910.00	314.57	7.26	2.04	0.42	0.88
	标准误	0.34	1.03	1.21	0.30	0.22	7.18	7.37	16.80	5.18	0.05	0.04	0.01	0.03	
	CV/%	16.66	27.66	19.88	91.12	42.32	9.99	65.00	198.86	117.83	87.42	7.01	0.84	21.93	84.74
NB	平均值	15.94bc	22.28c	61.77b	2.01c	0.65a	21.15c	48.44a	6.68a	143.63a	35.21c	7.02c	0.32a	0.32bc	0.38a
	最小值	14.92	12.44	48.89	0.80	0.44	19.05	17.85	1.25	23.00	14.32	6.17	0.08	0.24	0.03
	最大值	17.68	35.25	72.56	4.47	1.28	22.98	122.81	45.95	1350.00	75.79	8.51	1.87	0.43	0.82
	标准误	0.09	0.71	0.76	0.13	0.02	0.14	3.44	1.49	41.28	2.27	0.10	0.06	0.01	0.04
	CV/%	3.66	21.03	8.03	41.99	23.98	4.28	46.53	146.63	188.47	42.23	9.09	1.16	12.34	67.13
TF	平均值	16.52abc	32.73ab	50.75a	1.22ac	0.64a	20.54cd	48.87a	8.25ab	61.78a	21.66ac	7.03ac	0.41a	0.29bcd	0.32ab
	最小值	15.14	21.77	44.32	0.14	0.48	18.24	15.71	1.13	37.00	2.80	6.53	0.13	0.23	0.08
	最大值	17.47	38.26	63.09	2.04	0.78	22.23	97.82	24.55	133.00	38.44	7.52	1.08	0.37	0.68
	标准误	0.25	1.88	2.07	0.21	0.03	0.39	7.52	2.86	9.81	3.80	0.12	0.09	0.02	0.07
	CV/%	4.56	17.26	12.23	51.02	14.66	5.76	46.19	103.97	47.66	52.63	5.25	69.39	14.42	75.25

注：YV，雅鲁藏布高山峡谷区；NV，念青唐古拉高山峡谷区；NB，念青唐古拉高山盆地区；TF，阶地农田；CV，变异系数；不同小写字母表示三个地貌分区及阶地农田土壤理化指标之间存在显著差异（最小显著差异分析，$P < 0.05$）

3.2.2 洪积扇的土壤养分评价

1. 洪积扇的土壤养分特征

本研究 321 个样点的土壤养分各指标含量见表 3-8，在 Ⅰ ~ Ⅵ级中的占比见图 3-9。洪积扇土壤 OM 的含量为 2.65 ~ 314.57g/kg，在不同植被类型下的含量表现为草地>灌丛>农田（$P > 0.05$），仅有 3.43% 的样点等级为 Ⅴ级和 Ⅵ级，土壤 OM 含量贫乏或极贫乏；土壤 TN 的含量为 0.14 ~ 17.55g/kg，在不同植被类型中的含量表现为草地>灌丛>农田（$P > 0.05$），82.55% 的样点等级为 Ⅰ ~ Ⅲ级，土壤 TN 含量极丰富、丰富或较丰富；土壤 TP 含量为 0.04 ~ 2.06g/kg，在不同植被类型下的含量表现为草地>农田>灌丛（$P > 0.05$），等级为 Ⅲ级和 Ⅳ级的样点占 62.93%，土壤 TP 含量较丰富或适量，但也有 15.89% 的样点等级为 Ⅳ级以下，土壤 TP 含量贫乏或极贫乏；土壤 TK 含量为 7.71 ~ 25.57g/kg，在不同植被类型下的含量表现为农田>草地>灌丛（$P > 0.05$），仅有 0.31% 的样点等级为 Ⅴ级，土壤 TK 含量贫乏，无 Ⅵ级，并且有 88.16% 的样点等级为 Ⅱ级和 Ⅲ级，土壤 TK 含量丰富或较丰富；土壤 AN 含量为 7.70 ~ 358.56mg/kg，在不同植被类型下的含量表现为草地>灌丛

>农田（*P*>0.05），46.42%的样点 AN 等级为 V 级和 VI 级，土壤 AN 含量贫乏或极贫乏；土壤 AP 含量为 0.12～342.50mg/kg，在不同植被类型下的含量表现为农田>草地>灌丛（*P*<0.05），48.60%的样点 AP 等级为 V 级和 VI 级，AP 含量贫乏或极贫乏；土壤 AK 含量为 17.00～1350.00mg/kg，在不同植被类型下的含量表现为草地>灌丛>农田（*P*>0.05），66.67%的样点 AK 等级为 III 级和 IV 级，AK 含量较丰富或适量。相对于土壤 TN 和 TP，土壤 AN 和 AP 等级为 V 级和 VI 级的样点占比分别增加了 36.45 个百分点和 32.71 个百分点。不同植被类型下也均存在相似的现象，草地、灌丛和农田 AN 等级为 V 级和 VI 级的样点占比相对于 TN 分别增加了 35.71 个百分点、36.54 个百分点和 40.00 个百分点，草地和灌丛 AP 等级为 V 级和 VI 级的样点占比相对于 TP 分别增加了 38.84 个百分点和 40.38 个百分点。

表 3-8   拉萨河流域中下游洪积扇土壤养分含量

植被类型	指标	OM /(g/kg)	TN /(g/kg)	TP /(g/kg)	TK /(g/kg)	AN /(mg/kg)	AP /(mg/kg)	AK /(mg/kg)
草地	平均值	38.95±31.88	2.19±1.81	0.67±0.28	18.27±2.58	77.53±56.46	10.91±26.97a	129.43±155.85
	范围	2.65～314.57	0.14～17.55	0.04～1.83	12.81～23.51	7.70～358.56	0.12～342.50	17.00～1350.00
	<IV级	3.57%	11.61%	10.71%	0	47.32%	49.55%	15.18%
灌丛	平均值	33.43±21.13	1.84±1.12	0.57±0.31	17.65±3.80	74.59±49.34	6.23±9.11a	102.9±74.87
	范围	5.27～91.13	0.23～5.09	0.11～2.06	7.71～25.57	7.70～213.10	0.66～45.95	25～428.50
	<IV级	5.77%	5.77%	23.08%	1.92%	42.31%	63.46%	13.46%
农田	平均值	29.87±12.2	1.66±0.77	0.60±0.18	20.09±2.28	63.49±22.05	35.57±62.91b	88.58±37.42
	范围	11.59～68.89	0.63～3.86	0.18～1.41	15.12～23.84	14.99～110.60	0.15～318.75	22.00～157.00
	<IV级	0	6.67%	33.33%	0	46.67%	26.67%	17.78%
总体	平均值	36.79±28.49	2.06±1.62	0.64±0.29	18.42±2.85	75.08±51.95	13.61±33.85	119.41±135.14
	范围	2.65～314.57	0.14～17.55	0.04～2.06	7.71～25.57	7.70～358.56	0.12～342.50	17.00～1350.00
	<IV级	3.43%	9.97%	15.89%	0.31%	46.42%	48.60%	15.26%

注：不同小写字母表示不同植被类型下土壤养分指标含量存在显著性差异（*P*<0.05）；<IV 表示指标等级在 IV 级以下的样点（V 级和 VI 级）占比。

2. 洪积扇不同土地利用的土壤养分等级

基于主成分分析确定指标权重，再通过物元模型计算土壤养分的综合评价等级，结果如图 3-10 和图 3-11 所示。61.99%的样点土壤养分综合评价等级在 IV 级以上（I～III级），土壤养分含量充足，土壤养分评价等级为 V 级和 VI 级的样点在各洪积扇有零星分布，而分别位于曲水县中南部和东北部的洪积扇 1-1 和 1-3，位于达孜区西部的洪积扇 1-8 的样点也相对较多，土壤养分水平相对较低；洪积扇草地、灌丛和农田中 IV 级以上的样点分别占 63.84%、55.77%和 60%。不同植被类型样点等级的分布特征相似，均主要分布在 III 级和 IV 级，草地、灌丛和农田样点分别有 60.71%、65.38%和 68.89%。土壤养分综合评价结果显示，土壤养分综合评价等级为 VI 级的土壤其 AN 含量均为贫乏或极贫乏，而 TP

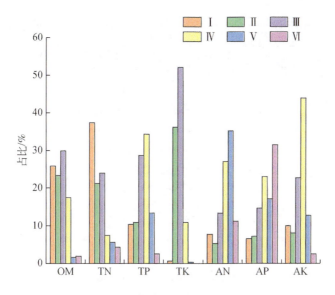

图 3-9 土壤养分指标各等级占比

和 TK 含量则相对充足（表 3-9）。进一步对各养分因子进行主成分分析，提取特征值大于 1 的 3 个主成分，累积方差贡献率达 79.357%，可以得出土壤 TN、OM 和 AN 对土壤养分总体水平的贡献率最大（表 3-10）。

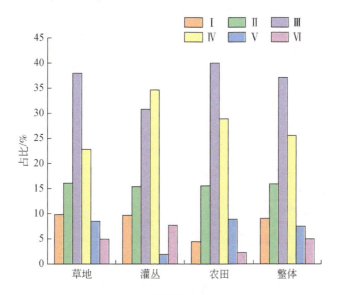

图 3-10 土壤样点各等级占比

表 3-9 土壤养分综合评价等级为 VI 级的样点

编号	OM	TN	TP	TK	AN	AP	AK	综合等级
2-4-农-5	IV	V	I	III	VI	I	VI	VI
1-7-灌-2	IV	IV	VI	II	V	VI	III	VI

编号	OM	TN	TP	TK	AN	AP	AK	综合等级
3-3-草-4	Ⅱ	Ⅱ	Ⅲ	Ⅱ	Ⅵ	Ⅵ	Ⅴ	Ⅵ
3-3-草-5	Ⅲ	Ⅱ	Ⅲ	Ⅱ	Ⅵ	Ⅵ	Ⅴ	Ⅵ
3-3-草-8	Ⅳ	Ⅲ	Ⅲ	Ⅱ	Ⅵ	Ⅵ	Ⅵ	Ⅵ
1-1-草-5	Ⅴ	Ⅵ	Ⅰ	Ⅳ	Ⅵ	Ⅳ	Ⅴ	Ⅵ
1-1-草-7	Ⅵ	Ⅵ	Ⅳ	Ⅲ	Ⅵ	Ⅵ	Ⅴ	Ⅵ
1-1-草-8	Ⅵ	Ⅵ	Ⅳ	Ⅲ	Ⅵ	Ⅳ	Ⅴ	Ⅵ
1-1-草-9	Ⅴ	Ⅵ	Ⅲ	Ⅲ	Ⅵ	Ⅴ	Ⅴ	Ⅵ
1-1-草-12	Ⅵ	Ⅵ	Ⅲ	Ⅳ	Ⅵ	Ⅴ	Ⅴ	Ⅵ
1-3-草-2	Ⅴ	Ⅱ	Ⅱ	Ⅲ	Ⅵ	Ⅵ	Ⅴ	Ⅵ
1-3-草-3	Ⅴ	Ⅵ	Ⅰ	Ⅳ	Ⅵ	Ⅴ	Ⅴ	Ⅵ
1-3-草-4	Ⅵ	Ⅵ	Ⅱ	Ⅳ	Ⅵ	Ⅳ	Ⅴ	Ⅵ
1-3-灌-2	Ⅵ	Ⅵ	Ⅳ	Ⅲ	Ⅵ	Ⅵ	Ⅴ	Ⅵ
1-3-灌-3	Ⅴ	Ⅵ	Ⅲ	Ⅳ	Ⅵ	Ⅳ	Ⅳ	Ⅵ
1-4-灌-5	Ⅵ	Ⅵ	Ⅲ	Ⅳ	Ⅵ	Ⅳ	Ⅴ	Ⅵ

表3-10　因子载荷矩阵

成分	OM	TN	TP	TK	AN	AP	AK	特征值	累计贡献率/%
1	0.961	0.959	0.895	0.554	0.147	0.455	−0.048	3.183	45.469
2	−0.093	−0.118	−0.235	−0.023	0.852	0.663	0.027	1.245	63.257
3	0.035	0.035	0.020	0.155	0.272	−0.364	0.945	1.127	79.357

3. 洪积扇土壤养分综合等级

本研究中的20个洪积扇的土壤养分综合评价结果如表3-11所示，2-1号洪积扇的土壤养分综合评价等级为Ⅰ级，土壤养分含量极丰富；1-3号洪积扇的土壤养分综合评价等级为Ⅵ级，土壤养分含量极贫乏；1-7号、1-9号、1-11号、1-12号、2-3号、2-4号、2-5号、3-1号和3-3号洪积扇的土壤养分综合评价等级为Ⅲ级，土壤养分含量较丰富；1-1号、1-2号、1-4号、1-5号、1-6号、1-8号、1-10号、2-2和3-2号洪积扇的土壤养分综合评价等级为Ⅳ级，土壤养分含量适中。洪积扇的土壤养分状况受土壤、气候、地形因子及人类活动等的影响。综合评价等级为Ⅰ级的洪积扇2-1仅包含棕黑毡土一种土壤，该土种常位于阳坡，光照充足，气候较同海拔其他区域温和，其年平均降水量位于626.0~642.8mm，在拉萨河流域属于降水量相对充沛的地区（图3-7），地面植被发育良好，返还给土壤更多的有机质，从而土壤养分含量丰富；此外，2-1号洪积扇位于墨竹工卡县的西北部，远离城镇且交通不便，人类足迹少，从而减轻了当地常见的由砍伐灌丛、过度放牧等引起的植被退化现象。而综合评价等级为Ⅵ级的1-3号洪积扇的土壤主要为棕冷钙土，

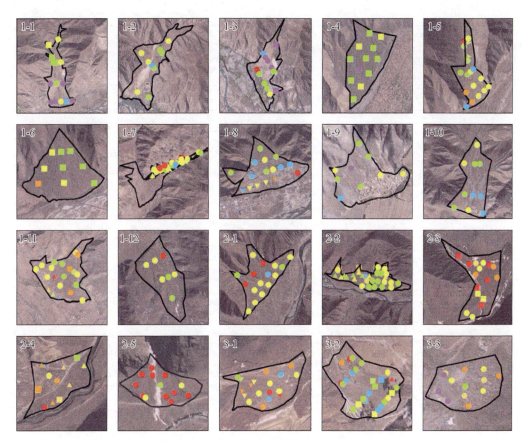

图 3-11　洪积扇不同土地利用土壤养分综合评价等级分布图

图中圆形代表草地；方形代表灌丛；三角形代表农田；红色、橙色、黄色、绿色、蓝色和紫色分别对应
土壤养分综合评价等级的 I ~ Ⅵ级

该土种土层深厚，砾石量少，质地黏重，干后易板结，故植被发育较差，且其气候较暖干（图 3-7 和图 3-8），年平均降水量为 469.5mm，年平均气温大约为 9.3℃，进一步限制了植被的生长发育，因而其土壤养分含量极贫乏。由不同等级洪积扇环境因子间的单因素方差分析可得（表 3-12），土壤养分综合评价等级为Ⅲ级、Ⅳ级和Ⅵ级的洪积扇的海拔和年平均降水量逐级显著降低（$P<0.05$），年平均气温逐级显著升高（$P<0.05$），说明区域海拔越低，气候趋于相对暖干，其土壤养分含量越贫乏。坡度仅在土壤养分综合评价等级为Ⅲ级和Ⅵ级的洪积扇之间差异显著，而坡度又与土壤养分评价等级不相关（$P>0.05$），说明坡度对本研究中洪积扇土壤养分水平的影响不大。

表 3-11　洪积扇的土壤养分综合评价等级

编号	面积/km²			$K_j(H)$	N_{01}	N_{02}	N_{03}	N_{04}	N_{05}	N_{06}	等级
	A_{GL}	A_{SL}	A_{CL}								
1-1	0.040	1.598	—	$K_j(H)_{1-1}$	−0.55	−0.40	−0.15	−0.10	−0.19	−0.30	Ⅳ
1-2	0.304	—	—	$K_j(H)_{1-2}$	−0.42	−0.29	−0.14	−0.14	−0.28	−0.40	Ⅳ

编号	面积/km²			$K_j(H)$	N_{01}	N_{02}	N_{03}	N_{04}	N_{05}	N_{06}	等级
	A_{GL}	A_{SL}	A_{CL}								
1-3	0.567	0.908	—	$K_j(H)_{1-3}$	−0.62	−0.48	−0.38	−0.28	−0.25	−0.15	VI
1-4	—	1.085		$K_j(H)_{1-4}$	−0.54	−0.37	−0.11	0.00	−0.19	−0.34	IV
1-5	0.257	—	0.934	$K_j(H)_{1-5}$	−0.38	−0.29	−0.21	−0.13	−0.23	−0.36	IV
1-6	—	0.687		$K_j(H)_{1-6}$	−0.44	−0.26	−0.13	−0.10	−0.25	−0.34	IV
1-7	0.237	0.094	0.942	$K_j(H)_{1-7}$	−0.90	−0.26	−0.18	−0.21	−0.26	−0.40	III
1-8	0.556		0.002	$K_j(H)_{1-8}$	−0.53	−0.33	−0.15	−0.06	−0.16	−0.34	IV
1-9	0.168	—		$K_j(H)_{1-9}$	−0.55	−0.39	−0.14	−0.15	−0.21	−0.27	III
1-10	0.148	—		$K_j(H)_{1-10}$	−0.55	−0.38	−0.19	−0.08	−0.18	−0.28	IV
1-11	0.984		0.064	$K_j(H)_{1-11}$	−0.36	−0.17	−0.10	−0.14	−0.29	−0.39	III
1-12	0.086			$K_j(H)_{1-12}$	−0.42	−0.27	−0.05	−0.05	−0.25	−0.39	III
2-1	0.187	0.062		$K_j(H)_{2-1}$	−0.16	−0.26	−0.22	−0.27	−0.37	−0.40	I
2-2	1.064	0.228	2.415	$K_j(H)_{2-2}$	−1.87	−0.40	−0.24	−0.20	−0.32	−0.47	IV
2-3	0.040			$K_j(H)_{2-3}$	−0.35	−0.17	−0.09	−0.15	−0.29	−0.40	III
2-4	0.022	0.040	0.088	$K_j(H)_{2-4}$	−0.74	−0.24	−0.24	−0.29	−0.34	−0.43	III
2-5	0.079	—		$K_j(H)_{2-5}$	−0.96	−0.48	−0.45	−0.49	−0.54	−0.60	III
3-1	0.500	—	0.159	$K_j(H)_{3-1}$	−0.33	−0.21	−0.20	−0.24	−0.26	−0.36	III
3-2	27.380	18.249	—	$K_j(H)_{3-2}$	−0.43	−0.30	−0.22	−0.19	−0.22	−0.33	IV
3-3	0.413	—		$K_j(H)_{3-3}$	−6.14	−0.28	−0.25	−0.29	−0.32	−0.35	III

注：表中 A_{GL}、A_{SL}、A_{CL} 分别为草地、灌丛、农田的面积，$K_j(H)$ 为洪积扇土壤养分与相应等级的综合关联度；N_{01} ～ N_{06} 表示土壤养分综合评价等级。

表 3-12　不同等级洪积扇环境因子间的单因素方差分析

洪积扇等级	海拔/m	年平均降水量/mm	年平均气温/℃	坡度/(°)
I	3847.95±127.34a	487.02±6.66ab	7.67±0.75a	6.30±2.02ab
III	4191.62±233.38b	548.56±66.51c	5.14±1.77b	6.98±4.72a
IV	3943.17±249.48a	505.95±46.21a	6.95±1.87a	6.23±3.86ab
VI	3650.08±34.78c	468.93±2.99b	9.22±0.33c	3.88±2.71b

注：表中不同小写字母表示不同土壤养分等级洪积扇之间的环境因子存在显著差异（$P<0.05$）。

3.2.3　洪积扇的土壤质量评价

　　各土壤理化指标的共同因子方差和权重如表 3-13 所示。适用于 M 型标准化函数的指标（即"越多越好"），包括全氮、全钾、碱解氮、有机质和土壤可蚀性等指标的权重均大于 8%。因此，这些指标在土壤质量评价的过程中比其余指标更重要。而适用于 L 型标准化函数，即"越少越好型"指标的总权重可达 30.66%，这些指标包括砂粒含量、电导率、砾石含量和土壤可蚀性。

表 3-13   土壤理化指标的公因子方差和权重

土壤理化指标	公因子方差	权重/%
黏粒含量	0.462	4.63
粉粒含量	0.746	7.47
砂粒含量	0.963	9.64
全氮	0.888	8.89
全磷	0.599	6.00
全钾	0.880	8.80
碱解氮	0.835	8.36
速效磷	0.288	2.88
速效钾	0.571	5.72
有机质	0.883	8.84
pH	0.774	7.75
电导率	0.771	7.72
砾石含量	0.453	4.54
土壤可蚀性	0.875	8.76

洪积扇土壤的 SQI 在 0.25~0.55 变化,平均值为 0.37,变异系数为 114.57% (图 3-12)。河流阶地农田的 SQI 在 0.34~0.42,平均值为 0.38,但变异系数约为洪积扇的 1/2,为 56.36%。洪积扇和河流阶地农田的土壤质量指数之间没有显著差异。

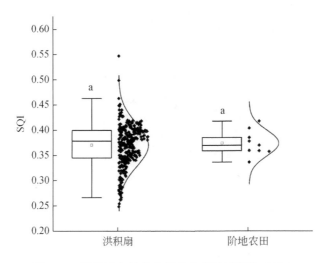

图 3-12   洪积扇与阶地农田的土壤质量指数 (SQI)

　　土壤质量在洪积扇的不同位置（扇顶、扇中和扇缘）的变化规律为：扇顶＝扇中＜扇缘（图3-13）。扇顶和扇中的土壤质量指数（SQI）在数值上尽管相等，均为0.36，但扇顶的变异性高于扇中。扇中有一个"异常点"其值不仅在扇中最大（0.55），且在所有洪积扇土壤采样点中也最大，其主要原因是由于该采样点位于当地居民平时圈牛羊的草地上，可能是由于牛羊平时产生的粪便，因此该样点的部分土壤理化指标较高，土壤质量指数也偏高。

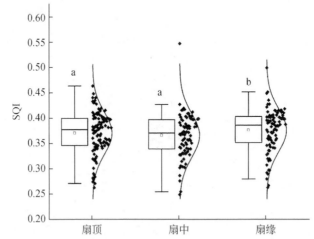

图3-13　洪积扇不同部位（扇顶、扇中和扇缘）的土壤质量（SQI）

不同小写字母表示洪积扇与阶地农田土壤理化指标之间存在显著差异（独立样本 t 检验，$P<0.05$，下同）

　　雅鲁藏布高山峡谷区和念青唐古拉高山盆地区的洪积扇土壤质量与阶地农田相比，无显著差异性；而念青唐古拉高山峡谷区洪积扇的土壤质量显著高于阶地农田。念青唐古拉高山峡谷区的降水量最高（图3-7），因此植物生长良好，导致其土壤质量比其他两个地貌分区更高（图3-14）。

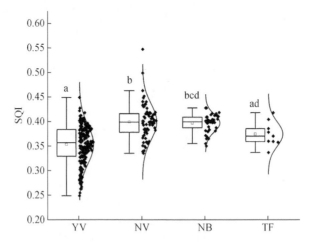

图3-14　不同地貌区洪积扇的土壤质量（SQI）

YV，雅鲁藏布高山峡谷区；NV，念青唐古拉高山峡谷区；NB，念青唐古拉高山盆地区；TF，阶地农田；不同小写字母表示三个地貌分区及阶地农田土壤理化指标之间存在显著差异（最小显著差异分析，$P<0.05$）

3.2.4 洪积扇土壤质量的影响因素

土壤质量指数（SQI）与各环境因素相关系数矩阵如表 3-14 所示。SQI 与植被覆盖度、土地利用类型（灌木地、草地、林地和农田）、多年平均降水量和海拔呈显著正相关关系，而与多年平均温度呈显著负相关关系。其中，SQI 与植被覆盖度、多年平均降水量、海拔和多年平均温度的相关系数较高（均大于 0.5），表明这些环境因素对土壤质量的影响大于土地利用类型（相关系数为 0.207）。

表 3-14 土壤质量指数（SQI）与环境因子的相关关系

指标	SQI	V	L	P	G	A	E	T
SQI	1							
V	0.543 **	1						
L	0.207 **	0.127 **	1					
P	0.560 **	0.616 **	0.093	1				
G	0.035	0.183 **	−0.161 **	0.212 **	1			
A	0.018	0.025	−0.050	−0.004	−0.156 **	1		
E	0.622 **	0.363 **	−0.045	0.530 **	−0.039	−0.023	1	
T	−0.607 **	−0.382 **	0.049	−0.496 **	0.060	0.020	−0.971 **	1

注：** 表示显著相关，Spearman 相关分析，$P<0.01$；SQI-土壤质量指数；V-植被覆盖度；L-土地利用类型（灌木地、草地、林地和农田）；P-多年平均降水量；G-坡度；A-坡向；E-海拔；T-多年平均温度。

3.3 讨　　论

3.3.1 洪积扇土壤理化性质分布特征

洪积扇的土壤理化指标与河流阶地农田相比，均无显著差异（表 3-5；图 3-12），主要是由于洪积扇和河流阶地农田的土壤母质均为第四纪冲洪积物（祝嵩，2012；图 3-2）。洪积扇不同部位（扇顶、扇中和扇缘）之间，黏粒含量、速效钾和土壤可蚀性在洪积扇的两个或者三个部位之间存在显著差异，而其他指标无显著性差异（表 3-6）。扇缘的粉粒含量和土壤可蚀性显著低于扇顶，这两个指标从扇顶到扇缘有相同的变化规律。根据式 (3-1)，土壤可蚀性是根据黏粒含量、粉粒含量、砂粒含量和土壤有机质含量这四个指标进行计算的，除了粉粒含量，其他指标在洪积扇不同部位之间无显著差异。因此，对于拉萨河流域洪积扇土壤，相比黏粒含量、砂粒含量和土壤有机质含量，其粉粒含量对土壤可蚀性的影响更大。

洪积扇土壤可蚀性的平均值（0.28）高于青藏高原土壤可蚀性的平均值（0.23）（陈同德等，2020b）。原因可能是洪积扇土壤的有机质和团聚体较少，更容易被侵蚀（梁博等，2018）。从洪积扇的扇顶到扇缘，土壤砾石含量显著降低，主要原因是水流出集水区后，地形开阔，径流开始分散，径流能量会随着距离的增加而减少，因此到达洪积扇扇缘的砾石越来越少（图3-15）。

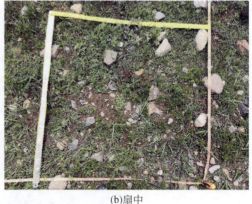

(a)扇顶　　　　　　　　　　　　　　(b)扇中

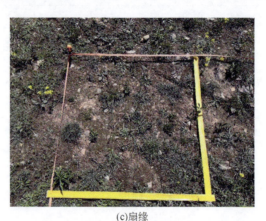

(c)扇缘

图3-15　洪积扇扇顶至扇缘的砾石分布特征（以1-5号洪积扇为例）

全氮、全磷、全钾、碱解氮、速效磷、速效钾和土壤有机质等有关洪积扇土壤肥力的这些指标，其平均值（表3-5）高于青藏高原多年冻土区草地（刘鑫等，2018）。与多年冻土草原相比，洪积扇的人类活动更为剧烈，尤其是施用化肥、有机肥和农药等农业活动，会显著增加土壤中氮、磷、钾和有机质的含量（Hu et al., 2017）。但上述指标的平均值小于拉萨河流域阶地蔬菜大棚土壤的含量，这主要是由于该地区蔬菜大棚的化肥施用量远大于一般农用地（Wang et al., 2020b）。

电导率（EC）是反映土壤溶质（阳离子或阴离子）浓度的指标，因此可反映土壤含盐量（Friedman，2005）。洪积扇的平均EC值（0.31，表3-5）低于伊朗北部洪积扇土壤的EC值（0.58，Bahrami and Ghahraman，2019），也远低于我国东部沿海地区盐碱地的EC值（3.23，Xie et al., 2020）。其主要原因有两个方面：一是拉萨河流域处于半干旱地区，集水区岩石多发生物理风化，而化学风化较弱，因此随径流至洪积扇的溶质较少；尽管伊朗北部洪积扇也为干旱区，但其表面有多年灌溉农业的历史，因此其EC值较拉萨河洪积扇高（Bahrami and Ghahraman, 2019）；而我国沿海地区盐碱地中的溶质主要来源于地下水，地下水受海水倒灌影响，因此其 EC 值非常高（Xie et al., 2020）。集水区的岩性会影响洪积扇土壤的一些理化性质（Bahrami and Ghahraman, 2019），本研究区 20 个洪积扇集水区的岩性各不相同（表 3-1 和图 3-2）。二是洪积扇具有一定的坡度，因此其表层较难蓄水，来源于洪积扇集水区的砾石或者风化物中的地球化学元素很难溶解到土壤中。第二个原因可以由 EC 值从洪积扇扇顶至扇缘的变化得到证实：洪积扇的水分条件越靠近扇缘越好（靠近河流），并且扇缘处的农业活动较多（尤其灌溉），因此 EC 值也越来越大（表 3-6）。同在拉萨河流域的阶地蔬菜大棚土壤的 EC 值可达 1.83dS/m，由于蔬菜大棚灌溉量大，土壤中的风化物在水的作用下较易析出各类盐离子，导致 EC 值升高（Wang et al., 2020b）。因此，在该地区发展农业，需合理进行灌溉，防止土壤盐碱化。

3.3.2 洪积扇土壤养分特征

本研究的 321 个样点中，洪积扇土壤 OM 和 TN 含量贫乏或极贫乏的样点占比均不到 10%，这可能有以下三方面的因素。首先，洪积扇是由暂时性流水形成的堆积地貌，洪积物中包含着上游沟道及沟坡表层中的土壤 OM 及养分物质，后来成为洪积扇表层土壤的主要构成部分，因此养分含量丰富（陈同德等，2020a）。其次，调查过程中发现洪积扇植被生长发育良好，覆盖度高，枯落物层厚，因而土壤 OM 含量丰富。最后，洪积扇土壤 OM 和 TN 含量高也有气候方面的原因，近年来由于农业化肥的广泛使用和化石燃料燃烧的增加导致全球 N 沉降的增加（Galloway et al., 2008），而青藏高原独特的地理位置及其高海拔使得其对 N 沉降的响应更为敏感，N 沉降量可达 $0.40 \sim 1.38g/（m^2·a）$（Xiong et al., 2016）。土壤 P 和 K 元素主要来自土壤母质及其岩石的风化，而西藏地区土壤母质中缺 P 富 K（高丽丽，2004），因此洪积扇土壤中的 K 元素含量充足，仅有 0.31% 和 15.26% 的样点土壤 TK 和 AK 等级在 IV 级以下。洪积扇土壤 AP 含量贫乏或极贫乏的样点占 48.60%，这与西藏地区土壤母质缺 P 有关；但仍然有 52.40% 的样点土壤 AP 等级在 IV 级及以上，这可能与 P 元素的表聚效应有关（Viscarra Rossel and Bui, 2016），洪积扇植被生长发育良好，覆盖度高，由于表层土壤不能满足植物对 P 元素的需求，植物需从更深层的土壤中获取 P，而植物死亡后其残体分解，P 元素在表层就会聚积。此外，本研究还发现洪积扇土壤 AN 和 AP 含量贫乏或极贫乏的样点相对于 TN 和 TP 其占比分别增加了 36.45 个百分点和 32.71 个百分点，且这种现象在不同植被类型下均存在，这可能与洪积扇土壤中与 N、P 转化相关的酶活性较低有关（汪子微等，2021），未来可以就这一现象展开更深入的研究。

洪积扇草地土壤养分含量充足，共有 79.13% 的样点土壤养分综合评价等级在 I ～ III 级，相比于 Lu 等（2015）调查的西藏全区高山草原土壤 OM、TN、TP 和 AP 的含量，本研究洪积扇草地上述指标的平均含量分别比其高了 153.24%、21%、32.16% 和 195.91%。这一方面是洪积扇的形成过程使得洪积扇表层土壤的养分含量丰富；另一方面也与放牧强度有关。Du 和 Gao（2021）在青藏高原东部高山草甸的研究指出，自由放牧条件下表层 0 ～ 10cm 土壤 C、N、P 浓度显著低于禁牧 9 年的草地，而调查过程中发现，大多数洪积扇均存在明确的轮牧区划，利用强度相对较低，因此土壤养分较丰富。洪积扇灌丛与草地不同养分指标含量之间无显著差异（$P>0.05$），但土壤 OM、TN、TP 和 TK 的含量均显著低于余卫等（2016）在青藏高原灌丛草甸的调查结果，这可能与灌丛的生长发育状况有关，洪积扇灌丛多生长在山脚且土壤中砾石密布，生境较差，因此土壤养分含量较青藏高原其他区域低。本研究中洪积扇农田 OM、TN、TK 和 AK 含量较丰富，其中 OM、TN、TP、AN 和 AP 含量与鲜林霏和夏月（2020）调查的拉萨市农田土壤养分平均含量差异不大，TK 含量是其的 4.5 倍但 AK 含量仅为其的 53.25%，洪积扇农田土壤 AK 含量低可能与其 K 肥的施用量有关。

3.3.3 洪积扇土壤质量及其影响因素

洪积扇和河流阶地农田的土壤质量（平均 SQI 值）接近 0.37（图 3-12），其值低于中国其他山区的农田，包括黄土高原（0.51，Ma et al.，2020）、紫色土丘陵区（0.49，Jin et al.，2021）和红壤丘陵区（0.63，Li et al.，2013）。其值与青藏高原中部西大滩至安多的多年冻土区不同海拔草地的 SQI 值 0.27~0.41（刘鑫等，2018）和三江源地区不同植被覆盖度草地的 SQI 值 0.18~0.46（Gao et al.，2019）接近。拉萨河流域洪积扇的土壤质量较低，主要有两个方面的原因：第一，从土壤发育时间角度，由于青藏高原地质历史年轻，大部分区域土壤的发育时间相比其他地区较短（梁博等，2018）。第二，从土壤质量指标的角度，洪积扇土壤的"正向"指标值低于其他地区，如洪积扇和河流阶地农田的全氮的平均值（1.85g/kg 和 1.22g/kg，表 3-5）均高于黄土高原农田（0.33g/kg，Ma et al.，2020）、西南紫色土丘陵地区农田（0.68g/kg，Jin et al.，2021），低于南方红壤丘陵地区农田（1.97g/kg，Li et al.，2013）；另外，本研究中有四个"负向"指标（砂粒含量、电导率、砾石含量和土壤可蚀性），它们的总权重可达到 30.66%（表 3-13），而之前的研究较少将这些指标纳入到评价土壤质量的指标体系中。综上，拉萨河流域洪积扇和河流阶地农田的 SQI 相对较低。

土壤质量在洪积扇的不同位置（扇顶、扇中和扇缘）的变化规律为：扇顶=扇中<扇缘（图 3-13）。扇顶是集水区风化物首先在洪积扇开始沉积的位置（Ashworth，2006），因此，靠近扇顶的土壤质地更为粗糙（表 3-6）。扇顶和扇中的土壤质量指数（SQI）在数值上尽管相等，但扇顶的变异性高于扇中，其原因为扇顶经历了较多的洪水过程和泥沙沉积过程。这一规律与我国南方崩岗洪积扇土壤在扇顶、扇中和扇缘的变化规律基本相同（Deng et al.，2019）。

土壤质量指数与植被覆盖度、多年平均降水量、多年平均温度、海拔和土地利用类型存在显著相关性（表 3-14）。植被对土壤质量的影响较为综合，如植被覆盖度、植被演替阶段、植被类型等均可影响土壤质量（Wen et al.，2021；Zhang et al.，2021）。植被可以保护土壤免受水蚀，并有利于形成土壤腐殖质的凋落物累积，改善土壤结构（Guo et al.，2019）。因此，影响植被的环境因素也在间接影响土壤质量，如降水、温度和海拔（Guo et al.，2019；刘鑫等，2018）。因此，SQI 与植被覆盖度呈正相关（表 3-14）。但 SQI 与海拔呈正相关，与多年平均温度呈负相关，这与其他非高寒地区的研究不一致（Garten and

Hanson, 2006)。在高寒地区的植被生态系统中，随着海拔的升高，地表温度逐渐降低，植被生长季节变短。与低海拔地区相比，高海拔地区的植物开始生长较晚，而枯萎较早，这为植被凋落物转化为土壤养分提供了充足的时间；同时，由于低温环境抑制了植被和土壤微生物对土壤养分的吸收，土壤养分积累增加（刘鑫等，2018）。因此，拉萨河流域洪积扇的土壤质量随着海拔的升高和温度的降低而增大。然而，土壤质量和海拔之间的正相关关系是有限的（在某一海拔范围内），当海拔过高时，植被难以生长，其土壤质量反而会急剧下降（Zhu et al., 2020）。在某一海拔范围内，土壤质量和海拔之间为正相关关系，但该海拔范围在青藏高原各区域因温度、降水、地形等因素的差别可能会有差异，需要后期进一步研究确定。

土壤质量受土地利用类型的影响较为显著。本研究中的土地利用类型分为四类：灌木林地、草地、林地和农田。通过单因素方差分析也可以证实土地利用对土壤质量有着显著影响（图3-16）。洪积扇农田的土壤质量明显高于其他土地利用类型，农田由于有农业活动，如施肥、耕作和灌溉等，其土壤中有机质、氮、磷、钾等元素含量较高，因此其土壤质量较高。野外调查过程中发现洪积扇上的林地基本为苗圃地，也受到农民管理精细，但其土壤质量显著低于洪积扇农田土壤，而与洪积扇灌木林地处于同一水平，可能原因为拉萨地区由于高寒环境适于培育苗木的区域较少，因此其利用强度过高，导致过多养分元素被苗木吸收；且苗木至适龄阶段即被售卖，其凋落物对土壤的养分反馈有限。因此，苗圃林地应加大水肥管理，以提升土壤质量。

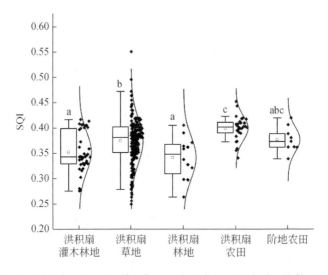

图3-16 洪积扇四种土地利用类型和阶地农田的土壤质量指数（SQI）

还有其他影响土壤质量的一些环境因素，如牛羊粪便。西藏是我国著名的畜牧业大省，牛羊数量众多。根据2020年西藏自治区国民经济和社会发展统计公报，2020年牛的存栏量达624.02万头。当牛或羊在草地进食时，它们会随机产生粪便（图3-17）。尽管在拉萨河流域牛粪更多的是作为燃料，但仍有不少粪便会留存在草地上。牲畜粪便是一种优良的有机肥，可以显著提高土壤肥力水平，进而改善土壤质量（Mukhuba et al., 2018）。

土壤侵蚀也是影响土壤质量的一个重要因素，部分洪积扇水土流失严重（图3-5），侵蚀沟割裂度最高可达20.2%（赵春敬，2020）。土壤侵蚀会不断挟带土壤中的养分随水沙流失，土壤质地和土壤质量也随之降低（Wang et al.，2020a）。降水和温度通过影响植物来间接影响土壤质量，因此植物生长季的降水量和地表温度与土壤质量也有关系。洪积扇的沉积物是其土壤形成的物质基础，其性质和沉积形式影响着成土环境，也会进一步影响到土壤质量，然而洪积扇的沉积过程具有随机性，目前量化分析其沉积特征对成土过程的影响是个难点。这些影响因素对洪积扇土壤质量的影响还需加强分析研究。

图3-17　洪积扇上的牛粪堆（位于3-3号洪积扇，当雄县）

3.3.4　洪积扇土壤质量提升途径

洪积扇土地利用主要包括农田、草地、灌木林地、林地和建筑用地（表3-1）。在当地，草地和灌木林地是重要的放牧场所，通过科学放牧和牧场改良可提升草地和灌木林地的土壤质量。改善这两个地类的土壤质量主要包括两个方面：第一，应采取科学的放牧方法，如控制载畜量和建立轮牧制度，以防止过度放牧。长期过度放牧会加剧土壤退化，如加速土壤侵蚀、破坏土壤结构和降低土壤肥力（Li et al.，2017）。此外，补充土壤养分的一个非常重要方面是对于牛、羊粪便的利用。牛、羊粪便是一种优良的有机肥料，可以显著提升土壤养分水平（Chen et al.，2022），而当地居民目前对于牲畜粪便的处理普遍是大量回收后用作燃料或围墙的堆砌。因此在后续的土地利用过程中政府可给予一定的经济补贴，减少对于牛羊粪便的回收，为牧场提供充足的有机肥料，从而促进牧场的可持续发展。第二，可在草地和灌木林地逐步补播优质牧草。部分洪积扇灌木的草本层覆盖率较低，并未能有效保护表层土壤（图3-18），因此地表容易发生水土流失（陈同德等，2019；刘悦等，2021），甚至产生沟蚀，这也可能是灌丛土壤质量显著低于其他土地利用类型的主要原因（图3-16）。因此，可以考虑引入优质牧草，如苜蓿（Arlauskiene et al.，2019），不仅适于干旱环境，也能改善土壤质量。对于灌木林地，也可以有计划地逐渐间伐、刈割灌木。一般来说，灌木的生物量大于草本，因此灌木比草本植物需要更多的水分，导致草本植物在灌木林间的生长较差。合理、有计划地间伐、刈割灌木，可以逐渐增加灌木间的草本覆盖率，有效保护土壤。

图 3-18　洪积扇灌木林地的侵蚀沟（1-4 号洪积扇）

农田和林地（苗圃）受到人类管理，是典型的农业用地。因此，针对这两个地类，可以通过以下三个方面的措施来维持和提升土壤养分水平。第一是培肥措施，西藏地区对农田的培肥方面存在有机肥施用不完善、一味采用"多 N、少 P、少 K"的化肥施用比例等问题（郭永刚等，2021），应完善施肥管理制度，以有机肥为主搭配化肥施用，化肥以 P肥为主，N 肥为辅合理配置。第二是耕作管理措施，西藏地区的农耕管理措施还相对粗放，为追求产量增长而种植密度很大，播种之后也很少进行除草管理。可以通过间作和轮作等措施改善种植结构，充分利用作物秸秆，用地养地相结合，适当配置粮食与经济作物，提高土地产量、产值及效益。第三是水利工程措施，西藏地区常因农田在上、河流在下的分布格局而使得灌溉不便。因此，该区农田水利工程建设既要重视大型水利工程这样的"大动脉"建设，也要重视田间地头的"毛细血管"，大力推广节水灌溉技术，以渠系配水技术、渠道防渗技术为主，开展新型灌溉技术的研究与推广，减少输水损失，提高田间灌水的有效利用率。拉萨河流域整体上土壤中的砾石含量较高（章志鑫等，2022），洪积扇和河流阶地农田土壤的平均砾石含量分别为 37% 和 29%（表 3-5），而土壤砾石含量是土壤质量的一个"负向"指标，因此可将农田和苗圃中砾石移除，以改良其土壤质量。

降水和温度虽影响土壤质量，但很难在短时间内人为改变。可以通过修建蓄水和排水措施改善植物的生长环境，促进植物的生长，进而逐渐改善土壤质量。例如，修筑梯田（图 3-19）不仅可以为植被生长储存水分，还可以减少土壤侵蚀（Chen et al.，2017）。也可以通过建造小型蓄水工程收集和储存雨水，用于农业灌溉。但也应修建排水设施，避免洪水和沟蚀的威胁。此外，大部分洪积扇分布在拉萨河及其支流的两岸，因此，在有条件时可从河流向洪积扇抽水灌溉农田和草地，水分条件越充足，植被的生物量理论上也越大，凋落物也会越多，能够更为有效地提升土壤质量。

洪积扇土地资源的利用应以实际土壤质量为基础，综合考虑区域经济发展需求，制定科学合理的土地管理政策。本研究发现，土壤 TN、OM 和 AN 是影响洪积扇土壤养分总体水平最主要的指标，因此在洪积扇土地资源的开发利用过程中应注意对上述土壤养分指标的补充。针对本研究中土壤养分综合评价等级为 III 和 IV 级的 18 个洪积扇，在其开发利用

图 3-19　洪积扇上新修的梯田和种植苜蓿（1-1 号洪积扇）

过程中一定要注重其开发利用强度，目前对洪积扇土地资源的开发利用主要包括放牧和作物种植两方面。针对洪积扇牧场而言，不同植物种对土壤肥力的提升效果存在差异，因此可以通过引进优良牧草如苜蓿来改善和维持牧场的土壤肥力质量。

3.4　小　　结

（1）速效钾、黏粒含量和土壤可蚀性在洪积扇的两个或者三个部位之间存在显著差异，其余土壤理化指标在洪积扇的三个部位之间无显著差异。扇缘的速效钾显著高于扇中和扇顶，砾石含量由扇缘至扇顶显著递增；扇缘粉粒含量和土壤可蚀性显著低于扇顶，而与扇中无显著性差异。

（2）洪积扇土壤养分含量总体呈现出海拔越低、气候趋于相对暖干，土壤养分含量越贫乏的分布特征；20 个洪积扇中仅有 1 个洪积扇的土壤养分综合评价等级为Ⅵ级；土壤养分综合评价等级为Ⅲ级和Ⅳ级的洪积扇各有 9 个，土壤养分含量较丰富或适中；1 个洪积扇土壤养分综合评价等级为Ⅰ级，土壤养分含量极丰富。土壤养分综合评价等级为Ⅵ级的土壤其 AN 含量均为贫乏或极贫乏，而 TP 和 TK 含量则相对充足；进一步的主成分分析结果显示，土壤 TN、SOM 和 AN 对土壤养分总体水平的贡献率最大。

（3）洪积扇的土壤理化性质和土壤质量指数（SQI）与阶地农田之间均无显著性差异，因此从土壤的角度而言，洪积扇可以作为拉萨河流域的后备耕地资源。但洪积扇各项土壤理化性质指标及 SQI 的最大值、标准误和变异系数均大于河流阶地农田。洪积扇所有指标的变异系数（CV）为中等或高等变异，而阶地农田所有指标的变异系数为低或中等变异；洪积扇 SQI 属于高等变异，而阶地农田 SQI 属于中等变异。

（4）雅鲁藏布高山峡谷区和念青唐古拉高山盆地区的洪积扇土壤质量与阶地农田相比，无显著差异性；而念青唐古拉高山峡谷区洪积扇的土壤质量显著高于阶地农田。土壤质量在洪积扇的不同部位的变化规律为：扇顶＝扇中＜扇缘。扇顶与扇中的土壤质量指数在数值上尽管相等，但其变异性高于扇中。

（5）洪积扇的土壤质量指数与多个环境因子相关，与植被覆盖度、土地利用类型

（灌木地、草地、林地和农田）、多年平均降水量和海拔呈显著正相关关系，而与多年平均温度呈显著负相关关系。其中，与植被覆盖度、多年平均降水量、海拔和多年平均温度的相关系数较高（均大于0.5），表明这些环境因素对土壤质量的影响较大。

（6）洪积扇和河流阶地农田的土壤质量（平均SQI值）接近0.37，其值低于中国其他山区的农田，包括黄土高原（0.51）、紫色土丘陵区（0.49）和红壤丘陵区（0.63）。可以通过三个方面提升洪积扇的土壤质量：第一，可在草地和灌木林地进行科学放牧和牧草改良，通过轮牧和控制载畜量等减轻草地（灌木林地）的压力和补撒播优质牧草等方式不断改良牧草；第二，洪积扇农业用地可借鉴较为成功的农业种植与管理经验，如间作、使用有机肥和去除土壤砾石等；第三，可在洪积扇上修建蓄水和排水措施，通过改善植物的生长环境来间接提升土壤质量。

参 考 文 献

陈同德，焦菊英，林红，等．2020a．扇形地的类型辨析及区分方法探讨．水土保持通报，40（4）：190-198.

陈同德，焦菊英，王颢霖，等．2020b．青藏高原土壤侵蚀研究进展．土壤学报，57（3）：547-564.

陈同德，朱梦阳，焦菊英，等．2019．巴基斯坦波特瓦尔高原土壤侵蚀调查报告．水土保持通报，39（3）：297-306，316-317.

程唱，贺康宁，俞国峰，等．2021．干旱半干旱区不同林型人工林水源涵养能力比较研究．生态学报，41（5）：1979-1990.

高丽丽．2004．西藏土壤有机质和氮磷钾状况及其影响因素分析．雅安：四川农业大学．

郭永刚，于浩然，梁大鹏，等．2021．西藏地区农田土壤培肥现状、问题与展望．西南民族大学学报（自然科学版），47（4）：348-355.

梁博，聂晓刚，万丹，等．2018．喜马拉雅山脉南麓典型林地对土壤理化性质及可蚀性K值影响．土壤学报，55（6）：1377-1388.

刘鑫，王一博，吕明侠，等．2018．基于主成分分析的青藏高原多年冻土区高寒草地土壤质量评价．冰川冻土，40（3）：469-479.

刘悦，刚成诚，温仲明，等．2021．降雨和植被因子对延河流域土壤侵蚀影响的定量评估．水土保持通报，41（2）：35-42，353.

全国土壤普查办公室．1998．中国土壤．北京：中国农业出版社．

汪子微，万松泽，蒋洪毛，等．2021．青藏高原不同高寒草地类型土壤酶活性及其影响因子．植物生态学报，45（5）：528-538.

鲜林霏，夏月．2020．西藏农田土壤养分现状及丰缺分级．西藏科技，（12）：9-12，15.

余卫，张莉，王启兰．2016．青藏高原金露梅灌丛草甸土壤质量的微生物学特征．草地学报，24（6）：1248-1253.

章志鑫，陈同德，王颢霖．2022．拉萨河流域不同植被类型坡面砾石形态与分布特征．水土保持研究，30（1）：256-263.

赵春敬．2020．拉萨河流域典型洪积扇侵蚀沟形态特征及其对集水区的水文响应．杨凌：西北农林科技大学．

祝嵩．2012．雅鲁藏布江河谷地貌与地质环境演化．北京：中国地质科学院．

Arlauskiene A, Jablonskyte-Rasce D, Slepetiene A. 2019. Effect of legume and legume-festulolium mixture and their mulches on cereal yield and soil quality in organic farming. Archives of Agronomy and Soil Science, 66

（8）：1058-1073.

Ashworth P. 2006. Alluvial fans: geomorphology, sedimentology, dynamics by Adrian Harvey, Anne Mather, Martin Stokes. Area, 38 (2): 225-226.

Bahrami S, Ghahraman K. 2019. Geomorphological controls on soil fertility of semi-arid alluvial fans: a case study of the Joghatay Mountains, Northeast Iran. Catena, 176: 145-158.

Chen D, Wei W, Chen L D. 2017. Effects of terracing practices on water erosion control in China: a meta-analysis. Earth-Science Reviews, 173 (1): 109-121.

Chen T D, Jiao J Y, Zhang Z Q, et al. 2022. Soil quality evaluation of the alluvial fan in the Lhasa River Basin, Qinghai-Tibet Plateau. Catena, 209: 105829.

Deng Y S, Shen X, Xia D, et al. 2019. Soil erodibility and physicochemical properties of collapsing gully alluvial fans in Southern China. Pedosphere, 29 (1): 102-113.

Du C, Gao Y. 2021. Grazing exclusion alters ecological stoichiometry of plant and soil in degraded alpine grassland. Agriculture, Ecosystems & Environment, 308: 107256.

Friedman S. 2005. Soil properties influencing apparent electrical conductivity: a review. Computers and Electronics in Agriculture, 46 (1-3): 45-70.

Galloway J N, Townsend A R, Erisman J W, et al. 2008. Transformation of the nitrogen cycle: recent trends, questions, and potential solutions. Science, 320 (5878): 889-892.

Gao X X, Dong S K, Xu Y D, et al. 2019. Resilience of revegetated grassland for restoring severely degraded alpine meadows is driven by plant and soil quality along recovery time: a case study from the Three-river Headwater Area of Qinghai-Tibetan Plateau. Agriculture, Ecosystems & Environment, 279: 169-177.

Garten J C T, Hanson P J. 2006. Measured forest soil C stocks and estimated turnover times along an elevation gradient, Geoderma, 136: 342-352.

Guo L L, Sun Z G, Ouyang Z, et al. 2017. A comparison of soil quality evaluation methods for Fluvisol along the lower Yellow River. Catena, 152: 135-143.

Guo S J, Xu Y D, Chao H, et al. 2019. Differential responses of soil quality in revegetation types to precipitation gradients on the Loess Plateau. Agricultural and Forest Meteorology, 276-277: 1-9.

Hu W Y, Zhang Y X, Huang B, et al. 2017. Soil environmental quality in greenhouse vegetable production systems in eastern China: current status and management strategies. Chemosphere, 170: 183-195.

Jin H F, Shi D M, Lou Y B, et al. 2021. Evaluation of the quality of cultivated-layer soil based on different degrees of erosion in sloping farmland with purple soil in China. Catena, 198: 1-11.

Li P, Zhang T L, Wang X X, et al. 2013. Development of biological soil quality indicator system for subtropical China. Soil and Tillage Research, 126 (1): 112-118.

Li W, Cao W X, Wang J L, et al. 2017. Effects of grazing regime on vegetation structure, productivity, soil quality, carbon and nitrogen storage of alpine meadow on the Qinghai-Tibetan Plateau. Ecological Engineering, 98 (1): 123-133.

Lu X, Yan Y, Sun J, et al. 2015. Short-term grazing exclusion has no impact on soil properties and nutrients of degraded alpine grassland in Tibet, China. Solid Earth, 6 (4): 1195-1205.

Ma J B, Chen Y C, Zhou J, et al. 2020. Soil quality should be accurate evaluated at the beginning of lifecycle after land consolidation for eco-sustainable development on the Loess Plateau. Journal of Cleaner Production, 267: 1-11.

Mukhuba M, Roopnarain A, Adeleke R, et al. 2018. Comparative assessment of bio-fertiliser quality of cow dung and anaerobic digestion effluent. Cogent Food & Agriculture, 4 (1): 1-11.

Robertson B B, Almond P C, Carrick S T, et al. 2021. Variation in matric potential at field capacity in stony soils of fluvial and alluvial fans. Geoderma, 392: 114978.

Viscarra Rossel R A, Bui E N. 2016. A new detailed map of total phosphorus stocks in Australian soil. Science of the Total Environment. 542: 1040-1049.

Wang N, Jiao J Y, Bai L C, et al. 2020a. Magnitude of soil erosion in small catchments with different land use patterns under an extreme rainstorm event over the Northern Loess Plateau, China. Catena, 195: 104780.

Wang Z F, Gong D Q, Zhang Y L. 2020b. Investigating the effects of greenhouse vegetable cultivation on soil fertility in Lhasa, Tibetan Plateau. Chinese Geographical Science, 30 (3): 456-465.

Wen H, Ni S M, Wang C J, et al. 2021. Changes of soil quality induced by different vegetation restoration in the collapsing gully erosion areas of southern China. International Soil and Water Conservation Research, 9 (2): 195-206.

Williams J R, Jones C A, Dyke P T. 1984. A modelling approach to determining the relationship between erosion and soil productivity. Transactions of the ASAE, 27 (1): 129-144.

Xie X F, Pu L J, Zhu M, et al. 2020. Effect of long-term reclamation on soil quality in agricultural reclaimed coastal saline soil, Eastern China. Journal of Soils and Sediments, 20 (11): 3909-3920.

Xiong Q, Pan K, Zhang L, et al. 2016. Warming and nitrogen deposition are interactive in shaping surface soil microbial communities near the alpine timberline zone on the eastern Qinghai-Tibet Plateau, southwestern China. Applied Soil Ecology, 101: 72-83.

Zhang Y, Xu X, Li Z, et al. 2021. Improvements in soil quality with vegetation succession in subtropical China karst. Science of the Total Environment, 775: 1-8.

Zhu M K, Yang S Q, Ai S H, et al. 2020. Artificial soil nutrient, aggregate stability and soil quality index of restored cut slopes along altitude gradient in southwest China. Chemosphere, 246: 125687.

第4章 洪积扇的植被特征

4.1 研究方法

4.1.1 调查样地布设及植被调查

1. 调查样地布设

综合考虑拉萨河流域洪积扇植物群落的分布情况及调查过程中的可到达性，分别于 2019 年和 2020 年的 7、8 月在选取的 12 个典型洪积扇的扇缘、扇中及扇顶处共布设样地 40 个，含样方 120 个，包括草本样方 54 个、灌木样方 24 个、乔木样方 12 个及作物样方 30 个，具体布设情况见表 4-1。

表 4-1 各洪积扇上植被调查样地及样方的布设情况

洪积扇	样地数	草本样方数	灌木样方数	乔木样方数	作物样方数
洪积扇 1-4	2	—	6	—	—
洪积扇 1-5	9	9	—	9	9
洪积扇 1-6	2	—	6	—	—
洪积扇 1-7	6	9	—	3	6
洪积扇 1-11	3	6	—	—	3
洪积扇 2-2	3	3	3	—	3
洪积扇 2-3	3	6	3	—	—
洪积扇 2-4	2	3	3	—	—
洪积扇 2-5	2	6	—	—	—
洪积扇 3-1	3	—	—	—	3
洪积扇 3-2	3	—	3	—	6
洪积扇 3-3	2	6	—	—	—

注：洪积扇的分布位置见图 3-1。

2. 植被调查

植被调查过程中，在样地中采用随机法布设样方，并进行 3 次重复，具体布设标准和方法如下：

（1）乔木样方大小为 10m×10m，记录样方的总盖度以及样方内全部乔木物种的名称、株数、高度、郁闭度、胸径。因调查中发现乔木层下未分布灌木层，所以在每个乔木样方内只均匀布设 3 个 2m×2m 的草本样方，并记录其内所有草本的物种名、株数、高度、盖度。

（2）灌木样方大小为 5m×5m，记录各样方的总盖度以及样方内全部灌木物种的名称、株数、高度、盖度、冠幅。并于每个灌木样方内均匀布设 3 个 2m×2m 的草本样方，记录其内所有草本的物种名、株数、高度、盖度。

（3）草本样方大小为 2m×2m，记录每个样方的总盖度以及样方内全部草本物种的名称、株数、高度、盖度。

（4）作物样方大小为 2m×2m，记录各样方的总盖度以及样方内作物的名称、盖度、高度；并记录周边田埂上生长的草本植物的物种名。

以上盖度和郁闭度由多人目测估计，乔木植株高度采用投影法进行估计，灌木植株高度、冠幅和草本植株高度通过卷尺测量。

4.1.2 数据分析

1. 物种组成及区系分布统计分析

1）植物科属组成

对照《西藏植物志》（吴征镒，1983，1984，1985，1986，1987）及《中国生物物种名录》（2022 版）确定调查植被物种对应的科、属，并将种数>20 的科划为大科，种数在 11～20 的划为较大科，种数在 6～10 的科划为中等科，种数在 2～5 的科划为寡种科，种数为 1 的科划为单种科（许永强，2016），统计分析洪积扇的植物科属组成。

2）植物生长型

结合植物的生长习性和形态特征，根据 Whittaker 的分类方式，将植物生长型划分为一年生草本、二年生草本、一二年生草本、多年生草本、灌木、半灌木、乔木 7 类，进行统计与分析。

3）植物科、属区系地理分布

依据世界种子植物科的分布区类型系统（吴征镒等，2003a；吴征镒，2003）及中国种子植物属分布区类型分析（吴征镒等，2011，2003b），对调查植物科、属的区系地理分布类型进行划分与统计分析。

4）药用植物统计

依据《中国中药资源志要》（1994 年）、《西藏常用中草药》（1971 年）、《中国药典》（2020 年）、《全国中草药汇编》（1975 年）、《青藏高原药物图鉴》（1978 年）等药用植物丛书，整理统计不同药用植物的用药部位、药性、药味等性能。

2. 植被类型及物种多样性分析

1）重要值

重要值是确定植物群落主要成分及区分不同植物群落的重要标准之一，能够直观地反映出某一物种的显著地位和重要性,同一物种在不同群落中的重要值不同,不同物种在同一群落中的重要值也不相同。重要值的计算方法是将调查统计的样方中植物的盖度、多度、高度等形态特征,计算各植物种的相对盖度、相对多度、相对高度及相对优势度,从而计算重要值,具体公式如下(张金屯,2011;马克平,1994)。

(1)乔木重要值计算公式:

$$重要值=(相对盖度+相对多度+相对高度+相对优势度)/4 \qquad (4-1)$$

(2)灌木、草本重要值计算公式:

$$重要值=(相对盖度+相对多度+相对高度)/3 \qquad (4-2)$$

(3)作物重要值计算公式:

$$重要值=(相对盖度+相对高度)/2 \qquad (4-3)$$

式中,重要值取值范围为1~100;相对盖度为样方中某一物种的盖度与样方中全部物种盖度之和的比例;相对多度为样方中某一物种的个体数与样方中全部物种的个体总数的比例;相对高度为样方中某一物种的平均高度与样方中全部物种平均高度之和的比例;相对优势度为样方中某一物种个体胸高断面积与样方中全部个体胸高断面积之和的百分比。

2)多样性指数

(1)物种多样性。

物种多样性是研究植物群落构造的重要参数之一(孙季勇和季孔庶,2012;李雪和周兴文,2013;Magurran,1988),通常采用丰富度指数、多样性指数、均匀度指数、优势度指数综合反映群落物种的多样性。其中:丰富度指数是衡量某一群落中物种数目多与少的指标,能够客观、简单、直观、有效地反映物种的多样性,但需要测定并说明研究面积来进行比较,一般选用Margalef指数来表征物种的丰富度,就避免了考虑研究面积这一条件,仅以群落为基础建立物种数目和全部物种个体总数间的关系来体现群落物种的丰富程度。多样性指数是通过简单的数值来衡量某一群落物种数量及分布特征的指标,一般选取目前使用较广泛、测定较有效的Shannon-Wiener指数来表征物种多样性,是群落丰富度和均匀度的综合反映,即群落中物种数目增多,可增加多样性,各物种间分配的均匀性增加同样也会提高多样性。均匀度指数是衡量某一群落中各物种在数量上接近程度的指标,反映了物种组成的均匀程度(毛齐正等,2013),是研究群落物种多样性必不可少的指标,一般选取运用较为普遍的Pielou指数来表征物种的均匀度,群落中各物种数量越接近,均匀性越大,反之越小;群落中各物种数量相同时,均匀性最大,群落中仅存在一个物种时,均匀性最小。优势度指数是衡量某一群落中物种优劣状态、地位与作用的指标,能够反映出物种数量的变化情况,一般选取Simpson指数来表征优势度,对应的指数值越大,则说明优势物种的地位越突出。具体计算公式如下:

Margalef指数:

$$M_a = \frac{S-1}{\ln N} \qquad (4-4)$$

Shannon-Wiener指数:

$$H = - \sum_{i=1}^{s} (P_i \ln P_i) \qquad (4-5)$$

Pielou 指数：

$$J_s = \frac{H}{\ln S} \tag{4-6}$$

Simpson 指数：

$$D = 1 - \sum_{i=1}^{s} P_i^2 \tag{4-7}$$

式中，$P_i = N_i/N$，P_i 为物种 i 的个体数与样方中全部物种的个体总数之比；N_i 为物种 i 的个体数；N 为样方中全部物种的个体总数；S 为样方中的物种总数。

（2）群落多样性。

调查区的群落在垂直结构中可分为单层型群落与多层型群落两大类，其中单层型群落为草本群落和作物群落，多层型群落包括"乔+草"群落和"灌+草"群落。其中"乔+草"群落的多样性指数值为乔木层和草本层多样性指数值进行加权后再相加，"灌+草"群落的多样性指数值为灌木层和草本层多样性指数值进行加权后再相加（汪超等，2006；徐远杰等，2010）。加权参数计算公式如下：

$$W_i = (C_i/C + H_i/H)/2 \tag{4-8}$$

式中，C_i 为第 i 个生长型的盖度；C 为群落总盖度（$C = \sum C_i$）；H_i 为第 i 个生长型叶层的平均厚度，H 为群落各生长型叶层平均厚度之和（$H = \sum H_i$），其中乔木叶层厚度取乔木高度的 1/3，草本叶层厚度和灌木叶层厚度取其植株高度。

"乔+草"群落多样性指数：

$$D = W_1 D_1 + W_3 D_3 \tag{4-9}$$

"灌+草"群落多样性指数：

$$D = W_2 D_2 + W_3 D_3 \tag{4-10}$$

式中，W_1 为乔木层的加权参数；W_2 为灌木层的加权参数；W_3 为草本层的加权参数；D_1 为乔木层的多样性指数；D_2 为灌木层的多样性指数；D_3 为草本层的多样性指数。

依据《中国植被》（吴征镒，1980）关于植被的分类系统及原则，采用联名法对调查的植物群落进行命名，在单层型群落中用"+"连接按顺序排列的优势种的学名，在多层型群落中用"+"连接同一层中的共优种，用"-"连接不同层之间的优势种。运用单因素方差分析，分别对不同草本群落、灌木群落、乔木群落的 Margalef 指数、Shannon-Wiener 指数、Pielou 指数、Simpson 指数进行比较分析。

3. 植物群落及物种多样性的环境解释分析

1）环境因子的获取

本研究中环境因子包括地形、气候和土壤因子，其中地形因子包括海拔、坡度、坡向的获取同 2.1 节；气候因子包括年均降水量和年均气温的获取同 2.1 节；土壤因子包括全氮、全磷、全钾的获取同 3.1 节。这些因子的缩写及单位如表 4-2 所示。

表 4-2 不同环境因子的缩写及单位

项目	地形因子			气候因子		土壤因子				
	海拔	坡度	坡向	年均降水量	年均气温	有机质	全氮	全磷	全钾	pH
缩写	E	G	A	P	T	OM	NT	TP	TK	pH
单位	m	(°)	—	mm	℃	g/kg	g/kg	g/kg	g/kg	—

2）排序与相关性分析

排序能够直观地反映出植物群落及其物种组成与环境因子间的相互关系，在排序过程中需要构建两类数据矩阵，一类是由重要值组成的物种数据矩阵（样方×物种矩阵），另一类是环境因子矩阵（样方×环境因子矩阵）。同时，运用所构建的数据矩阵进行 2 种方式的排序，一是对物种与环境因子进行排序（删除了出现物种少于 3 个的样方），二是对植物群落与环境因子进行排序。在分析草本群落、灌木群落及其物种组成与环境因子间的关系之前，首先对物种数据矩阵进行 DCA 预排序，结果显示草本群落和灌木群落排序轴中的最长排序轴长度分别为 3.7 和 3.8，所以选择 CCA 排序法对研究对象进行分析。运用 Canoco for Windows 5.0 进行 CCA 排序，并完成对应的排序图。生成的排序图能够直观地反映出不同环境因子之间以及不同环境因子与排序轴之间的相互关系，其中，箭头表示环境因子，箭线长度表示环境因子与物种分布及群落间的相关程度，箭线越长则表示相关性越大，即环境因子对群落和物种的影响越明显；两个箭线夹角表示不同环境因子间的相关性，在锐角情况下，夹角越小表示不同环境因子间的正相关性越显著，在钝角情况下，夹角越大表示不同环境因子间的负相关性越显著；箭线与排序轴形成的夹角的余弦值表示环境因子与排序轴间的相关性，余弦值越大表示相关性越显著。

同时，采用 Pearson 相关性分析对草本和灌木群落物种多样性指数与环境因子之间的关系进行分析。根据分析过程中获得的相关性系数，采用 Origin 2018 软件绘制热图，以便更加直观地看出不同环境因子间、物种多样性指数与环境因子间的相关程度。在热图中红色代表不同因子间存在正相关关系，蓝色代表不同因子间存在负相关关系，且颜色越深表示相关性越显著。

4.2 结果与分析

4.2.1 洪积扇植被物种组成及区系分布特征

1. 植被物种科属组成

依据对拉萨河流域洪积扇植物群落调查数据的统计分析，共有植物 162 种，隶属于 44 科 138 属（植物科、属、种的拉丁名见附录）。其中被子植物有 158 种，分属于 41 科 134 属，分别占总科、属、种的93.18%、97.10%、97.53%；裸子植物有 3 种，分属于 2 科 3 属，分别占总科、属、种的 4.55%、2.17%、1.85%；蕨类植物仅有 1 种。在被子植物中，双子叶植物有 35 科 108 属 132 种，分别占总科、属、种的 79.54%、78.26%、81.48%；单子叶植物有 6 科 26 属 26 种，分别占总科、属、种的 13.64%、18.84%、16.05%（表4-3）。

表4-3　植物的科、属、种组成数量与比例

植物类型	科		属		种	
	科数	科占比/%	属数	属占比/%	种数	种占比/%
被子植物	41	93.18	134	97.10	158	97.53
双子叶植物	35	79.54	108	78.26	132	81.48
单子叶植物	6	13.64	26	18.84	26	16.05
裸子植物	2	4.55	3	2.17	3	1.85
蕨类植物	1	2.27	1	0.73	1	0.62

1）物种科组成

从科层面分析（表4-4），在 44 科植物中，属数>10 的有 2 科（共含有 33 属，占总属数的 23.91%），占总科数的 4.55%，分别为禾本科和菊科。属数在 6～10 的有 7 科（共含有 49 属，占总属数的 35.50%），占总科数的 15.91%，其中，蔷薇科有 8 属，占总科数的 2.27%；唇形科、豆科、毛茛科、十字花科和紫草科均含有 7 属，占总科数的 11.36%；石竹科含 6 属，占总科数的 2.27%。属数在 2～5 的有 15 科（共含有 36 属，占总属数的 26.09%），占总科数的 34.09%；百合科、蓼科、藜科、伞形科、玄参科、罂粟科均包含有 3 属，占总科数的 13.64%；柏科、报春花科、景天科、桔梗科、龙胆科、茜草科、莎草科、天南星科、杨柳科均含有 2 属，占总科数的 20.45%。属数为 1 的科最多，共有 20 个，占总科数的 45.45%。可见，单属科在调查区分布较为广泛。

表4-4　植物科的属、种组成数量与比例

编号	科	属		种	
		属数	属占比/%	种数	种占比/%
1	禾本科 Gramineae	17	12.32	17	10.49
2	菊科 Compositae	16	11.59	21	12.95
3	蔷薇科 Rosaceae	8	5.80	11	6.79
4	唇形科 Labiatae	7	5.07	9	5.56
5	豆科 Leguminosae	7	5.07	9	5.56
6	十字花科 Cruciferae	7	5.07	7	4.32
7	紫草科 Boraginaceae	7	5.07	7	4.32
8	毛茛科 Ranunculaceae	7	5.07	10	6.17
9	石竹科 Caryophyllaceae	6	4.35	6	3.70
10	百合科 Liliaceae	3	2.19	3	1.85
11	蓼科 Polygonaceae	3	2.19	5	3.09

续表

编号	科	属		种	
		属数	属占比/%	种数	种占比/%
12	伞形科 Umbelliferae	3	2.19	3	1.85
13	玄参科 Scrophulariaceae	3	2.19	5	3.09
14	罂粟科 Papaveraceae	3	2.19	4	2.47
15	藜科 Chenopodiaceae	3	2.19	4	2.47
16	柏科 Cupressaceae	2	1.45	2	1.23
17	报春花科 Primulaceae	2	1.45	2	1.23
18	景天科 Crassulaceae	2	1.45	2	1.23
19	桔梗科 Campanulaceae	2	1.45	2	1.23
20	龙胆科 Gentianaceae	2	1.45	3	1.85
21	茜草科 Rubiaceae	2	1.45	3	1.85
22	莎草科 Cyperaceae	2	1.45	2	1.23
23	天南星科 Araceae	2	1.45	2	1.23
24	杨柳科 Salicaceae	2	1.45	2	1.23
25	白花丹科 Plumbaginaceae	1	0.72	1	0.62
26	车前科 Plantaginaceae	1	0.72	1	0.62
27	柽柳科 Tamaricaceae	1	0.72	1	0.62
28	大戟科 Euphorbiaceae	1	0.72	2	1.23
29	凤尾蕨科 Pteridaceae	1	0.72	1	0.62
30	谷精草科 Eriocaulaceae	1	0.72	1	0.62
31	胡颓子科 Elaeagnaceae	1	0.72	1	0.62
32	锦葵科 Malvaceae	1	0.72	1	0.62
33	爵床科 Acanthaceae	1	0.72	1	0.62
34	马钱科 Loganiaceae	1	0.72	1	0.62
35	牻牛儿苗科 Geraniaceae	1	0.72	1	0.62
36	茄科 Solanaceae	1	0.72	1	0.62
37	瑞香科 Thymelaeaceae	1	0.72	1	0.62
38	松科 Pinaceae	1	0.72	1	0.62
39	梧桐科 Sterculiaceae	1	0.72	1	0.62
40	小檗科 Berberidaceae	1	0.72	1	0.62
41	荨麻科 Urticaceae	1	0.72	1	0.62
42	榆科 Ulmaceae	1	0.72	1	0.62
43	天门冬科 Asparagaceae	1	0.72	1	0.62
44	忍冬科 Caprifoliaceae	1	0.72	1	0.62
	合计	138	100	162	100

种数>20（大科）的仅菊科（21种），占总科数的2.27%，所含种占总种数的12.95%。种数为11~20（较大科）的有2科，占总科数的4.55%，所含种占总种数的17.28%，分别为禾本科（17种）、蔷薇科（11种）。种数为6~10（中等科）的有6科，占总科数的13.64%，所含种占总种数的29.63%，分别为毛茛科（10种）、唇形科（9种）、豆科（9种）、十字花科（7种）、紫草科（7种）、石竹科（6种）。种数为2~5（寡种科）的有16科，占总科数的36.36%，所含种占总种数的28.36%，其中种数为5的有2科，种数为4的有2科，种数为3的有4科，种数为2的有8科。种数只有1的共计19科，数量最多，占总科数的43.18%，占总种数的11.78%。可见，单种科在研究区的占比也较大。

2）物种属组成

从属层面分析（表4-5），在138属植物中，种数为5的仅有蒿属，占总属数的0.72%，包括大籽蒿、猪毛蒿、牡蒿、青蒿、艾，占总种数的3.09%。种数为3的有乌头属、委陵菜属和马先蒿属，占总属数的2.17%，占总种数的5.56%，其中马先蒿属包括甘肃马先蒿、中国马先蒿和长花马先蒿；委陵菜属包括小叶金露梅、朝天委陵菜和绢毛委陵菜；乌头属包括伏毛直序乌头、黄花乌头和伏毛铁棒锤。种数为2的有14个属，占总属数的10.15%，总种数的17.28%。种数为1的属有120个，占总属数的86.96%，总种数的74.07%[①]。可见，单种属与其他属相比，具有极大优势。

表4-5 植物属的种组成数量与比例

属	种数	种占比/%	属	种数	种占比/%	属	种数	种占比/%
蒿属	5	3.09	草沙蚕属	1	0.62	铁线莲属	1	0.62
乌头属	3	1.86	大麦属	1	0.62	茜草属	1	0.62
委陵菜属	3	1.86	狗尾草属	1	0.62	梨属	1	0.62
马先蒿属	3	1.86	剪股颖属	1	0.62	苹果属	1	0.62
蓼属	2	1.23	画眉草属	1	0.62	李属	1	0.62
荆芥属	2	1.23	狼尾草属	1	0.62	蔷薇属	1	0.62
鼠尾草属	2	1.23	马唐属	1	0.62	桃属	1	0.62
锦鸡儿属	2	1.23	披碱草属	1	0.62	茄属	1	0.62
苜蓿属	2	1.23	雀麦属	1	0.62	狼毒属	1	0.62
风毛菊属	2	1.23	穆属	1	0.62	藁本属	1	0.62
藜属	2	1.23	黍属	1	0.62	石防风属	1	0.62
荞麦属	2	1.23	燕麦属	1	0.62	柴胡属	1	0.62
龙胆属	2	1.23	隐子草属	1	0.62	薹草属	1	0.62
银莲花属	2	1.23	早熟禾属	1	0.62	蔍草属	1	0.62
野丁香属	2	1.23	针茅属	1	0.62	播娘蒿属	1	0.62

---

① 由于表4-5中数据四舍五入，数据加和结果存在误差。

属	种数	种占比/%	属	种数	种占比/%	属	种数	种占比/%
枸子属	2	1.23	沙棘属	1	0.62	独行菜属	1	0.62
紫堇属	2	1.23	景天属	1	0.62	碎米荠属	1	0.62
大戟属	2	1.23	假杜鹃属	1	0.62	白屈菜属	1	0.62
无心菜属	1	0.62	锦葵属	1	0.62	荠属	1	0.62
蓝雪花属	1	0.62	红景天属	1	0.62	葶苈属	1	0.62
葱属	1	0.62	蓝钟花属	1	0.62	菥蓂属	1	0.62
黄精属	1	0.62	党参属	1	0.62	芸苔属	1	0.62
天门冬属	1	0.62	白酒草属	1	0.62	繁缕属	1	0.62
沿阶草属	1	0.62	飞蓬属	1	0.62	卷耳属	1	0.62
侧柏属	1	0.62	狗娃花属	1	0.62	漆姑草属	1	0.62
圆柏属	1	0.62	黄鹌菜属	1	0.62	蝇子草属	1	0.62
报春花属	1	0.62	火绒草属	1	0.62	松属	1	0.62
点地梅属	1	0.62	蓟属	1	0.62	天南星属	1	0.62
车前属	1	0.62	碱菀属	1	0.62	半夏属	1	0.62
柽柳属	1	0.62	苦苣菜属	1	0.62	梧桐属	1	0.62
翼首花属	1	0.62	马兰属	1	0.62	小檗属	1	0.62
薄荷属	1	0.62	蒲公英属	1	0.62	母草属	1	0.62
糙苏属	1	0.62	鼠曲草属	1	0.62	肉果草属	1	0.62
独一味属	1	0.62	橐吾属	1	0.62	荨麻属	1	0.62
青兰属	1	0.62	旋覆花属	1	0.62	杨属	1	0.62
香薷属	1	0.62	紫菀属	1	0.62	柳属	1	0.62
草木樨属	1	0.62	猪毛菜属	1	0.62	角茴香属	1	0.62
黄芪属	1	0.62	地肤属	1	0.62	榆属	1	0.62
高山豆属	1	0.62	酸模属	1	0.62	斑种草属	1	0.62
豌豆属	1	0.62	花锚属	1	0.62	滇紫草属	1	0.62
野豌豆属	1	0.62	醉鱼草属	1	0.62	附地菜属	1	0.62
凤尾蕨属	1	0.62	老鹳草属	1	0.62	鹤虱属	1	0.62
谷精草属	1	0.62	翠雀属	1	0.62	琉璃草属	1	0.62
白茅属	1	0.62	毛茛属	1	0.62	牛舌草属	1	0.62
冰草属	1	0.62	唐松草属	1	0.62	微孔草属	1	0.62
蕨麻属	1	0.62	露蕊乌头属	1	0.62	老牛筋属	1	0.62

2. 植被物种生长型组成

从科层面分析，拉萨河流域洪积扇植物的生长型表现为多年生草本（含26科）＞一年生草本（含15科）>灌木（含10科）>一二年生草本（含7科）>乔木（含6科）>半灌木（含2科）>二年生草本（含1科），且分别占总科数的59.09%、34.09%、22.73%、15.91%、13.64%、4.55%、2.27%。从属层面分析，植物生长型中多年生草本（含74属）最多，占总属数的53.62%，二年生草本（含1属）和半灌木（含3属）最少，共占总属数的2.89%，居于中间地位的依次为一年生草本（含35属）、一二年生草本（含12属）、灌木（含15属）、乔木（含9属），分别占总属数的25.36%、8.70%、10.87%、6.52%。从种层面来看，植物生长型同样表现为多年生草本（含84种）>一年生草本（含36种）>灌木（含17种）>一二年生草本（含12种）>乔木（含9种）>半灌木（含3种）>二年生草本（含1种），分别占总种数的51.85%、22.22%、11.73%、10.49%、7.41%、1.85%、0.62%（表4-6）。

表4-6　植物生长型组成

生长型	科数	科占比/%	属数	属占比/%	种数	种占比/%
一年生草本	15	34.09	35	25.36	36	22.22
二年生草本	1	2.27	1	0.72	1	0.62
一二年生草本	7	15.91	12	8.70	12	7.41
多年生草本	26	59.09	74	53.62	84	51.85
灌木	10	22.73	15	10.87	17	10.49
半灌木	2	4.55	3	2.17	3	1.85
乔木	6	13.64	9	6.52	9	11.73

注：由于相同的科、属会在不同生活型出现，因此科、属数分别大于44和138。

可见，在该调查区占优势地位的为多年生草本和一年生草本，主要由于多年生草本植物根系一般粗壮且发达，繁殖能力较强，且多为分株繁殖，能够适应高、寒、旱的生境条件，所以在高原气候环境区内分布最为广泛；此外，调查区的土地利用类型主要为牧草地和耕地，存在放牧和耕作等人为干扰因素，使得一年生草本植物容易侵入，故而在数量上也偏多。

3. 植被物种科、属区系地理分布

从植被物种科的区系地理分布情况分析，拉萨河流域洪积扇植物所属的44个科中，在15个植物区系分布类型中仅出现了6个，分别为世界广布型、泛热带分布型、北温带分布型、旧世界温带分布型、地中海区、西亚至中亚分布型，以及东亚分布型。以北温带型最多，占总科数的36.36%，包括十字花科、石竹科、蓼科、伞形科、百合科等16科；其次为泛热带分布型，占总科数的27.27%，包括藜科、茜草科、大戟科、天南星科、谷精草科等12科；再次为世界广布型，占总科数的25.00%，包括菊科、禾本科、蔷薇科、毛茛科、豆科等11科；然后为地中海区、西亚至中亚型，占总科数的6.82%，包括紫草科、罂粟科和白花丹科3科；最后为旧世界温带分布型和东亚分布型，分别占总科数的2.27%，分别包括柽柳科和胡颓子科1科（表4-7）。

表4-7 植物科、属分布区类型

植物分布区类型	科数	科占比/%	属数	属占比/%
1. 世界广布型	11	25.00	15	10.87
2. 泛热带分布型	12	27.27	12	8.70
3. 热带亚洲及热带美洲间断分布型	—	—	—	—
4. 旧世界热带分布型	—	—	—	—
5. 热带亚洲至热带大洋洲分布型	—	—	—	—
6. 热带亚洲至热带非洲分布型	—	—	3	2.17
7. 热带亚洲分布型	—	—	1	0.72
热带分布型合计（2~7）	12	27.27	16	11.59
8. 北温带分布型	16	36.36	49	35.51
9. 东亚及北美间断分布型	—	—	—	—
10. 旧世界温带分布型	1	2.27	26	18.84
11. 温带亚洲分布型	—	—	5	3.62
12. 地中海区、西亚至中亚分布型	3	6.82	9	6.52
13. 中亚分布型	—	—	2	1.45
14. 东亚分布型	1	2.27	8	5.80
15. 中国特有型	—	—	8	5.80
温带分布型合计（8~15）	21	47.73	107	77.54

从属的区系地理分布情况来看，其比科的地理分布更为具体，可将调查的138个植物属划分为11个植物区系分布类型，其中，温带分布型最多，为107个，占总属数的77.54%；热带分布型次之，为16个，占总属数的11.59%；再次是世界广布型，为15个，占总属数的10.87%。温带分布型中以北温带型居多，含49属，占总属数的35.51%；旧世界温带型次之，含26属，占总属数的18.84%；其余5种分布型包含属数均小于10属，共占总属数的23.19%。热带分布型中以泛热带型居多，含12属，占属数的8.70%。

综上可知，调查区植被成分主要以温带分布型占绝对优势，且与其他类型区共存的区系分布特点，这与古桑群宗等（2019）对拉萨河流域亏组山种子植物研究、许敏（2015）对拉萨河流域维管束植物资源研究，以及罗建等（2012）对拉萨河流域野生种子植物研究结果一致。

4. 药用植物分布特征

1）药用植物科、属组成

调查区共有药用植物43科129属155种，分别占全部植物科、属、种的97.73%、93.48%、95.68%。其中，被子植物有151种，分属于40科125属，分别占植物总科、属、种的90.91%、90.58%、93.21%，分别占药用植物科、属、种的93.03%、96.90%、97.42%；裸子植物有3种，分属于2科3属，分别占植物总科、属、种的4.55%、

2.17%、1.85%，分别占药用植物科、属、种的 4.65%、2.32%、1.94%；蕨类植物仅 1
种。在被子植物中，双子叶植物有 35 科 105 属 131 种，分别占药用植物科、属、种的
81.40%、81.40%、84.52%，单子叶植物有 5 科 20 属 20 种，分别占药用植物科、属、种
的 11.63%、15.50%、12.90%（表 4-8）。

表 4-8 药用植物的科、属、种组成数量与比例

类别	被子植物		裸子植物	蕨类植物
	双子叶植物	单子叶植物		
科数	35	5	2	1
占药用植物总科数比例/%	81.40	11.63	4.65	2.32
占植物总科数比例/%	79.55	11.36	4.55	2.27
属数	105	20	3	1
占药用植物总属数比例/%	81.40	15.50	2.32	0.78
占植物总属数比例/%	76.09	14.49	2.17	0.72
种数	131	20	3	1
占药用植物总种数比例/%	84.52	12.90	1.94	0.65
占植物总种数比例/%	80.86	12.35	1.85	0.62

在调查的全部植物中，仅薄皮木、草沙蚕、糠稷、水葱、垂穗披碱草、朝阳隐子草、
紫花针茅 7 种植物的药用价值不明显。其中，朝阳隐子草、草沙蚕、垂穗披碱草、紫花针
茅、糠稷是优良的牧草，而薄皮木、水葱具有较好的观赏价值，可进行栽培，用作观赏
植物。

2）药用植物主要药用部位分析

同一药用植物因采收的时间、季节不同，其入药部位的药用价值也会有所差异。选择
最佳的收取时间，既可以提高植物的利用率，也可以避免资源的浪费，如全株入药植物宜
在枝叶茂盛、开花初期收取；根及根茎入药植物适合在初春和秋末采挖；花及花序入药植
物采摘的最佳时间为花朵将开未开之时；茎皮入药植物于春夏季采取最为合适；根皮入药
植物选择秋冬时节采收最优（马文兵，2017）。以《中国中药资源志要》载录为标准，并
参考《西藏常用中草药》、《青藏高原药物图鉴》等资料对调查区药用植物药用部位进行
归纳统计，并按照入药部位的重要性将调查区药用植物分为 9 类，分别为全株（包括地上
部分与根）、地上部分、根及根茎、茎、皮（包括茎皮、根皮、树皮等）、枝叶（包括枝、
叶等）、花（包括花蕾、花序、花穗等）、果实、种子。

由表 4-9 可以看出，调查区以全株入药的药用植物共有 71 种，隶属于 23 科 62 属，主
要代表科有菊科、豆科、唇形科等；主要代表属有蓼属、景天属、紫堇属等；主要代表种
有独一味、长梗秦艽等。以地上部分入药的药用植物有 6 种，分属于 5 科 6 属，主要代表
科有藜科、荨麻科、紫草科等；主要代表属有荆芥属、琉璃草属、鼠尾草属等；主要代表
种有荔枝草、穗花荆芥、灰绿藜等。以根及根茎入药的药用植物有 25 科 41 属 44 种，主
要代表科有毛茛科、百合科、天南星科等；主要代表属有乌头属、狼毒属、党参属等；主

要代表种有白茅、半夏、红景天等。以茎入药的药用植物共3科3属3种，分别为猪毛蒿、雀麦、沿阶草。以皮入药的药用植物有2科2属2种，分别为侧柏、藏川杨。以枝叶入药的药用植物共3科4属5种，分别为桎柳、艾、小叶金露梅、小叶栒子、水栒子。以花入药的药用植物有6科6属7种，主要有长花马先蒿、狗娃花、谷精草等。以果实入药的药用植物有6科9属9种，主要有沙棘、青稞、木梨等。以种子入药的药用植物有5科8属8种，主要有油菜、葶苈、梧桐等。

表4-9 不同药用植物入药部位科、属、种数量及比例

入药部位	科数	占药用植物总科数比例/%	属数	占药用植物总属数比例/%	种数	占药用植物总种数比例/%
全株	23	53.49	62	48.06	71	45.81
地上部分	5	11.63	6	4.65	6	3.87
根及根茎	25	58.14	41	31.78	44	28.39
茎	3	6.98	3	2.33	3	1.94
皮	2	4.65	2	1.55	2	1.29
枝叶	3	6.98	4	3.10	5	3.23
花	6	13.95	6	4.65	7	4.52
果实	6	13.95	9	6.98	9	5.81
种子	5	11.63	8	6.20	8	5.16

注：由于药性有交叉，因此占比超过100%。

可见，调查区的药用植物以全株入药为主，其对应的科、属、种分别占药用植物总科、属、种的53.49%、48.06%、45.81%；其次是以根及根茎入药的药用植物，分别占药用植物总科、属、种的58.14%、31.78%、28.39%；最少的是以皮入药的植物，仅占药用植物总种数的1.29%。

3）药用植物药性分析

药用植物的性能主要包括四气、五味、归经、毒性、升降浮沉等，其中"四气"也称"四性"，即为我们所认知的寒、热、温、凉，是中药理论研究的主要内容之一。其中的寒、凉性药物具有清热、解毒、平肝等缓解甚至消除热症的性能，温、热性药物具有散寒、补气、温里等能够减轻或消除寒症的特性，四性之外还有一类平性药物，它的药性平和、作用缓慢，主要针对的是寒、热之症不明显的病症（肖小河，2008）。依据《中国药典》对药用植物药性的划分标准，并结合《全国中草药汇编》及《中国中药资源志要》等资料，将调查区药用植物的药性分为寒、凉、平、温、热5类。

由表4-10可以看出，调查区寒性药用植物有36种，分属于22科35属，主要代表科有玄参科、十字花科、紫草科等；主要代表属有马先蒿属、锦鸡儿属、高山豆属等；主要代表种有西藏天门冬、甘肃马先蒿、小叶锦鸡儿等。凉性药用植物有39种，分属于15科34属，主要代表科有菊科、唇形科、石竹科等；主要代表属有蒿属、蓼属、风毛菊属等；主要代表种有大籽蒿、康藏荆芥、长毛风毛菊等。平性药用植物有42种，分属于24科38属，主要代表科有蔷薇科、豆科、禾本科等；主要代表属有藜属、委陵菜属、苜蓿属等；

主要代表种有菊叶香藜、绢毛委陵菜、苜蓿等。温性药用植物有 37 种，分属于 21 科 34 属，主要代表科有菊科、毛茛科、唇形科等；主要代表属有乌头属、毛茛属、蓝雪花属等；主要代表种有露蕊乌头、黄苞南星、藏囊吾等。热性植物仅 1 种，为唐古拉翠雀花。可见，调查区以平性药用植物居多，对应的科、属、种占药用植物总科、属、种的 55.81%、29.46%、27.10%；居于第二位的是凉性药用植物，占药用植物种的 25.16%；最少的为热性药用植物，仅有 1 种。

表 4-10 不同药用植物药性科、属、种数量及比例

类别	药性				
	寒	凉	平	温	热
科数	22	15	24	21	1
占药用植物总科数比例/%	51.16	34.88	55.81	48.84	2.32
属数	35	34	38	34	1
占药用植物总属数比例/%	27.13	26.36	29.46	26.36	0.78
种数	36	39	42	37	1
占药用植物总种数比例/%	23.23	25.16	27.10	23.87	0.65

注：由于药性有交叉，因此占比超过100%。

4）药用植物药味分析

药味能够反映药物的作用特点，即药味相同的药物在其成分组成上相近，对病症的作用也有一定程度的相似性，而药味不同的药物则具有不同的作用效果。药用植物的药味最早是先民们通过品尝后，用真实口味来确定的，但这并不完全，它表示的不只是口感上的味道，还体现其性能。依据《中华人民共和国药典》对药用植物药性的划分标准，并结合《全国中草药汇编》及《中国中药资源志要》等资料，将调查区药用植物的药味分为甘、苦、辛、酸、咸 5 类。将五味之外的涩归于酸，淡归于甘（许永强，2016）。

由表 4-11 可以看出，调查区药用植物中甘味药用植物有 59 种，隶属于 22 科 55 属，主要代表科有禾本科、蔷薇科、豆科等；主要代表属有李属、荞麦属、茄属等；主要代表种有木梨、苹果、马铃薯等。苦味药用植物有 60 种，隶属于 23 科 51 属，主要代表科有毛茛科、罂粟科、紫草科等；主要代表属有蒿属、杨属、柳属等；主要代表种有蒲公英、独一味、苣荬菜等。辛味药用植物有 29 种，隶属于 17 科 26 属，主要代表科有唇形科、十字花科、大戟科；主要代表属有葱属、半夏属、薄荷属；主要代表种有高山韭、留兰香、油菜等。酸味药用植物有 5 种，为沙棘、酸模、火炭母、地锦草、银叶蕨麻。咸味药用植物有 2 种，为青稞、里海旋覆花。

由上可知，调查区以苦味药用植物和甘味药用植物占主导地位，其中苦味药用植物占调查药用植物的 38.71%，甘味药用植物占调查药用植物的 38.06%，两者占比达到近 80%，最少的为咸味药用植物，仅 2 种。

表 4-11　不同药用植物药味科、属、种数量及比例

类别	药味				
	甘	苦	辛	酸	咸
科数	22	23	17	3	2
占药用植物总科数比例/%	51.16	53.49	39.53	6.98	4.65
属数	55	51	26	4	2
占药用植物总属数比例/%	42.64	39.53	20.16	3.10	1.55
种数	59	60	29	5	2
占药用植物总种数比例/%	38.06	38.71	18.71	3.23	1.29

注：由于药性有交叉，因此占比超过100%。

4.2.2　洪积扇植被类型及物种多样性特征

1. 群落划分及其特征

在植被调查中共记录植物群落27个，其中包含草本群落12个、灌木群落6个、乔木群落3个、作物群落6个。

2. 草本群落及其特征

调查过程中共记录草本群落12类，含有样方54个，群落基本特征如下。

草本群落Ⅰ：白草群落（ASS. Pennisetum flaccidum），包括3个样方，分布于堆龙德庆区的洪积扇1-7，海拔为4051~4059m，总盖度较大为82%~91%，共记录植物30种。优势种白草重要值的平均值为47.95，平均盖度为68%，平均高度为75cm。伴生种主要有黑穗画眉草、野豌豆、糠稷等。

草本群落Ⅱ：猪毛蒿群落（ASS. Artemisia scoparia），包括3个样方，分布于堆龙德庆区的洪积扇1-7，海拔为4034~4052m，总盖度为70%~80%，共记录植物34种。优势种猪毛蒿重要值的平均值为43.45，平均盖度为58%，平均高度为52cm。次优种为长梗秦艽，平均盖度为8%，平均高度为5cm。伴生种主要为笔直黄芪、冰草、黑穗画眉草等。

草本群落Ⅲ：大籽蒿群落（ASS. Artemisia sieversiana），包括3个样方，分布于堆龙德庆区的洪积扇1-5，海拔为3901~3942m，总盖度为45%~63%，共记录植物22种。优势种大籽蒿重要值的平均值为25.63，平均盖度为37%，平均高度为71cm。次优种鼠曲草的平均盖度为14%，平均高度为11cm。伴生种主要有笔直黄芪、牛筋草、黄苞南星等。

草本群落Ⅳ：草沙蚕群落（ASS. Tripogon bromoides），包括3个样方，分布于林周县的洪积扇1-11，海拔为3883~4020m，总盖度为30%~50%，共记录植物15种。优势种草沙蚕重要值的平均值为37.12，平均盖度为25%，平均高度为18cm。伴生种主要为肉果草、长梗秦艽、笔直黄芪、狼毒、牛筋草等。

草本群落Ⅴ：牛筋草群落（ASS. Eleusine indica），包括9个样方，分布于堆龙德庆区的洪积扇1-7、1-5及林周县的洪积扇1-11，海拔为3713~4089m，总盖度为40%~75%，

共记录植物 41 种。优势种牛筋草重要值的平均值为 46.49，平均盖度为 39%，平均高度为 5cm。伴生种主要有笔直黄芪、蒲公英、里海旋覆花等。

草本群落Ⅵ：绢毛委陵菜+紫花针茅群落（ASS. *Potentilla sericea+Stipa purpurea*），包括 3 个样方，分布于林周县的洪积扇 2-2，海拔为 3915~3943m，总盖度为 73%~78%，共记录植物 20 种。优势种绢毛委陵菜重要值的平均值为 28.20，平均盖度为 50%，平均高度为 3cm；优势种紫花针茅重要值的平均值为 18.29，平均盖度为 14%，平均高度为 33cm。伴生种主要有肉果草、青藏薹草、糠穄等。

草本群落Ⅶ：鼠曲草群落（ASS. *Pseudognaphalium affine*），包括 6 个样方，分布于当雄县的洪积扇 2-3 和 3-1，海拔为 4303~4554m，总盖度为 40%~55%，共记录植物 21 种。优势种鼠曲草重要值的平均值为 43.40，平均盖度为 33%，平均高度为 3.5cm。次优种为水葱，平均盖度为 11%，平均高度为 5cm。伴生种主要有笔直黄芪、毛叶老牛筋、佛甲草等。

草本群落Ⅷ：佛甲草群落（ASS. *Sedum lineare*），包括 3 个样方，分布于当雄县的洪积扇 3-3，海拔为 4254~4267m，总盖度为 60%~75%，共记录植物 24 种。优势种佛甲草重要值的平均值为 49.13，平均盖度为 57%，平均高度为 3cm。伴生种主要有笔直黄芪、牛筋草、白草等。

草本群落Ⅸ：笔直黄芪群落（ASS. *Astragalus strictus*），包括 3 个样方，分布于当雄县的洪积扇 3-3，海拔为 4251~4262m，总盖度为 30%~75%，共记录植物 19 种。优势种笔直黄芪重要值的平均值为 45.32，平均盖度为 60%，平均高度为 16cm。伴生种主要有佛甲草、白草、高山豆、垂穗披碱草、糠穄等。

草本群落Ⅹ：水葱群落（ASS. *Schoenoplectus tabernaemontani*），包括 12 个样方，分布于当雄县的洪积扇 2-3、3-1，堆龙德庆区的洪积扇 1-5，墨竹工卡县的洪积扇 2-4，海拔为 3859~4500m，总盖度为 80%~90%，共记录植物 45 种。优势种水葱重要值的平均值为 51.72，平均盖度为 73%，其中幼苗占 45%，幼苗平均高度为 3.5cm。伴生种主要有老鹳草、高原毛茛、独一味等。

草本群落ⅩⅠ：地锦草+高原毛茛群落（ASS. *Euphorbia humifusa+Ranunculus tanguticus*），包括 3 个样方，分布于墨竹工卡县的洪积扇 2-5，海拔为 4396~4400m，总盖度为 90%~98%，共记录植物 15 种。优势种地锦草重要值的平均值为 30.71，平均盖度为 65%，平均高度为 21cm；优势种高原毛茛重要值的平均值为 21.76，平均盖度为 38%，平均高度为 10cm。伴生种主要有垂穗披碱草、朝天委陵菜、老鹳草、水葱等。

草本群落ⅩⅡ：高原毛茛+朝天委陵菜群落（ASS. *Ranunculus tanguticus + Potentilla supina*），包括 3 个样方，分布于墨竹工卡县的洪积扇 2-5，海拔为 4395~4402m，总盖度为 98%，共记录植物 23 种。优势种高原毛茛重要值的平均值为 20.31，平均盖度为 43%，平均高度为 11cm；优势种朝天委陵菜重要值的平均值为 18.93，平均盖度为 50%，平均高度为 9cm。次优种为长花马先蒿，盖度为 15%，平均高度为 15cm。伴生种主要有水葱、垂穗披碱草、肉果草等。

在 12 个群落中，水葱群落包含样方数最多，占调查样方总数的 22.22%；牛筋草群落所含样方占样方总数的 16.67%；鼠曲草群落所含样方占样方总数的 11.11%。长花马先蒿群落占样方总数最少，仅为 1.85%。同时，单优种群落居多，占群落总数的 71.43%。

3. 灌木群落及其特征

调查过程中共记录灌木群落 6 类，含有样方 27 个，群落基本特征如下。

灌木群落 I：扁刺峨眉蔷薇+砂生小檗–白草群落（ASS. *Rosa omeiensis f. pteracantha + Berberis sabulicola-Pennisetum flaccidum*），包含 6 个样方，分布在墨竹工卡县的洪积扇 3-2 及林周县的洪积扇 2-2，海拔为 4017～4126m。

（1）灌木层：共记录植物 3 种，总盖度为 40%～55%。其中优势种扁刺峨眉蔷薇重要值的平均值为 58.58，平均盖度为 37%，平均高度为 213cm；次优势种砂生小檗重要值的平均值为 37.18，平均盖度为 20%，平均高度为 169cm。伴生种仅有水枸子。

（2）草本层：共记录植物 61 种，总盖度为 40%～95%。优势种白草重要值的平均值为 20.12，平均盖度为 31%，平均高度为 63cm。伴生种主要有西藏繁缕、糠稷、藏橐吾、蒲公英、青蒿等。

灌木群落 Ⅱ：砂生小檗+扁刺峨眉蔷薇–水葱群落（ASS. *Berberis sabulicola + Rosa omeiensis f. pteracantha-Schoenoplectus tabernaemontani*），包含 3 个样方，分布于墨竹工卡县的洪积扇 2-4，海拔为 4195～4285m。

（1）灌木层：共记录植物 4 种，总盖度为 50%～65%。其中优势种砂生小檗重要值的平均值为 45.94，平均盖度为 33%，平均高度为 183cm；次优势种扁刺峨眉蔷薇重要值的平均值为 29.73，平均盖度为 55%，平均高度为 153cm。伴生种仅有小叶金露梅。

（2）草本层：共记录植物 26 种，总盖度为 55%～75%。优势种水葱重要值的平均值为 22.59，平均盖度为 28%，平均高度为 6cm。伴生种主要有朝天委陵菜、笔直黄芪、附地菜、平车前、高山豆等。

灌木群落 Ⅲ：小叶金露梅–水葱群落（ASS. *Dasiphora parvifolia-Schoenoplectus tabernaemontani*），包含 3 个样方，分布于当雄县的洪积扇 2-3，海拔为 4304～4355m。

（1）灌木层：仅小叶金露梅 1 个物种，即为优势种，重要值为 100，总盖度为 25%～55%，平均盖度为 42%，平均高度为 32cm。

（2）草本层：共记录植物 20 种，总盖度为 25%～65%。优势种水葱重要值的平均值为 34.69，平均盖度为 43%，平均高度为 6cm。伴生种主要有长梗秦艽、牛筋草、鼠曲草等。

灌木群落灌 Ⅳ：扁刺峨眉蔷薇–牛筋草群落（ASS. *Rosa omeiensis f. pteracantha-Eleusine indica*），包含 3 个样方，分布在堆龙德庆区的洪积扇 1-7，海拔为 4067～4096m。

（1）灌木层：共记录植物 2 种，总盖度为 20%～45%。其中优势种扁刺峨眉蔷薇重要值的平均值为 90，平均盖度为 30%，平均高度为 168cm。伴生种为砂生小檗。

（2）草本层：共记录植物 21 种，总盖度为 5%～20%。优势种牛筋草重要值的平均值为 20.12，平均盖度为 31%，平均高度为 63cm。伴生种主要有笔直黄芪、苦荞麦、长梗秦艽等。

灌木群落 Ⅴ：小叶锦鸡儿+小蓝雪花–牛筋草群落（ASS. *Caragana microphylla + Ceratostigma minus-Eleusine indica*），包含 6 个样方，分布在堆龙德庆区的洪积扇 1-4，海拔

为 3714 ~ 3881m。

（1）灌木层：共记录植物 3 种，总盖度为 20%~75%。其中优势种小叶锦鸡儿重要值的平均值为 56.47，平均盖度为 45%，平均高度为 47cm；次优势种小蓝雪花重要值的平均值为 41.71，平均盖度为 17%，平均高度为 15cm。碱菀为伴生种。

（2）草本层：共记录植物 13 种，总盖度为 6%~20%。优势种牛筋草重要值的平均值为 56.89，平均盖度为 12%，平均高度为 5cm。伴生种主要有笔直黄芪、黄苞南星等。

灌木群落 Ⅵ：薄皮木 + 碱菀 – 牛筋草群落（ASS. *Leptodermis oblonga + Tripolium Pannonicum- Eleusine indica*），包含 6 个样方，分布在堆龙德庆区的洪积扇 1-6，海拔为 3828 ~ 3907m。

（1）灌木层：共记录植物 3 种，总盖度为 30%~60%。其中优势种薄皮木重要值的平均值为 42.19，平均盖度为 46%，平均高度为 39cm；次优势种碱菀重要值的平均值为 40.22，平均盖度为 11%，平均高度为 29cm。伴生种为小蓝雪花。

（2）草本层：共记录植物 13 种，总盖度为 10%~30%。优势种牛筋草重要值的平均值为 52.43，平均盖度为 12%，平均高度为 8cm。伴生种主要有笔直黄芪、小蓬草等。

在 6 个灌木群落中，含优势种扁刺峨眉蔷薇的群落有 3 个，占群落总数的 50%，体现出该类群落在西藏具有较强的环境适应能力。草本层中以牛筋草为优势种的群落居多，占群落总数的 50%；以水葱为优势种的群落占群落总数的 30%，在拉萨河流域分布较广。

4. 乔木群落及其特征

调查过程中共记录乔木群落 3 类，含有样方 9 个，群落基本特征如下。

乔木群落 Ⅰ：垂柳 + 藏川杨 – 早熟禾群落（ASS. *Salix babylonica + Populus szechuanica* var. *tibetica- Poa annua*），包括 3 个样方，分布于堆龙德庆区的洪积扇 1-5，海拔为 3752 ~ 3831m，为人工种植的"四旁林"。

（1）乔木层：含有垂柳与藏川杨 2 个物种，总郁闭度为 60%~75%。其中优势种垂柳重要值的平均值为 58.58，平均郁闭度为 48%，平均高度为 19m；次优势种藏川杨重要值的平均值为 41.84，平均郁闭度为 30%，平均高度为 18.6m。

（2）草本层：共含有植物 23 种，总盖度为 65%~75%。优势种早熟禾重要值的平均值为 36.74，平均盖度为 30%，平均高度为 30cm。伴生种主要有朝阳隐子草、垂穗披碱草、糠稷、异株荨麻等。

乔木群落 Ⅱ：垂柳 – 早熟禾群落（ASS. *Salix babylonica- Poa annua*），包括 3 个样方，分布于堆龙德庆区的洪积扇 1-5，海拔为 3786 ~ 3799m，分布在人工苗圃。

（1）乔木层：仅含有垂柳 1 个物种，总郁闭度为 75%~90%，平均郁闭度为 83%，平均高度为 3.4m。

（2）草本层：共含有植物 14 种，总盖度为 40%~55%。优势种早熟禾重要值的平均值为 44.95，平均盖度为 29%，平均高度为 33cm。伴生种主要有朝阳隐子草、糠稷、辽藁本等。

乔木群落 Ⅲ：侧柏 – 水葱 + 绢毛委陵菜群落（ASS. *Platycladus orientalis- Schoenoplectus tabernaemontani+Potentilla sericea*），包括 3 个样方，分布于堆龙德庆区的洪积扇 1-5，海拔

为 3918～3988m，均为人工种植。

（1）乔木层：仅含侧柏 1 个物种，总郁闭度为 30%～45%，平均郁闭度为 37%，平均高度为 3.2m。

（2）草本层：共含有植物 17 种，总盖度为 80%～90%。优势种水葱重要值的平均值为 34.57，平均盖度为 43%，平均高度为 26cm；次优势种绢毛委陵菜重要值的平均值为 26.53，平均盖度为 23%，平均高度为 6cm。伴生种主要有糠稷、高原毛茛、早熟禾、笔直黄芪等。

3 个乔木群落均分布于洪积扇 1-5，主要为苗圃。就林下草本而言，多为一年生草本，且以朝阳隐子草、糠稷、垂穗披碱草等禾本科植物分布居多。

5. 作物群落及其特征

调查过程中共记录作物群落 6 类，包含样方 30 个，群落基本特征如下。

作物群落 I：青稞+豌豆群落（ASS. *Hordeum vulgare* var. *coeleste*+*Pisum sativum*），包括样方 3 个，分布于当雄县的洪积扇 3-1，海拔为 4495～4504m，总盖度为 45%～60%，含有青稞与豌豆 2 种作物，有明显的行距。青稞重要值的平均值为 71.58，平均盖度为 53%，平均高度为 26cm；豌豆重要值的平均值为 28.42，平均盖度为 2%，平均高度为 25cm。周边田埂杂草茂盛，主要有高原毛茛、垂穗披碱草、糠稷、甘肃马先蒿、唐古拉翠雀花等。

作物群落 II：青稞群落（ASS. *Hordeum vulgare* var. *coeleste*），包括样方 9 个，分布于林周县的洪积扇 1-11、2-2 以及墨竹工卡县的洪积扇 3-2，海拔为 3836～4133m，总盖度为 65%～90%，仅青稞 1 种作物，为撒播的耕作模式，无明显行距，平均盖度为 77%，平均高度为 103cm。周边田埂杂草主要有白草、石防风、笔直黄芪、西藏微孔草、穗花荆芥等。

作物群落 III：青稞+油菜群落（ASS. *Hordeum vulgare* var. *coeleste*+*Brassica rapa* var. *deifera*），包括样方 6 个，分布于堆龙德庆区的洪积扇 1-5 和 1-7，海拔为 3796～4052m，总盖度为 65%～90%，含青稞和油菜 2 种作物，为撒播混作的耕作方式，无明显行距。青稞重要值的平均值为 68.21，平均盖度为 73%，平均高度为 86cm；油菜重要值的平均值为 31.79，平均盖度为 15%，平均高度为 76cm。周边田埂杂草极为丰富，主要有白草、耐国蝇子草、窄竹叶柴胡、黑穗画眉草、水葱、狼毒等。

作物群落 IV：油菜群落（ASS. *Brassica rapa* var. *deifera*），包括样方 6 个，分布于堆龙德庆区的洪积扇 1-5 和墨竹工卡县的洪积扇 3-2，海拔为 3856～4134m，总盖度为 60%～75%，含油菜 1 种作物，为撒播的耕作方式，无明显行距，平均盖度为 69%，平均高度为 92cm。周边田埂杂草生长良好，主要有白草、笔直黄芪、窄竹叶柴胡、小花草玉梅、甘青铁线莲等。

作物群落 V：油菜+西藏微孔草+豌豆群落（ASS. *Brassica rapa* var. *deifera*+*Microula tibetica*+*Pisum sativum*），包括样方 3 个，分布于堆龙德庆区的洪积扇 1-7，海拔为 4031～4057m，总盖度为 80%～90%，含油菜、西藏微孔草、豌豆 3 种，为混作撒播的耕作方式，无明显行距。油菜重要值的平均值为 55.89，平均盖度为 67%，平均高度为 98cm；西藏微孔草重要值的平均值为 24.23，平均盖度为 12%，平均高度为 84cm；豌豆重要值的平均值为 19.87，平均盖度为 18%，平均高度为 56cm。周边田埂杂草茂盛，主要有白草、早熟禾、野豌豆、黑穗画眉草、笔直黄芪等。

作物群落Ⅵ：马铃薯群落（ASS. *Solanum tuberosum*），包括样方 3 个，分布于堆龙德庆区的洪积扇 1-5，海拔为 3787～3802m，总盖度为 50%，仅马铃薯 1 种作物，有明显行距，但没有明显株距，平均盖度为 50%，平均高度为 63cm。田埂杂草主要有早熟禾、短葶飞蓬、高原毛茛、老鹳草、猪毛蒿等。

在 6 类作物群落中，以青稞为优势种之一的群落有 3 类，共含样方 18 个，分别占群落总数和作物样方总数的 50% 和 60%，可见青稞于西藏作物中的重要地位，这与当地饮食结构一致；以油菜为优势种之一的群落有 3 类，含样方 15 个，占群落总数和样方总数的 50% 和 50%；以豌豆为优势种之一的群落占群落总数的 33%；以马铃薯为优势种之一和以西藏微孔草为优势种之一的群落均占群落总数的 17%，分布最少。

6. 群落的物种多样性特征

1）草本群落的物种多样性

不同草本群落物种的丰富度指数、多样性指数、均匀度指数和优势度指数如图 4-1 所示。

通过比较不同群落的 Margalef 指数（指数值为 M_a）［图 4-1（a）］，可知猪毛蒿群落（草Ⅱ）的 M_a 值最大，其范围为 1.85～3.54，平均值为 2.67；白草群落（草Ⅰ）的 M_a 值次之，为 1.96～2.99，平均值为 2.54；鼠曲草群落（草Ⅶ）的 M_a 值最小，范围为 0.91～1.69，平均值为 1.36，显示出猪毛蒿群落中的物种最为丰富，而鼠曲草群落中物种数目最少。运用单因素方差分析对不同群落的丰富度指数进行比较，结果显示，猪毛蒿群落的丰富度指数与草沙蚕群落（草Ⅳ）、鼠曲草群落、水葱群落（草Ⅹ）、地锦草+高原毛茛群落（草Ⅺ）之间存在显著差异，与其他群落之间差异不明显；白草群落除与鼠曲草群落、地锦草+高原毛茛群落间存在显著性差异之外，与其他群落比较未表现出明显的差异性；大籽蒿群落（草Ⅲ）、牛筋草群落（草Ⅴ）、绢毛委陵菜+紫花针茅群落（草Ⅵ）、佛甲草群落（草Ⅷ）、笔直黄芪群落（草Ⅸ）同其他群落相比较，均未体现出显著差异。

通过比较不同群落的 Shannon-Wiener 指数（指数值 H）［图 4-1（b）］，可知 Shannon-Wiener 指数最大的为大籽蒿群落（H 值范围为 1.85～1.92，平均值为 1.87）；最小的为佛甲草群落，H 值范围为 0.79～1.04，平均值为 0.96，表明大籽蒿群落的物种组成最为复杂，且物种多样性较高，而佛甲草群落的物种组成则较为简单。通过单因素方差分析，结果显示，牛筋草群落、鼠曲草群落、佛甲草群落与大籽蒿群落、绢毛委陵菜+紫花针茅群落、高原毛茛+朝天委陵菜群落（草Ⅻ）之间均存在显著差异；而白草群落、猪毛蒿群落、大籽蒿群落、草沙蚕群落、绢毛委陵菜+紫花针茅群落、笔直黄芪群落、地锦草+高原毛茛群落之间均不存在显著差异。

通过比较不同群落的 Pielou 指数（指数值 J_s）［图 4-1（c）］，可以看出大籽蒿群落的 J_s 最大，且范围为 0.70～0.80，平均值为 0.75；J_s 值最小的为佛甲草群落，范围为 0.30～0.36，平均值为 0.33，可知大籽蒿群落在 12 个草本群落中的物种分配较为均匀，而佛甲草群落中的物种分布则比较分散且不均匀。通过对 Pielou 指数进行单因素方差分析，结果发现白草群落、猪毛蒿群落、大籽蒿群落、草沙蚕群落、绢毛委陵菜+紫花针茅群落、笔直黄芪群落、地锦草+高原毛茛群落、高原毛茛+朝天委陵菜群落之间不存在显著性差异；牛筋草群落与佛甲草群落与上述 8 个群落除笔直黄芪群落的 7 个群落均存在显著性差异。

通过比较不同群落的 Simpson 指数（指数值 D）[图 4-1（d）]，可知 D 值最大的为大籽蒿群落，范围为 0.70~0.80，平均值为 0.75；D 值最小的为佛甲草群落，范围为 0.30~0.42，平均值为 0.36，表明与其他群落相比较，大籽蒿群落的优势种大籽蒿的生态地位较为突出，而佛甲草群落的优势种佛甲草则不能很好地体现其生态优势地位。运用单因素方差分析来比较不同群落间的均匀度指数，结果显示，大籽蒿群落与牛筋草群落、佛甲草群落、高原毛茛+朝天委陵菜群落之间存在显著性差异，且佛甲草群落与高原毛茛+朝天委陵菜群落之间存在显著性差异；其余草本群落之间均不存在显著性差异。

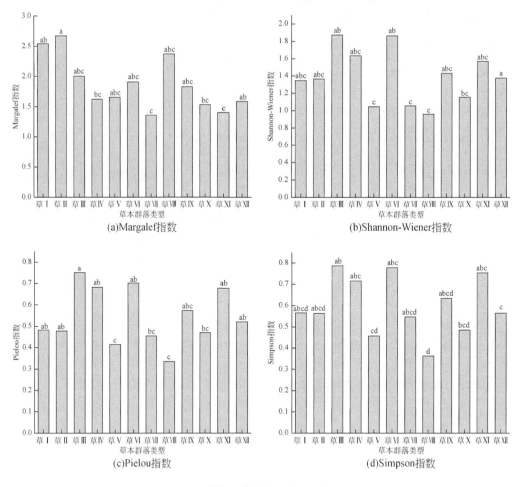

图 4-1　草本群落物种多样性指数比较

不同字母表示差异显著（$P<0.05$），图中数值均为平均值，下同

综上，猪毛蒿群落虽然存在较大的丰富度指数值，但多样性指数、均匀度指数和优势度指数均不突出，可能是由于放牧过程中牲畜的扰动，增加了植物的入侵途径，表现出群落物种在数量上的多样性，而牲畜选择和种间竞争降低了群落物种的复杂程度和集中程度，使得其他指数值相对较小。大籽蒿群落的 Shannon-Wiener 指数、Pielou 指数和 Simpson 指数均为最大，且 Margalef 指数与 12 个洪积扇的最大值差距不明显，可见该群落的物种组成较为丰富，结构较为复杂，稳定性也较高，可能是由于该群落邻近洪积扇与山体的交界处，放牧、耕作等人为干扰程度较轻，使得物种多样性较高。

2）灌木群落的物种多样性

（1）灌木群落灌木层物种多样性比较。

不同灌木群落灌木层物种的丰富度指数、多样性指数、均匀度指数和优势度指数如图4-2 所示。

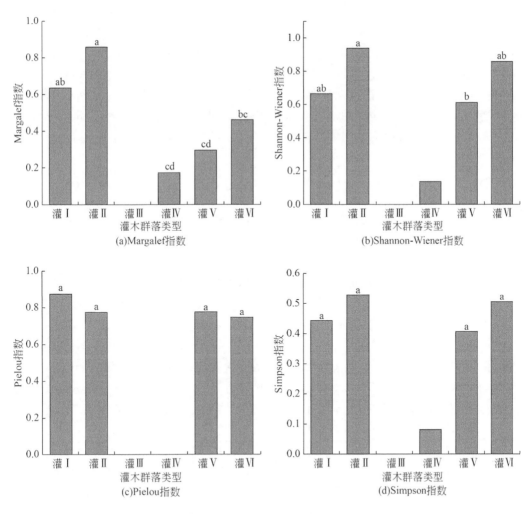

图 4-2　灌木群落的灌木层物种多样性指数比较

Margalef 指数（指数值 M_a）对比结果如图 4-2（a）所示，表现为砂生小檗+扁刺峨眉蔷薇–水葱群落（灌 II）的 Margalef 指数值最大，M_a 范围为 0.31 ~ 1.25，平均值为 0.86，且有 67% 的 M_a 值大于平均值；小叶金露梅–水葱群落（灌 III）包含的 3 个样方中均只有 1 个灌木物种，使得其对应的 M_a 值为 0，在 6 个灌木群落中最小，可见砂生小檗+扁刺峨眉蔷薇–水葱群落的物种分布相对较为丰富，而小叶金露梅–水葱群落的物种则非常单一。通过对 Margalef 指数进行单因子方差分析，可以看出砂生小檗+扁刺峨眉蔷薇–水葱群落与扁刺峨眉蔷薇–牛筋草群落（灌 IV）、小叶锦鸡儿+小蓝雪花–牛筋草群落（灌 V）、薄皮木+碱菀–牛筋草群落（灌 VI）之间存在显著差异，而与扁刺峨眉蔷薇+砂生小檗–白草群落（灌 I）差异不显著；扁刺峨眉蔷薇+砂生小檗–白草群落同扁刺峨眉蔷薇–牛筋草群落、小叶锦鸡儿+小蓝雪花–牛筋草群落相比，同样具有显著差异，但与薄皮木+碱菀–牛筋草群落差异不显著。

Shannon-Wiener 指数（指数值 H）对比结果如图 4-2（b）所示，表现为砂生小檗+扁刺峨眉蔷薇–水葱群落的 Shannon-Wiener 指数最大，H 值的范围跨度较大为 0.41 ~ 1.24，平均值为 0.94；由于多样性指数基于群落物种数目进行计算，小叶金露梅–水葱群落中的灌木层只有小叶金露梅一个物种，故其 Shannon-Wiener 指数最小为 0，可见砂生小檗+扁刺峨眉蔷薇–水葱群落物种多样性高，群落结构相对复杂，而小叶金露梅–水葱群落组成则极为简单。运用单因子方差分析对不同灌木群落灌木层的 Shannon-Wiener 指数进行比较，砂生小檗+扁刺峨眉蔷薇–水葱群落与小叶锦鸡儿+小蓝雪花–牛筋草群落间存在显著差异。

Pielou 指数（指数值 J_s）对比结果如图 4-2（c）所示，可知 Pielou 指数最大的为扁刺峨眉蔷薇+砂生小檗–白草群落，对应的指数值 J_s 的范围为 0.72 ~ 1.00，相对比较集中，平均值为 0.87；J_s 值最小的为薄皮木+碱菀–牛筋草群落，范围为 0.50 ~ 0.89，平均值为 0.75。均匀度指数对比的是物种之间的分配情况，物种数目越接近说明分布越均匀，均匀度越大；群落为单种时，均匀性最低。从 Pielou 指数计算公式来看，单种群落的均匀度指数值不存在，如小叶金露梅–水葱群落、扁刺峨眉蔷薇–牛筋草群落。单因子方差分析结果显示，扁刺峨眉蔷薇+砂生小檗–白草、砂生小檗+扁刺峨眉蔷薇–水葱、小叶锦鸡儿+小蓝雪花–牛筋草、薄皮木+碱菀–牛筋草彼此间的 Pielou 指数差异极不显著。

Simpson 指数（指数值 D）对比结果如图 4-2（d）所示，表现为砂生小檗+扁刺峨眉蔷薇–水葱群落的 D 值最大，范围为 0.24 ~ 0.69，平均值为 0.53；优势度指数也是在群落物种数目的统计基础上分析的，灌木层单种群落的 D 值为 0，如小叶金露梅–水葱群落。通过单因子方差分析，可知在比较 Simpson 指数时，所有灌木群落灌木层不存在显著性差异（灌木 III 和灌木 IV 数量不足未参与显著性分析）。

综上，在所有灌木群落的灌木层中，砂生小檗+扁刺峨眉蔷薇–水葱群落的 Margalef 指数、Shannon-Wiener 指数、Simpson 指数均为最大，可见该类群落与其他类型的群落相比，物种组成相对丰富，群落结构比较复杂，优势种生态地位较为突出，在一定程度上体现出群落的稳定性。由单个灌木物种构成的群落，如小叶金露梅–水葱群落，灌木层仅小叶金露梅一个物种，其对应的丰富度、多样性、均匀度及优势度均为最低。

（2）灌木群落草本层物种多样性比较。

比较不同灌木群落草本层物种的丰富度指数、多样性指数、均匀度指数和优势度指数，结果如图4-3所示。

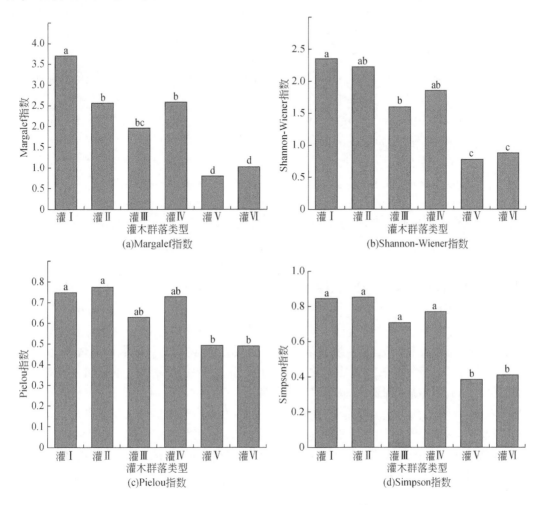

图4-3 灌木群落的草本层物种多样性指数比较

Margalef 指数（指数值 M_a）对比结果如图4-3（a）所示，表现为扁刺峨眉蔷薇+砂生小檗–白草群落（灌 I ）草本层的 Margalef 指数最大，M_a 值的范围为 2.58 ~ 5.16，平均值为 3.71；小叶锦鸡儿+小蓝雪花–牛筋草群落（灌 V ）草本层的 Margalef 指数最小，M_a 值的范围为 0.45 ~ 1.10，平均值为 0.81。从数值上可以看出扁刺峨眉蔷薇+砂生小檗–白草群落草本层的 M_a 值远大于其他群落，可见其草本物种组成较其他群落而言极为丰富。单因子方差分析结果显示，扁刺峨眉蔷薇+砂生小檗–白草群落与其他群落相比表现出明显差异，且小叶锦鸡儿+小蓝雪花–牛筋草群落、薄皮木+碱菀–牛筋草群落（灌 VI ）均与砂生小檗+扁刺峨眉蔷薇–水葱群落（灌 II ）、小叶金露梅–水葱群落（灌 III ）、扁刺峨眉蔷薇–牛筋草群落（灌 IV ）间存在显著差异，而小叶锦鸡儿+小蓝雪花–牛筋草群落与薄皮木+碱菀–牛筋草群落之间，以及扁刺峨眉蔷薇–牛筋草群落与砂生小檗+扁刺峨眉蔷薇–水葱群落、小叶金露梅–水葱群落之间的差异不显著。

Shannon-Wiener 指数（指数值 H）对比结果如图 4-3（b）所示，表现为扁刺峨眉蔷薇+砂生小檗–白草群落的 H 值最大，变化范围为 1.75 ~ 2.94，平均值为 2.35；小叶锦鸡儿+小蓝雪花–牛筋草群落的 H 值最小，变化范围为 0.29 ~ 1.28，平均值为 0.78，可见扁刺峨眉蔷薇+砂生小檗–白草群落草本层在结构复杂程度和群落稳定性方面较其他群落更有优势。通过对不同灌木群落草本层的 Shannon-Wiener 指数进行单因素方差分析，结果表明，扁刺峨眉蔷薇+砂生小檗–白草群落、砂生小檗+扁刺峨眉蔷薇–水葱群落和扁刺峨眉蔷薇–牛筋草群落与小叶金露梅–水葱群落、小叶锦鸡儿+小蓝雪花–牛筋草群落和薄皮木+碱菀–牛筋草群落存在显著性差异；小叶金露梅–水葱群落与小叶锦鸡儿+小蓝雪花–牛筋草群落和薄皮木+碱菀–牛筋草群落存在显著性差异。

Pielou 指数（指数值 J_s）对比结果如图 4-3（c）所示，表现为砂生小檗+扁刺峨眉蔷薇–水葱群落的 Pielou 指数最大，J_s 值的范围为 0.72 ~ 0.84，平均值为 0.77。同时，采用单因素方差分析对均匀度指数进行比较，结果显示，仅有扁刺峨眉蔷薇+砂生小檗–白草群落和砂生小檗+扁刺峨眉蔷薇–水葱群落与小叶锦鸡儿+小蓝雪花–牛筋草群落和薄皮木+碱菀–牛筋草群落之间存在显著性差异，其余群落之间差异不显著。

Simpson 指数（指数值 D）对比结果如图 4-3（d）所示，表现为砂生小檗+扁刺峨眉蔷薇–水葱群落的 D 值最大，变化范围为 0.82 ~ 0.88，且分布较为集中，平均值为 0.84；D 值最小的为小叶锦鸡儿+小蓝雪花–牛筋草群落，变化范围为 0.13 ~ 0.66，平均值为 0.38，可见砂生小檗+扁刺峨眉蔷薇–水葱群落草本层优势种（水葱）在群落中占有显著地位，而小叶锦鸡儿+小蓝雪花–牛筋草群落草本层的优势种（牛筋草）的优势地位不突出。单因素方差分析结果表明，小叶锦鸡儿+小蓝雪花–牛筋草群落、薄皮木+碱菀–牛筋草群落分别与扁刺峨眉蔷薇+砂生小檗–白草群落、砂生小檗+扁刺峨眉蔷薇–水葱群落、小叶金露梅–水葱群落、扁刺峨眉蔷薇–牛筋草群落的优势度相比较，均表现出显著差异，而小叶锦鸡儿+小蓝雪花–牛筋草群落与薄皮木+碱菀–牛筋草群落之间，扁刺峨眉蔷薇+砂生小檗–白草群落、砂生小檗+扁刺峨眉蔷薇–水葱群落、小叶金露梅–水葱群落、扁刺峨眉蔷薇–牛筋草群落彼此间的差异性不显著。

综上，灌木群落草本层的物种多样性指数在数值上的差异虽然不明显，但仍然可以比较不同群落中物种的组成情况、分配情况及优势种的显著程度。例如，扁刺峨眉蔷薇+砂生小檗–白草群落草本层的 Margalef 指数和 Shannon-Wiener 指数最大，则能体现出该群落草本层的物种组成比其他群落丰富，群落结构比其他群落复杂；砂生小檗+扁刺峨眉蔷薇–水葱群落草本层的 Pielou 指数与 Simpson 指数最大，则能体现出该群落草本层中物种分配更均匀，优势种的地位更突出。

（3）灌木群落整体物种多样性比较。

灌木群落整体多样性指数为灌木层和草本层多样性指数值加权后之和，按照计算公式得出不同灌木群落灌木层、草本层的加权参数如表 4-12 所示。比较灌木群落整体的丰富度指数、多样性指数、均匀度指数和优势度指数，结果如图 4-4 所示。

表 4-12　灌木群落中灌木层与草本层的加权参数

加权参数	灌 I 群落	灌 II 群落	灌III群落	灌IV群落	灌 V 群落	灌VI群落
灌木层	0.63	0.69	0.61	0.81	0.78	0.77
草本层	0.37	0.31	0.39	0.19	0.22	0.23

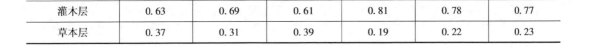

图 4-4　灌木群落整体的物种多样性指数比较

在 Margalef 指数（指数值 M_a）中［图 4-4（a）］，以扁刺峨眉蔷薇+砂生小檗–白草群落（灌 I）的 M_a 值最大，范围为 1.31 ~ 2.60，平均值为 1.77，且与除砂生小檗+扁刺峨眉蔷薇–水葱群落（灌 II）以外的其他群落均存在显著差异；小叶锦鸡儿+小蓝雪花–牛筋草群落（灌 V）的 M_a 最小，范围为 0.28 ~ 0.59，平均值为 0.41，与扁刺峨眉蔷薇+砂生小檗–白草群落和砂生小檗+扁刺峨眉蔷薇–水葱群落均存在显著差异，而与小叶金露梅–水葱群落（灌III）、扁刺峨眉蔷薇–牛筋草群落（灌IV）、薄皮木+碱蒿–牛筋草群落（灌VI）间差异不显著。可见，扁刺峨眉蔷薇+砂生小檗–白草群落中物种组成数量在 6 个群落类型中最为丰富，且差别相对较大。

在 Shannon-Wiener 指数（指数值 H）中［图4-4（b）］，砂生小檗+扁刺峨眉蔷薇–水葱群落的 H 值最大，范围为 1.00～1.59，平均值为 1.34，除了与扁刺峨眉蔷薇+砂生小檗–白草群落不存在显著差异外，与其他群落的差异均显著；扁刺峨眉蔷薇–牛筋草群落的 H 值最小，范围为 0.32～0.66，平均值为 0.47，与小叶金露梅–水葱群落和小叶锦鸡儿+小蓝雪花–牛筋草群落间不存在显著性差异，而与扁刺峨眉蔷薇+砂生小檗–白草群落、砂生小檗+扁刺峨眉蔷薇–水葱群落、薄皮木+碱菀–牛筋草群落之间差异显著。同时，薄皮木+碱菀–牛筋草群落与扁刺峨眉蔷薇+砂生小檗–白草群落、砂生小檗+扁刺峨眉蔷薇–水葱群落间也存在显著差异。可见扁刺峨眉蔷薇+砂生小檗–白草群落与砂生小檗+扁刺峨眉蔷薇–水葱群落的结构相对复杂，且具有一定的稳定性。

在 Pielou 指数（指数值 J_s）中［图4-4（c）］，扁刺峨眉蔷薇+砂生小檗–白草群落的 J_s 值最大，范围为 0.68～0.88，平均值为 0.83，且有 67% 的 J_s 值大于平均值，与其他类型的群落差异均不显著；薄皮木+碱菀–牛筋草群落的 J_s 值最小，范围为 0.45～0.80，平均值为 0.69，与其他群落间差异不显著，可见不同群落中物种分配的均匀程度虽然有所不同，但差异不显著。

在 Simpson 指数（指数值 D）中［图4-4（d）］，砂生小檗+扁刺峨眉蔷薇–水葱群落的 D 值最大，范围为 0.58～0.79，平均值为 0.70，与小叶金露梅–水葱群落、扁刺峨眉蔷薇–牛筋草群落、小叶锦鸡儿+小蓝雪花–牛筋草群落和薄皮木+碱菀–牛筋草群落间存在显著差异；D 值最小的是小叶金露梅–水葱群落，与扁刺峨眉蔷薇–牛筋草群落、小叶锦鸡儿+小蓝雪花–牛筋草群落和薄皮木+碱菀–牛筋草群落间不存在显著差异。

本研究中，当海拔在 4000m 以下时，灌木群落 Shannon-Wiener 指数、Pielou 指数、Simpson 指数和 Margalef 指数均随海拔的增加而增大；随后在接近 4100m 处灌木群落 Shannon-Wiener 指数、Pielou 指数、Simpson 指数和 Margalef 指数降到最低（图4-5）。

（4）灌木群落整体、灌木层与草本层物种多样性比较。

比较灌木群落整体、灌木层、草本层三者间的丰富度指数、多样性指数、均匀度指数和优势度指数，结果如图4-6所示。

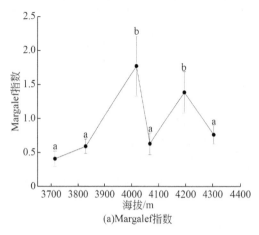

(a)Margalef指数

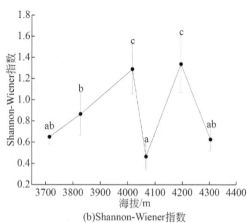

(b)Shannon-Wiener指数

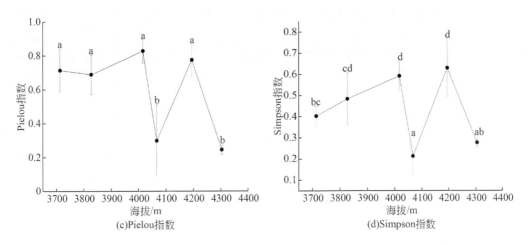

图4-5 灌木群落多样性随海拔的变化

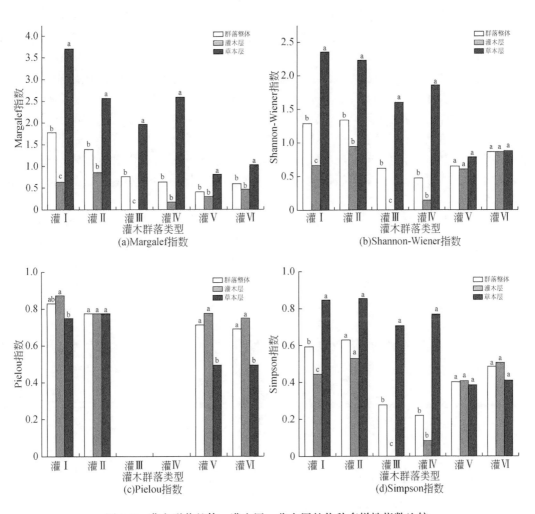

图4-6 灌木群落整体、灌木层、草本层的物种多样性指数比较

Margalef 指数［图 4-6（a）］均表现为草本层>群落整体>灌木层的特点。其中，在扁刺峨眉蔷薇+砂生小檗–白草群落（灌Ⅰ）和小叶金露梅–水葱群落（灌Ⅲ）中，群落整体、灌木层、草本层三者的丰富度指数彼此间均存在显著差异；在其他群落中，均表现出群落整体与灌木层之间的 Margalef 指数差异不显著，但草本层与灌木层、群落整体之间差异均显著。

Shannon-Wiener 指数［图 4-6（b）］也均表现为草本层>群落整体>灌木层的特点。其中，在扁刺峨眉蔷薇+砂生小檗–白草群落与小叶金露梅–水葱群落中，Shannon-Wiener 指数在群落整体、灌木层、草本层三者彼此间均表现出显著性差异，而在小叶锦鸡儿+小蓝雪花–牛筋草群落（灌Ⅴ）与薄皮木+碱范–牛筋草群落（灌Ⅵ）中三者的 Shannon-Wiener 指数差异不显著；在砂生小檗+扁刺峨眉蔷薇–水葱群落（灌Ⅱ）与扁刺峨眉蔷薇–牛筋草群落（灌Ⅳ）中，草本层的 Shannon-Wiener 指数与群落整体、灌木层相比较，差异显著。

Pielou 指数［图 4-6（c）］则均表现为灌木层和群落整体>草本层的特点。其中，在砂生小檗+扁刺峨眉蔷薇–水葱群落中，群落整体、灌木层、草本层的 Pielou 指数彼此间差异均不显著；在小叶锦鸡儿+小蓝雪花–牛筋草群落、薄皮木+碱范–牛筋草群落（灌Ⅵ）两个群落中，群落整体的 Pielou 指数与灌木层差异不显著，但与草本层具有显著差异；对扁刺峨眉蔷薇+砂生小檗–白草群落的 Pielou 指数进行比较，可以看出灌木层与草本层间存在显著差异。

Simpson 指数［图 4-6（d）］在小叶锦鸡儿+小蓝雪花–牛筋草群落和薄皮木+碱菀–牛筋草群落中，表现为灌木层>群落整体>草本层的特点，而在其他群落中则表现为草本层>群落整体>灌木层的特点。其中，在扁刺峨眉蔷薇+砂生小檗–白草群落与小叶金露梅–水葱群落中，群落整体、灌木层、草本层三者的 Simpson 指数彼此间都存在显著差异；扁刺峨眉蔷薇–牛筋草群落中，草本层与群落整体及灌木层差异显著，而群落整体与灌木层差异不显著；而在砂生小檗+扁刺峨眉蔷薇–水葱群落、小叶锦鸡儿+小蓝雪花–牛筋草群落、扁刺峨眉蔷薇+砂生小檗–白草群落中，彼此间的差异都不显著。

综上，在灌木群落中，群落整体、灌木层、草本层三者的 Margalef 指数、Shannon-Wiener 指数、Simpson 指数大部分都表现出草本层>灌木层>群落整体的特点，而 Pielou 指数则表现出灌木层和群落整体>草本层的趋势，可见群落整体的多样性指数虽然受草本层和灌木层的加权参数影响，但更加侧重于参数值较大的一方，显著性相对也不突出。

3）乔木群落的物种多样性

（1）乔木群落乔木层物种多样性比较。

乔木群落乔木层物种的丰富度指数、多样性指数、均匀度指数和优势度指数统计结果如表 4-13 所示。

表 4-13　乔木群落乔木层物种多样性

| 乔木群落 | Margalef 指数 | Shannon-Wiener 指数 | Pielou 指数 | Simpson 指数 |
	M_a	H	J_s	D
乔Ⅰ	0.31 ~ 0.35	0.65 ~ 0.69	0.94 ~ 1.00	0.46 ~ 0.50
乔Ⅱ	0	0	—	0
乔Ⅲ	0	0	—	0

在垂柳+藏川杨-早熟禾群落（乔Ⅰ）中，乔木层有2个物种，Margalef指数值 M_a 为 0.31～0.35，平均值为0.34，变化范围较小；Shannon-Wiener指数值 H 为0.56～0.69，平均值为0.67；Pielou指数值 J_s 为0.94～1.00，平均值为0.96；Simpson指数值 D 为0.46～0.50，平均值为0.47，且四个指数对应的指数值波动范围都比较小。

垂柳-早熟禾群落（乔Ⅱ）和侧柏-水葱+绢毛委陵菜群落（乔Ⅲ）的乔木层因均含有1个物种，所以对应的Margalef指数值、Shannon-Wiener指数值和Simpson指数值均为0，而Pielou指数值则不存在。通过分析，从数值上可以看出垂柳+藏川杨-早熟禾群落乔木层的物种较丰富，物种分布较均匀，优势种地位较突出，是因为该乔木群落均为人工种植，且组成比较简单。

（2）乔木群落草本层物种多样性比较。

乔木群落草本层物种的丰富度指数、多样性指数、均匀度指数和优势度指数统计结果如表4-14所示。

表4-14　乔木群落草本层物种多样性

乔木群落	Margalef 指数	Shannon-Wiener 指数	Pielou 指数	Simpson 指数
	M_a	H	J_s	D
乔Ⅰ	0.74～2.49	1.25～1.84	0.50～0.70	0.55～0.75
乔Ⅱ	1.10～1.79	0.99～1.12	0.45～0.51	0.48～0.52
乔Ⅲ	1.35～1.85	1.00～1.57	0.39～0.75	0.38～0.72

比较Margalef指数值，可以看出垂柳+藏川杨-早熟禾群落（乔Ⅰ）草本层的 M_a 值为 0.74～2.49，平均值为1.75；垂柳-早熟禾群落（乔Ⅱ）草本层的 M_a 值为1.10～1.79，平均值为1.33；侧柏-水葱+绢毛委陵菜群落（乔Ⅲ）草本层的 M_a 值为1.35～1.85，平均值为1.53，表现出乔Ⅰ群落>乔Ⅲ群落>乔Ⅱ群落的趋势。

比较Shannon-Wiener指数值，可以看出乔Ⅰ群落草本层的 H 值为1.25～1.84，平均值为1.47；乔Ⅱ群落草本层的 H 值为0.99～1.12，平均值为1.06；乔Ⅲ群落草本层的 H 值为1.00～1.57，平均值为1.28，表现出乔Ⅰ群落>乔Ⅲ群落>乔Ⅱ群落的特点。

比较Pielou指数值，可以看出乔Ⅰ群落草本层的 J_s 值为0.50～0.70，平均值为0.61；乔Ⅱ群落草本层的 J_s 值为0.45～0.51，平均值为0.48，乔Ⅲ群落草本层的 J_s 值为0.39～0.75，平均值为0.56，表现出乔Ⅰ群落>乔Ⅲ群落>乔Ⅱ群落的趋势。

比较Simpson指数值，可以看出乔Ⅰ群落草本层的 D 值为0.55～0.75，平均值为0.65；乔Ⅱ群落草本层的 D 值为0.48～0.52，平均值为0.50；乔Ⅲ群落草本层的 D 值为0.38～0.72，平均值为0.57，表现出乔Ⅰ群落>乔Ⅲ群落>乔Ⅱ群落的特点。

综上，可以看出3种乔木群落的物种多样性各指数值的波动范围均比较小，没有特别大的差异。从数值上来看，乔Ⅰ群落的草本层物种数更多，物种组成更复杂，物种的分配更均匀，优势种的生态地位更明显。从实际来看，乔Ⅰ群落多为围封的"四旁"林，干扰因素较少，且对物种有一定的保护措施，使得草本层物种多样性较大；乔Ⅲ群落有水流经过，生境中的土壤较为湿润，虽然该处年均降水量较少、蒸发快，但有相应的水分补给，使得物种多样性也比较大；乔Ⅱ群落为人工苗圃，虽有灌溉、施肥等促进植物生长的条件，但也因人为除草的影响，该群落草本层的物种多样性偏小。

（3）乔木群落整体物种多样性比较。

乔木群落整体的物种多样性由乔木层物种多样性和草本层物种多样性两部分构成。乔木群落整体多样性指数为乔木层和草本层多样性指数值加权后之和，按照计算公式得出不同乔木群落乔木层、草本层的加权参数如表4-15所示。乔木群落整体物种的丰富度指数、多样性指数、均匀度指数和优势度指数统计结果如表4-16所示。

表4-15　乔木群落中乔木层与草本层的加权参数

加权参数	乔Ⅰ群落	乔Ⅱ群落	乔Ⅲ群落
乔木层	0.63	0.76	0.68
草本层	0.37	0.24	0.31

表4-16　乔木群落整体物种多样性

乔木群落	Margalef 指数	Shannon-Wiener 指数	Pielou 指数	Simpson 指数
	M_a	H	J_s	D
乔Ⅰ	0.50~1.12	0.87~1.09	0.81~0.85	0.52~0.57
乔Ⅱ	0.26~0.43	0.24~0.27	—	0.12~0.13
乔Ⅲ	0.42~0.58	0.31~0.49	—	0.12~0.22

通过比较群落整体的物种多样性可知，就 Margalef 指数而言，垂柳+藏川杨–早熟禾群落（乔Ⅰ）的 M_a 值为 0.50~1.12，平均值为 0.86；垂柳–早熟禾群落（乔Ⅱ）的 M_a 值为 0.26~0.43，平均值为 0.32；侧柏–水葱+绢毛委陵菜群落（乔Ⅲ）的 M_a 为 0.42~0.58，平均值为 0.47，表现出乔Ⅰ群落>乔Ⅲ群落>乔Ⅱ群落的特点。

就 Shannon-Wiener 指数而言，乔Ⅰ群落的 H 值为 0.87~1.09，平均值为 0.89；乔Ⅱ群落的 H 值为 0.24~0.27，平均值为 0.25；乔Ⅲ群落的 H 值为 0.31~0.49，平均值为 0.40，表现出乔Ⅰ群落>乔Ⅲ群落>乔Ⅱ群落的特点。

就 Simpson 指数而言，乔Ⅰ群落的 D 值为 0.52~0.57，平均值为 0.54；乔Ⅱ群落的 D 值为 0.12~0.13，平均值为 0.12；乔Ⅲ群落的 D 值为 0.12~0.22，平均值为 0.18，表现出乔Ⅰ群落>乔Ⅲ群落>乔Ⅱ群落的特点。

综上，在 3 个不同乔木群落中，Margalef 指数、Shannon-Wiener 指数和 Simpson 指数均表现为垂柳+藏川杨–早熟禾群落（乔Ⅰ群落）>侧柏–水葱+绢毛委陵菜群落（乔Ⅲ群落）>垂柳–早熟禾群落（乔Ⅱ群落）的特点。

（4）乔木群落整体、乔木层与草本层物种多样性比较。

乔木群落整体、乔木层、草本层物种的丰富度指数、多样性指数、均匀度指数和优势度指数统计结果如表4-17所示。

表 4-17　乔木群落整体、乔木层、草本层物种多样性

乔木群落		Margalef 指数	Shannon-Wiener 指数	Pielou 指数	Simpson 指数
		M_a	H	J_s	D
乔 I	乔木层	0.34	0.67	0.96	0.47
	草本层	1.75	1.47	0.61	0.65
	群落整体	0.86	0.96	0.83	0.54
乔 II	乔木层	0	0	—	0
	草本层	1.33	1.06	0.48	0.50
	群落整体	0.32	0.25	—	0.12
乔 III	乔木层	0	0	—	0
	草本层	1.53	1.28	0.56	0.57
	群落整体	0.47	0.40	—	0.18

在垂柳+藏川杨–早熟禾群落（乔 I）中，Margalef 指数表现为草本层>群落整体>乔木层；Shannon-Wiener 指数表现为草本层>群落整体>乔木层；Pielou 指数表现为乔木层>群落整体>草本层；Simpson 指数表现为草本层>群落整体>乔木层。

在垂柳–早熟禾群落（乔 II）中，Margalef 指数表现为草本层>群落整体>乔木层；Shannon-Wiener 指数表现为草本层>群落整体>乔木层；Simpson 指数表现为草本层>群落整体>乔木层。

在侧柏–水葱+绢毛委陵菜群落（乔 III）中，Margalef 指数表现为草本层>群落整体>乔木层；Shannon-Wiener 指数表现为草本层>群落整体>乔木层；Simpson 指数表现为草本层>群落整体>乔木层。

综上，在 3 个乔木群落中，Margalef 指数、Shannon-Wiener 指数、Simpson 指数最大的均为草本层，最小的均为乔木层。

4.2.3　洪积扇植物群落及物种多样性的环境解释

1. 植物群落及物种组成与环境因子间的关系

1）草本群落及物种组成与环境因子间的关系

在草本群落中，通过对 CCA 排序结果进行蒙特卡罗随机置换检验，结果如表 4-18 所示，第 1 轴和第 2 轴的特征值均高于第 3 轴和第 4 轴，且 10 个环境因子对草本群落及其物种组成的累计解释率为 36.64%，其中第 1 轴解释了 14.00%，第 2 轴解释了 9.91%，第 3 轴解释了 7.17%，第 4 轴解释了 5.56%，表明前 2 轴是解释草本群落及其物种组成的主要贡献者。

表 4-18   草本群落 CCA 排序概况

环境因子	第 1 轴	第 2 轴	第 3 轴	第 4 轴
特征值	0.39	0.28	0.20	0.18
解释率/%	14.00	9.91	7.17	5.56

（1）物种与环境因子间的关系。

由草本群落物种与环境因子 CCA 双序图（图 4-7）可知，如长花马先蒿、藏囊吾、蓟、黑穗画眉草、老鹳草等分布于 CCA 第 1 轴右侧的物种，受年均降水量、土壤有机质含量、土壤全氮含量、土壤全磷含量的影响显著，表现为这些物种所处环境的年均降水量、土壤有机质含量、土壤全氮含量、土壤全磷含量相对比较偏大；如白草、白花枝子花、短葶飞蓬、佛甲草、附地菜等分布于 CCA 第 2 轴上端的物种与坡向、年均气温、坡度间均存在显著关系，表现为光照时间短、坡度小、年均气温较高的生境条件更适合这些物种的生长和分布；如草沙蚕、地锦草、黄苞南星等位于 CCA 第 2 轴下端的物种则能够反映出其所处环境具有光照时间长、坡度大、年均气温较低的特点；如狼毒、毛香火绒草、肉果草、匙叶翼首花、水葱等位于排序轴中部的物种分布较多，且能够揭示出物种生境中的环境因子多为中等变量，即生境中的年均降水量、坡度、年均气温、坡向等都比较适中。

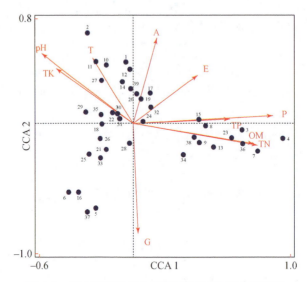

图 4-7   草本群落物种与环境因子间的 CCA 双序图

图中共显示物种 39 种，其中：1. 白草, 2. 白花枝子花, 3. 长花马先蒿, 4. 藏囊吾, 5. 草沙蚕, 6. 地锦草, 7. 朝天委陵菜, 8. 蓟, 9. 独一味, 10. 短葶飞蓬, 11. 佛甲草, 12. 附地菜, 13. 高原毛茛, 14. 红景天, 15. 黑穗画眉草, 16. 黄苞南星, 17. 灰毛蓝钟花, 18. 笔直黄芪, 19. 绢毛委陵菜, 20. 糠稷, 21. 长梗秦艽, 22. 狼毒, 23. 老鹳草, 24. 毛香火绒草, 25. 毛叶老牛筋, 26. 牛筋草, 27. 平车前, 28. 蒲公英, 29. 青蒿, 30. 肉果草, 31. 匙叶翼首花, 32. 水葱, 33. 西藏点地梅, 34. 西藏微孔草, 35. 高山豆, 36. 小花草玉梅, 37. 小蓝雪花, 38. 垂穗披碱草, 39. 紫花针茅；环境因子缩写见表 4-2

（2）群落与环境因子间的关系。

图 4-8 体现了草本群落与环境因子之间的关系，可以看出不同草本群落受环境因子的影响存在一定差异。如地锦草+高原毛茛群落（草 XI）、高原毛茛+朝天委陵菜群落（草 XII）位于第 1 轴的右端，其分布与年均降水量、全氮含量、全磷含量和有机质含量间均存在显著正相关关系，主要表现为该类群落多处于年均降水量较大，土壤中的全氮、全磷及有机质含量较高的区域；分布于排序图左下角的群落主要为牛筋草群落（草 V）、草沙蚕群落（草 IV），其分布与坡度之间存在正相关关系，与坡向、海拔间存在负相关关系，且与其他环境因子之间的相关性不明显，主要表现为该类群落所处的环境具有坡度偏高、海拔偏低、光照不充足的特点；位于排序图左上角的群落主要有笔直黄芪群落（草 IX）、佛甲草群落（草 VIII），其分布与土壤 pH、全钾含量、年均气温之间均存在正相关性，而与其他环境因子间的关系不明显，主要表现为该类群落多分布于土壤全钾含量、pH、年均气温相对较高的区域；如水葱群落（草 X）在图中各个位置均有一定分布，表明其在该地区较为适生。

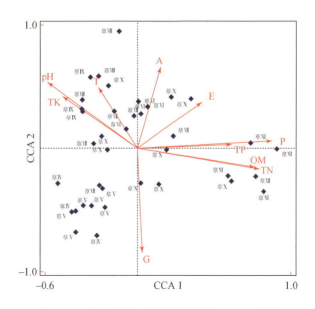

图 4-8　草本群落与环境因子间的 CCA 双序图

环境因子缩写见表 4-2

2）灌木群落及物种组成与环境因子间的关系

在灌木群落中，通过对 CCA 排序结果进行蒙特卡罗随机置换检验，结果如表 4-19 所示。在解释率方面，10 个环境因子共解释了灌木群落及其物种组成的 47.59%，其中，第 1 轴解释了 19.82%，第 2 轴解释了 10.79%，第 3 轴解释了 10.28%，第 4 轴解释了 6.7%，可见解释灌木群落及其物种组成的主要贡献者是第 1 轴。

表 4-19　灌木群落 CCA 排序概况

环境因子	第 1 轴	第 2 轴	第 3 轴	第 4 轴
特征值	0.64	0.35	0.33	0.21
解释率/%	19.82	10.79	10.28	6.7

（1）物种与环境因子间的关系。

由灌木群落物种与环境因子 CCA 双序图（图 4-9）可知，地形因子中的坡度、坡向及土壤因子中的全磷含量对灌木群落物种的分布影响不显著，而年均降水量、海拔、年均气温、土壤 pH 则是影响物种分布的主要因素。同时，排序结果显示，灌木群落中的物种多集中于第 1 排序轴的左侧，如灌木层中的扁刺峨眉蔷薇、砂生小檗等，以及草本层中的野豌豆、穗花荆芥、高原毛茛、毛香火绒草等，同这些物种存在显著正相关关系的有年均降水量、海拔、有机质含量、全氮含量等，与之呈现负相关关系的有年均气温、土壤 pH，主要表现为这些物种多分布于年均降雨量较大、海拔相对较高、年均气温和土壤 pH 较低的环境中；还有少量物种的分布与上述物种的分布情况相反，如黄苞南星、小蓝雪花、笔直黄芪、高山豆、牛筋草等；此外，还有一部分物种受环境因子的影响不明显，主要位于排序图的右下角，如马兰、中国马先蒿、薄皮木等。

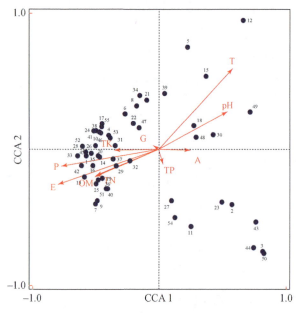

图 4-9　灌木群落物种与环境因子间的 CCA 双序图

图中共显示物种 55 种，其中：1. 白草，2. 白屈菜，3. 薄皮木，4. 扁刺峨眉蔷薇，5. 冰草，6. 藏橐吾，7. 朝天委陵菜，8. 大籽蒿，9. 独一味，10. 短葶飞蓬，11. 附地菜，12. 小叶锦鸡儿，13. 高原毛茛，14. 红景天，15. 黄苞南星，16. 灰毛蓝钟花，17. 鸡蛋参，18. 笔直黄芪，19. 绢毛委陵菜，20. 糠稷，21. 苦荞麦，22. 长梗秦艽，23. 狼毒，24. 狼毒大戟，25. 老鹳草，26. 辽藁本，27. 马兰，28. 毛香火绒草，29. 毛叶老牛筋，30. 牛筋草，31. 平车前，32. 蒲公英，33. 荞麦，34. 青蒿，35. 雀麦，36. 肉果草，37. 砂生小檗，38. 石防风，39. 鼠曲草，40. 水葱，41. 酸模，42. 穗花荆芥，43. 碱菀，44. 甘青报春，45. 西藏繁缕，46. 西藏微孔草，47. 异株荨麻，48. 高山豆，49. 小蓝雪花，5 .0 小蓬草，51. 小叶金露梅，52. 野豌豆，53. 垂穗披碱草，54. 中国马先蒿，55. 紫花针茅；环境因子缩写见表 4-2

（2）群落与环境因子间的关系。

图 4-10 体现了灌木群落与环境因子之间的关系，可见不同环境因子影响下的灌木群落在分布上有所差异。位于排序图第一象限的群落所在环境主要表现为年均气温和土壤 pH 较高，年均降水量、海拔及有机质含量等环境因子偏低的特征，主要为小叶锦鸡儿+小蓝雪花–牛筋草群落（灌 V）；位于排序图第三象限的群落主要是沿较高的海拔、年均降水量、有机质含量、全氮含量，较低的年均气温、土壤 pH 这样的梯度进行分布的，主要包括砂生小檗+扁刺峨眉蔷薇–水葱群落（灌 II）、小叶金露梅–水葱群落（灌 III）等；而位于排序图第二和第四象限的群落分布与环境因子间的关系不显著，如扁刺峨眉蔷薇+砂生小檗–白草群落（灌 I）、薄皮木+碱菀–牛筋草群落（灌 VI）。

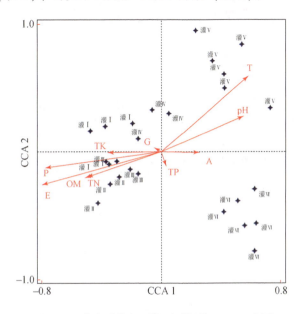

图 4-10　灌木群落与环境因子间的 CCA 双序图
环境因子缩写见表 4-2

2. 物种多样性与环境因子间的关系

1）草本群落物种多样性与环境因子的关系

通过分析 4 个草本群落物种多样性指数与包括土壤因子、地形因子及气候因子在内的 9 个环境因之间的 Pearson 相关性，结果如图 4-11 及表 4-20 所示。

在草本群落中，Margalef 指数仅与土壤因子中的全钾含量呈显著负相关关系（$P = 0.032 < 0.05$），相关性系数为 –0.349，而与地形因子中的海拔、坡度、坡向，气候因子中的年均降水量、年均气温以及土壤因子中的有机质含量、全氮含量、全磷含量和 pH 之间均不存在显著相关关系（$P > 0.05$）。

Shannon-Wiener 指数与地形因子、土壤因子、气候因子间均未表现出显著相关关系（$P > 0.05$），即环境因子的变化对 Shannon-Wiener 指数影响不明显。

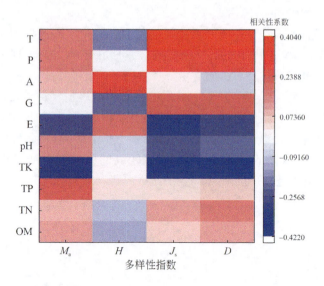

图 4-11　草本群落物种多样性指数与不同环境因子间的相关性系数热图

M_a、H、J_s 和 D 分别为 Margalef 指数、Shannon-Wiener 指数、Pielou 指数和 Simpson 指数；环境因子缩写见表 4-2

表 4-20　草本群落物种多样性指数与不同环境因子间的相关性分析

环境因子	Margalef 指数	Shannon-Wiener 指数	Pielou 指数	Simpson 指数
	M_a	H	J_s	D
OM	0.106	−0.123	0.066	0.127
TN	0.101	−0.113	0.112	0.166
TP	0.231	0.039	0.037	0.055
TK	−0.349 *	0.014	−0.421 **	−0.418 **
pH	0.143	−0.071	−0.230	−0.213
E	−0.271	0.194	−0.319	−0.284
G	−0.013	−0.216	0.230	0.230
A	0.085	0.288	0.001	−0.067
P	0.169	−0.022	0.267	0.286
T	0.171	−0.175	0.403 *	0.374 *

注：＊＊表示相关性在 0.01 水平显著，＊表示相关性在 0.05 水平显著；环境因子缩写见表 4-2。

Pielou 指数仅与土壤因子中的全钾含量存在极显著负相关性（$P=0.009<0.01$），相关性系数为 −0.421；与气候因子中的年均气温之间存在显著正相关性（$P=0.012<0.05$），相关性系数为 0.403；但与其他土壤因子、地形因子及气候因子间均不存在显著相关关系（$P>0.05$）。

Simpson 指数与土壤中的有机质含量、全氮含量、全磷含量、pH，调查样方的海拔、坡度、坡向及年均降水量之间均不存在显著相关性（$P>0.05$）；而与土壤因子中的全钾含量之间呈现出极显著的负相关性（$P=0.009<0.01$），相关性系数为 −0.418；与气候因子中的年均气温之间呈现出显著正相关关系（$P=0.021<0.05$），相关性系数为 0.374。

综上，在草本群落物种多样性指数中，除 Shannon-Wiener 指数受环境影响不明显以外，其他 3 个指数均受土壤中全钾含量的影响较大，且在一定程度上会随土壤中全钾含量的增加而有所减小。

2）灌木群落物种多样性与环境因子间的相关性

通过分析 4 个灌木群落整体物种多样性指数与包括土壤因子、地形因子及气候因子在内的 10 个环境因之间的 Pearson 相关性，结果如表 4-21 及图 4-12 所示。

表 4-21　灌木群落整体物种多样性指数与不同环境因子间的相关性分析

环境因子	Margalef 指数	Shannon-Wiener 指数	Pielou 指数	Simpson 指数
	M_a	H	J_s	D
OM	0.438 *	0.418 *	−0.033	0.335
TN	0.451 *	0.412 *	−0.049	0.337
TP	−0.011	0.180	0.119	0.378
TK	0.195	−0.093	0.231	−0.325
pH	−0.636 **	−0.672 **	−0.156	−0.581 **
E	0.445 *	0.220	0.202	−0.026
G	0.234	0.135	−0.049	0.165
A	−0.320	−0.250	−0.104	−0.188
P	0.714 **	0.678 **	0.397	0.563 **
T	−0.333	−0.241	−0.157	−0.047

注：** 表示相关性在 0.01 水平显著，* 表示相关性在 0.05 水平显著；环境因子缩写见表 4-2。

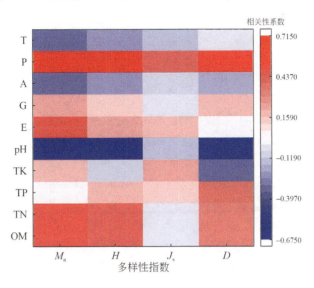

图 4-12　灌木群落整体物种多样性指数与不同环境因子间的相关性系数热图

M_a、H、J_s 和 D 分别为 Margalef 指数、Shannon-Wiener 指数、Pielou 指数和 Simpson 指数；环境因子缩写见表 4-2

Margalef 指数与土壤有机质含量、全氮含量间均表现出显著正相关性（$P<0.05$），相关性系数分别为 0.438、0.451；与土壤 pH 间表现出极显著负相关性（$P=0.0004<0.01$），相关性系数为 -0.636；与海拔之间表现出显著正相关性（$P=0.020<0.05$），相关性系数为 0.445；与年均降水之间表现出极显著正相关性（$P<0.01$），相关性系数为 0.714；而与其他环境因子间未表现出显著相关性（$P>0.05$）。

Shannon-Wiener 指数与土壤中的有机质含量、全氮含量之间均呈现出显著正相关关系（$P<0.05$），相关性系数分别为 0.418、0.412；与土壤的 pH 间呈现出极显著负相关关系（$P=0.0001<0.01$），相关性系数为 -0.672；与年均降水量之间呈现出极显著正相关关系（$P=0.0001<0.01$），相关性系数为 0.678；与其他环境因子间未显示出显著相关性（$P>0.05$）。

Pielou 指数与 10 个环境因子之间均未显示出显著相关关系（$P>0.05$），即环境因子的变化对 Pielou 指数影响不明显。

Simpson 指数与土壤 pH 间存在极显著负相关性（$P=0.001<0.01$），相关性系数为 -0.581；与年均降水量之间存在极显著正相关性（$P=0.002<0.01$），相关性系数为 0.563；而与其他环境因子间均不存在显著相关性（$P>0.05$）。

综上，影响草本群落及灌木群落灌木层、草本层、群落整体 Margalef 指数、Shannon-Wiener 指数、Pielou 指数、Simpson 指数的环境因子有所差异。其中，影响草本群落物种多样性指数的主要环境因子为土壤全钾含量；对于灌木群落，灌木层的物种多样性指数主要与土壤因子中的全钾含量、全磷含量关系显著，草本层的物种多样性指数主要受土壤 pH、海拔、年均降水量的影响较明显，而灌木群落整体的物种多样性指数受土壤 pH 及年均降水量影响较明显。

4.3　讨　　论

4.3.1　洪积扇植被的物种组成

拉萨河流域 12 个洪积扇上的 120 个样方中共记录植物 44 科、138 属、162 种，与拉萨河流域现有野生种子植物 72 科、285 属、793 种相比（罗建等，2021），分别占科、属、种的 61.11%、48.42%、20.43%，可见本调查区物种在科、属层面上的占比较大。同时，调查结果显示，大科（含种数>20）和较大科（含种数 11~20）占总科数的 6.82%，但其所含属和种分别占植物总属、种的 23.91% 和 30.24%。其中，仅有菊科 1 科为大科（含种数>20），菊科植物似乎已经成为植物界的"小强"，这在我国其他地区也均有类似的发现（桑吉东知等，2023；丁晓龙，2022；张恒庆等，2022；杨帆等，2021；杨青松，2015）。菊科植物独特的头状花序与广泛的瘦果类果实类型一方面能够吸引授粉者，增加授粉概率，另一方面其种子也易于传播。此外，Shen 等（2023）最近的研究发现，菊科植物表现出来的丰富的物种多样性和极强的环境适应性得益于其特有的碳氮平衡系统，这种碳氮平衡系统增强了菊科植物对氮的吸收以及脂肪酸的生物合成。本研究中的中等科

（含种数 6~10）和寡种科（含种数 2~5）在调查区分布居多，两者共占本调查区总科数的 47.73%，所含属占植物总属的 61.69%；单种科占总科数的 43.18%，但其对应的属和种分别占植物总属、种的 14.40% 和 11.73%。可见，中等科、寡种科的属种组成较为均匀且呈现出一定的优势性，对拉萨河流域洪积扇植被的构建有较大影响。从属的角度来看，单种属占总属数的 86.96%，所含种占总种数的 74.07%，可见单种属在调查区占较大的优势地位。

调查区植物的生长型在科、属、种方面基本表现出多年生草本>一年生草本>灌木>一二年生草本>乔木>半灌木>二年生草本的趋势，即草本植物最为丰富，其次是灌木，最少的为乔木，在草本植物中尤以多年生草本为主，可见洪积扇植物生长型的分布情况符合拉萨河流域高原季风温带–寒温带半干旱气候区（包小婷等，2019）的植被特点。海拔是影响区域植物种子库密度的重要因素（Orsolya Valkó et al.，2014；Abreu et al.，2021）。谭向前等（2019）通过对川西山区自然边坡种子库的调查指出，随着海拔的增加，种子库中一年生植物的占比降低，而多年生植物的占比增加。调查区平均海拔在 4000m 左右，同时气温较低且降水稀少，多年生草本种子量小但大的繁殖策略可能比一年生草本种子量多但小的繁殖策略更适合高海拔、耐寒和耐寒的地区（王雅芳等，2023）。由于 12 个洪积扇的土地利用类型以草地和耕地为主，虽然存在一定的人为干扰因素，但牧草地有围封休牧、换季轮牧等育草措施，农田旁有如水渠、水窖等不断完善的灌溉设施，为植物的生存、生长提供了有利的生境条件，使得草本物种数量相对丰富；灌木均为自然生长，其所在洪积扇主要用以放牧，扇面上分布有较大的石块和较宽、较深的侵蚀沟，导致洪积扇上适合植物生长的植根条件较差，因此灌木类型较少；乔木多为人工种植的"四旁"林及苗圃，人为选择影响较大，加上研究区的严酷的自然条件，使得乔木种类存在一定的局限性（林红等，2021）。

通过统计分析，将调查区植物的 44 个科划分为 6 个分布区类型，138 个属划分为 11 个分布区类型。调查区植物表现出温带分布型居多，且与其他类型区共存的区系分布特点。同时，通过分析热带分布型中科的分布（占总科数的 27.27%）与属的分布（占总属数的 11.59%）的比例，体现出科级分布的优势，在一定程度上能够反映出调查区在植物组成、迁移、演化等发展发育过程中可能与古近–新近纪古热带区系有着密切联系（吴征镒等，2006），但也受现代气候的影响较大。生长在青藏高原的植物种更加偏向于喜寒或耐寒型，而青藏高原的高海拔使得其对气温升高的响应更加敏感（Duan et al.，2021）。最近的研究指出，随着气温的升高，分布在拉萨东侧（海拔约 4410m）的工布乌头已经迁往了米拉山西侧（海拔约 4630m）（刑顺林等，2019）。因此，未来对青藏高原地区植物种适生性的研究中应与气候变化过程密切结合，这对于人工植被的建设意义重大。

调查区共记录药用植物 43 科 129 属 155 种，占植物总科、属、种的 97.73%、93.48%、95.68%，可见拉萨河流域洪积扇的药用植物资源较为丰富，是植物多样性的重要组成部分。其中，以全株入药药用植物、平性药用植物及苦味药用植物占主导地位，表现为全株入药的药用植物有 23 科 62 属 71 种，对应的科、属、种分别占药用植物总科、属、种的 52.27%、44.93%、45.81%；平性药用植物有 24 科 38 属 42 种，对应的科、属、种占药用植物总科、属、种的 54.55%、27.54%、27.10%；苦味药用植物有 23 科 51

属 60 种，对应的科、属、种分别占药用植物总科、属、种的 52.27%、36.96%、38.71%；分布最少的则是以皮入药的药用植物、热性药用植物及咸味药用植物。可见，拉萨河流域洪积扇的药用植物资源在药用部位、"四气"、"五味"等方面均显示出较高的多样性，为中医药和藏医药的研究和发展提供了丰富的原材料。该区具有特殊的地理和气候条件，使得药用植物资源珍贵且药用价值较高，但因为过度放牧和当地农牧民的不科学采挖，使得比如贝母、冬虫夏草、手掌参等珍贵药草受到一定破坏，尤其是全株用药的植物种，过度采挖会造成资源枯竭，且对该区物种多样性的损害是不可逆的。所以，掌握药用植物资源的分布、生产量和需求量等基本现状，且针对不同的用药部位，制定合理的管理、采挖措施，是保护及实现药用植物资源的可持续利用的基础和重要途径。

4.3.2 洪积扇植物群落的物种多样性

基于物种重要值，对拉萨河流域 12 个洪积扇上的植物进行分类，最终将 120 个样方划分为 27 个群落类型。在 12 个草本群落中，水葱群落所含样方占草本样方总数的22.22%，在样方数量上最多，在分布上最广，于堆龙德庆区、林周县、墨竹工卡县、当雄县均有出现；其次为牛筋草群落，所含样方占样方总数的 16.67%；长花马先蒿群落和水葱+谷精草群落样方均有 1 个，仅占样方总数的 1.85%。洪积扇是季节性流水形成的堆积地貌，而水葱茎秆粗壮，叶表皮厚度大，因此能很好地适应流水作用的胁迫。此外，最近的研究也显示，水葱在高海拔地区具有较高的净光合速率以及水分和养分的利用效率（余洪艳等，2023），这可能是水葱为本研究区草本植物群落主要建群种的原因。在 6 个灌木群落中，分布最广的是以扁刺峨眉蔷薇为优势种之一的群落，于选择的拉萨河流域的 4个县（区）均有分布，且样方数占灌木样方总数的 50%。扁刺峨眉蔷薇喜阳光，亦耐半阴，又耐寒。尽管其不耐湿，但洪积扇却可为其提供排水良好的肥沃湿润地。此外，与藏北高寒草原相比，拉萨河流域海拔相对较低，同时降水量相对较高，这为拉萨河流域灌木群落的生长提供了显域生境上的有利条件。乔木群落只在堆龙德庆区的洪积扇 1–5 号的扇趾有所分布，虽然该地区不适宜乔木的生长，但由第 3 章可知，洪积扇扇趾的土壤理化性质相对扇顶与扇中更优，为乔木的生长提供了可能。尽管有少量林分存在，但其结构均较为简单，最多的含有 2 个乔木物种，均为人工培育的苗圃。由于生境条件本身及外在因素的干扰，不同群落类型的物种多样性存在一定差异。

在草本群落中，Shannon-Wiener 指数、Pielou 指数和 Simpson 指数最大的为大籽蒿群落，且 Margalef 指数与其他草本群落中的最大值差距不显著，可见该群落物种组成相对丰富且分布均匀，结构较为复杂、稳定，可能是由于该群落位于洪积扇与山坡交界附近，放牧、耕作等人为干扰因素较少，使得物种多样性较高。Margalef 指数最大的为猪毛蒿群落，但其对应的 Shannon-Wiener 指数、Pielou 指数和 Simpson 指数均不突出，可能是由于放牧过程中牲畜的扰动，增加了植物的入侵途径，表现出群落物种在数量上的多样性，而牲畜选择和种间竞争降低了群落物种的复杂程度和集中程度。Shannon-Wiener 指数、Pielou 指数、Simpson 指数最小的为佛甲草群落，该类群落分布于当雄县的洪积扇 3-3 号，此处海拔高，土壤中砾石多，使得植物生长相对艰难，多样性偏低。本研究中，草本群落物种

Margalef 丰富度指数、Shannon-Wiener 多样性指数、Simpson 优势度指数和 Pielou 均匀度指数在 4000m 以下时随海拔的增加而增大，随后呈下降趋势，呈现出单峰格局，这与赵茂羊等（2023）在青藏高原向四川盆地过渡带的高海拔地区的研究一致。这种单峰分布格局可能与植物种对高、寒、旱地区的适应性有关（Wang et al., 2021）。近年来随着全球气温的升高，已经有大量证据表明高海拔地区植物种有向更高海拔迁移的趋势（刑顺林等，2019；杨晓辉等，2019；张雷等，2011），而在超过临界值以后，由于环境条件更加恶劣，物种多样性迅速降低。此外，有研究显示尽管草本植物对环境梯度变化的感知最敏感，但其又易受到局部小气候的影响而使其多样性指数与显域的环境变化的关系不明显（叶鹏程等，2020）。研究区灌木和乔木分布少且其盖度较低，因此草本植物群落主要受到显域的气候梯度的影响，从而明显地呈现出物种多样性随海拔变化的单峰格局。

在灌木群落中，Margalef 丰富度指数、Shannon-Wiener 多样性指数和 Simpson 优势度指数均表现为草本层>群落整体>灌木层的特点，表明灌木群落的多样性主要由其下草本层贡献，这与本研究中灌木群落种灌木层大约仅有 30% 的覆盖度有关；此外，Pielou 均匀度指数则表现为灌木层>群落整体>草本层的特点。可见，在拉萨河流域洪积扇中草本植物更加适应当地环境，物种在数量和结构稳定性方面更具优势，而灌木的优势度之所以偏高，是因为群落内物种种类少，且彼此间的分配情况较为接近。此外，一般而言，群落下层的物种获取光照的能力较差，从而导致其生物量低、多样性差，但是研究区灌木的覆盖度低且高度相对矮小，因此草本层受到上层灌木的影响小。在灌木层中，Margalef 指数、Shannon-Wiener 指数、Simpson 指数最大的均为砂生小檗+扁刺峨眉蔷薇–水葱群落，该类群落分布于墨竹工卡县的洪积扇 2-4 号，且多集中于河流两侧的陡坡，人为干扰强度低（无放牧、无耕作、无居民区），水分补给充足，为物种的多样性提供了条件；Margalef 指数、Shannon-Wiener 指数、Simpson 指数最低的为小叶金露梅–水葱群落，分布于当雄县的洪积扇 2-3 号，此处海拔偏高，土壤多为沙土，且砾石多，较差的生境条件对植物生存、生长、发育产生不利影响，使得灌木群落物种组成简单，物种的丰富度、均匀度、优势度等衡量物种多样性的指数偏低。本研究中，灌木群落物种 Margalef 丰富度指数、Shannon-Wiener 多样性指数、Simpson 优势度指数和 Pielou 均匀度指数在 4000m 以下时随海拔的增加而增大，这与王俊伟等（2023）在雅鲁藏布江中下游的布丹拉山的研究一致。而在 4000m 以后，灌木群落物种的各多样性指数均呈先增后降的趋势，这可能与本研究中灌木群落的数量相对较少有关，物种的特异性导致了这种结果。此外，植物群落物种多样性也与坡向和坡度有关。例如，Zhang 和 Dong（2010）指出黄土高原在进行植被恢复过程中，影响物种多样性的主要因子为坡度和坡向；Sharma 等（2009）指出加瓦尔喜马拉雅湿润温带森林乔木的丰富度受坡度影响明显，且表现出显著的负相关性。

在乔木群落中，乔木层和草本层的 Margalef 指数、Shannon-Wiener 指数和 Simpson 指数均表现出垂柳+藏川杨–早熟禾群落（乔Ⅰ群落）>侧柏–水葱+绢毛委陵菜群落（乔Ⅲ群落）>垂柳–早熟禾群落（乔Ⅱ群落）的特征。在 3 个乔木群落中，垂柳+藏川杨–早熟禾群落多为护田林，且存在围封现象，使得乔木及林下草本植物盖度相对比较大；垂柳–早熟禾群落为人工林，面积较小，生长状况较差，因其旁边有小溪流经过，土壤湿度大，致使林下草本茂盛；侧柏–水葱+绢毛委陵菜群落在人工苗圃，因有人工实行管理，所以乔木生长良好，而林下草本相对较差。

拉萨河流域洪积扇上不同植物群落物种多样性各指数虽然有所差异，但整体而言还是比较低，造成这一现象的原因可能是由于拉萨河流域特殊的地理、气候及生态条件，对植物的选择比较苛刻，致使植物的适应性、存活率、生长状况、繁殖能力都相对较低，从而影响了调查区域的物种多样性。同时，除了物种本身对环境的适应性外还包括人类活动的干扰，其中过度放牧、传统耕作、采砂采石、工程建设等对植物群落物种多样性的影响也比较大。

4.3.3　洪积扇植物群落物种多样性的环境解释

对于植物群落及物种组成与环境因子间的关系，因选择的研究对象不同，所表现出的结果也不尽相同。如姚帅臣等（2018）对拉萨河谷草地群落的研究认为，海拔和坡向是影响草地群落物种组成及分布格局的主要环境因子；王景升等（2016）指出藏北高寒草原植物群落主要受降水量和经度的影响，其次是温度。在本研究中，草本群落及物种的分布受年均降水量、坡度、坡向、土壤 pH 和有机质含量的影响相对更为突出；在灌木群落中影响群落及物种分布的主要环境因子为年均气温量、年均降水量、海拔、土壤 pH、有机质含量。可见，对于草本群落和灌木群落，年均降水量、海拔、土壤 pH 和有机质都是影响群落及其物种组成分布格局的主要环境因子。海拔是综合表征降水量与气温的环境因子，从而决定着区域植被的分布与生长发育（张瀚文等，2023）。在本研究中，多年平均降水相比多年平均温度更加主导着草本植物群落的发育，这与包小婷等（2019）对整个拉萨河流域植物群落排序的结果不同。本研究中的洪积扇主要位于拉萨河流域中下游，由图 5-7 和 5-8 可知，拉萨河流域从上游到下游降水逐渐减小而气温逐渐升高，因此在中下游植被的分布相对来说更容易受到降水的影响，而与包小婷等（2019）研究结果之间的差异主要是由研究尺度的不同而产生的。此外，有研究显示，月尺度的气候变量与植物群落物种多样性的相关性更强（Bai et al.，2021）。但研究区的高海拔与低气温使得气候数据获取困难，因此本研究中只使用了年尺度的气候数据。在环境因子中，不管是草本群落还是灌木群落，全氮含量与土壤有机质含量之间均表现出极显著的正相关关系，这可能是由于洪积扇表层土壤中的氮素是以有机状态存在的，在一定程度上相互之间表现出同增同减的变化趋势（张海欧等，2019）；土壤全钾含量与土壤 pH 间均表现出显著负相关关系，可见其相互之间存在一定的约束；年均降水量与土壤全氮含量、有机质含量之间均存在显著正相关关系，可能是因为年均降水多的区域植物生长相对良好，枯落物的积累和分解增加了土壤中有机质和全氮的含量（段凯祥等，2019）；海拔与年均降水量之间存在显著正相关性，可能是由于暖湿气流在移动过程中遇到较高海拔的山地后不断被抬升，进而加强了对流，在一定程度上使得高海拔地区更容易产生降水（胡健等，2017）。

不同植物群落物种多样性指数在地形因子、气候因子、土壤因子的相互作用下会表现出差异性。其中不同的地形因子，会改变降水、光照、气温等在空间上的再分配，进而导致土壤中的水分、养分等出现差异，以致对物种多样性分布产生一定的影响（袁铁象等，2014；刘若琳，2020）；气候因子与土壤因子直接作用于植被的生长过程。在草本群落中，土壤全钾含量对 Margalef 指数、Pielou 指数、Simpson 指数影响明显，且均表现出显著的负相关关系。张子琦等（2022）在同区域对不同植被类型土壤化学计量的研究中显示，不仅土壤 N/K 是评价该区域土壤养分状况的优良指标，且土壤 K/P 是影响该区域植物群落组成的重要因子，可见 K 元素的含量对拉萨河流域洪积扇植物群落生长发育的重要性；此外，年均气温对 Pielou 指数、Simpson 指数的影响也比较突出，表现为显著正相关关系。在灌木群落中，Margalef 指数、Shannon-Wiener 指数、Simpson 指数与土壤 pH 呈极显著负相关性，与年均降水量呈极显著正相关性；同时，土壤中的有机质和全氮含量对 Margalef 指数、Shannon-Wiener 指数的影响也比较突出，对应的多样性指数值随土壤中有机质含量和全氮含量的增高而有所增大。可见，草本群落与灌木群落草本层的物种多样性指数受环境因子的影响有所差异，这与植物种本身的抗逆性有关（Goedhart and Pataki, 2021）。一般而言，灌木群落相对于草本群落更加受到水分条件的限制。灌木群落中灌木层、草本层的物种多样性指数受环境因子的影响也有所差别。在灌木层中，Margalef 指数受土壤有机质含量、全氮含量、全磷含量、全钾含量、pH 及年均气温的影响均比较显著，且与土壤全钾含量、pH 间均表现出了显著负相关关系；Shannon-Wiener 指数和 Simpson 指数受土壤全氮含量、土壤全钾含量影响明显，且与土壤全钾含量呈现出显著负相关性；Pielou 指数受环境因子的影响不显著，这与研究区灌木群落中灌木层覆盖度均比较低有关。在草本层中，Margalef 指数受海拔、年均降水量及土壤全钾含量影响显著，均表现出正相关关系，而与土壤 pH 呈负相关关系；Shannon-Wiener 指数、Pielou 指数均与土壤的有机质含量、海拔、年均降水量之间存在显著正相关关系，而与土壤 pH 呈显著负相关关系；Simpson 指数只与海拔和年均降水量之间均存在相关性，且表现为显著正相关性。灌木群落不同层次物种多样性指数受到不同气候因子的影响与上层结构中灌木为下层草本营造的区域小气候有关。

植被调查是以植物为基础展开的，样地的选择、样方的布设、植物的统计，在一定程度上受人为影响比较大。同时，每种植物都有适合其生长的环境因子，过高或过低都会对植物正常生长产生抑制，所以得出的以上结论并不是绝对的。

4.4 小 结

本研究在对青藏高原拉萨河流域 12 个洪积扇上布设的 120 个样方中的植物物种种类及其盖度、多度、高度等基本数据调查的基础上，分析了植物的科属组成、生长型组成、区系地理分布、群落类型、结构及物种多样性等植被数量特征，并对药用植物资源的用药部位、药性、药味等特性进行了统计分析；同时，分析了不同植被类型的物种多样性特征，并结合土壤、气候、地形等环境因子数据，研究了物种多样性与环境要素间的关系，得出以下主要结论。

（1）调查样方中的植物共 44 科、138 属、162 种。植物生长型在科、属、种方面基本都表现出多年生草本>一年生草本>灌木>一二年生草本>乔木>半灌木>二年生草本的分布特点。44 科植物可以划分为 6 个分布区类型；138 属植物可以划分为 11 个分布区类型，均表现为温带分布型>热带分布型>世界广布型的特点。

（2）调查区共记录药用植物 155 种分属于 43 科 129 属，分别占植物总科、属、种的 97.73%、93.48%、95.68%。其中，调查区药用植物按照入药部位的重要性可以分为 9 类，表现为全株>根及根茎>果实>种子>花>地上部分>枝叶>茎>皮的特点；按照药性可以划分为 5 类，表现为平性>凉性>温性>寒性>热性的特点；按照药味可以划分为 5 类，表现为苦味>甘味>辛味>酸味>咸味的特点。

（3）调查区共记录植物群落 27 个，其中：草本群落共有 12 个，分别为白草群落、猪毛蒿群落、大籽蒿群落、草沙蚕群落、牛筋草群落、绢毛委陵菜+紫花针茅群落、鼠曲草群落、佛甲草群落、笔直黄芪群落、水葱群落、地锦草+高原毛茛群落、高原毛茛+朝天委陵菜群落；灌木群落共有 6 个，分别为扁刺峨眉蔷薇+砂生小檗–白草群落、砂生小檗+扁刺峨眉蔷薇–水葱群落、小叶金露梅–水葱群落、扁刺峨眉蔷薇–牛筋草群落、小叶锦鸡儿+小蓝雪花–牛筋草群落、薄皮木+碱菀–牛筋草群落；乔木群落共有 3 个，分别为垂柳+藏川杨–早熟禾群落、垂柳–早熟禾群落、侧柏–水葱+绢毛委陵菜群落，多为人工种植的护田林及苗圃；作物群落共有 6 个，分别为青稞+豌豆群落、青稞群落、青稞+油菜群落、油菜群落、油菜+西藏微孔草+豌豆群落、马铃薯群落。

（4）在草本群落中，大籽蒿群落物种组成丰富，群落结构复杂且相对较稳定；而佛甲草群落物种种类相对较少，且分配不均匀。对于灌木群落，Margalef 指数、Shannon-Wiener 指数、Simpson 指数均表现为草本层>群落整体>灌木层的特点，Pielou 指数则表现为灌木层和群落整体>草本层的特点，可见在拉萨河流域洪积扇中草本植物更加适应当地环境，物种在数量和结构稳定性方面更具优势。乔木群落的 Margalef 指数、Shannon-Wiener 指数、Simpson 指数均表现为草本层>乔木群落整体>乔木层；乔木层和草本层的 Margalef 指数、Shannon-Wiener 指数、Simpson 指均表现为垂柳+藏川杨–早熟禾群落>侧柏–水葱+绢毛委陵菜群落>垂柳–早熟禾群落的特征。

（5）不同植物群落物种多样性指数在地形因子、气候因子、土壤因子的相互作用下会表现出差异性。其中，草本群落物种多样性指数主要受土壤因子中的全钾含量影响较大，且表现为显著负相关关系；灌木群落整体的物种多样性指数主要受土壤 pH 及年均降水量的影响较突出，表现为与土壤 pH 间存在极显著的负相关关系，与年均降水之间存在极显著正相关关系。

参 考 文 献

包小婷，丁陆彬，姚帅臣，等. 2019. 拉萨河流域植物群落的数量分类与排序. 生态学报，39（3）：779-786.

丁晓龙. 2022. 广东天露山脉野生种子植物多样性调查. 现代园艺，45（20）：163-165.

段凯祥，张松林，赵连春，等. 2019. 嘉峪关草湖区域土壤养分分布及与地形的关系. 环境科学与技术，42（7）：23-30.

国家药典委员会. 2020. 中国药典. 北京：中国医药科技出版社.

古桑群宗，拉多，武俊喜，等. 2019. 拉萨河流域亏组山种子植物资源及地理区系组成. 高原科学研究，3（3）：21-27.

胡健，吕一河，傅伯杰，等. 2017. 祁连山排露沟流域土壤水热与降雨脉动沿海拔梯度变化. 干旱区研究. 34（1）：151-160.

李雪，周兴文 . 2013. 沈阳北陵公园植物多样性研究 . 辽宁林业科技，(5)：24-27.

林红，焦菊英，陈同德，等 . 2021. 西藏拉萨河流域中下游洪积扇植被的物种组成与多样性特征 . 水土保
   持研究，28 (5)：67-75.

刘若琳 . 2020. 济南市南部山区植物多样性及其服务价值研究 . 济南：山东大学 .

罗建，汪书丽，赵垦天，等 . 2021. 拉萨河流域的野生种子植物区系 . 林业科学，2 (48)：22-30.

马克平 . 1994. 生物群落多样性的测度方法 α 多样性的测度方法（上）. 生物多样性，2 (3)：162-168.

马文兵 . 2017. 玛曲县药用植物资源及多样性研究 . 兰州：西北师范大学 .

毛齐正，马克明，邬建国，等 . 2013. 城市生物多样性分布格局研究进展 . 生态学报，33 (4)：
   1051-1064.

青海省生物研究所 . 1978. 青藏高原药物图鉴 . 西宁：青海人民出版社 .

《全国中草药汇编》编写组 . 1975. 全国中草药汇编 . 北京：人民卫生出版社 .

桑吉东知，扎西次仁，赵翔等 . 2023. 西藏昂仁县野生药用植物资源调查研究 . 高原科学研究，7 (2)：
   31-37.

孙志勇，季孔庶 . 2012. 植物多样性研究进展 . 林业科技开发，26 (4)：5-9.

谭向前，陈芳清，王稷，等 . 2019. 川西山区自然边坡土壤种子库随海拔梯度的变化 . 山地学报，
   37 (4)：508-517.

汪超，王孝安，郭华，等 . 2006. 黄土高原马栏林区主要森林群落物种多样性研究 . 西北植物学报，26
   (4)：791-797.

王景升，姚帅臣，普穷，等 . 2016. 藏北高原草地群落的数量分类与排序 . 生态学报，36 (21)：
   6889-6896.

王俊伟，明升平，许敏，等 . 2023. 高山生态关键带植物群落多样性格局与系统发育结构 . 草地学报，31
   (9)：2777-2786.

王雅芳，李国旗，石云，等 . 2023. 贺兰山低山区土壤种子库与地上植被关系分析 . 草地学报，31 (1)：
   166-172.

吴征镒，周浙昆，李德，等 . 2003a. 世界种子植物科的分布区类型系统 . 云南植物研究，25 (3)：
   245-257.

吴征镒，路安民，汤彦承，等 . 2003b. 中国被子植物科属综论 . 北京：科学出版社 .

吴征镒，孙航，周浙昆 . 2011. 中国种子植物区系地理 . 北京：科学出版社 .

吴征镒，周浙昆，孙航，等 . 2006. 种子植物的分布区类型及其起源和分化 . 昆明：云南科技出版社 .

吴征镒 . 1980. 中国植被 . 北京：科学出版社 .

吴征镒 . 1983. 西藏植物志 1 卷 . 北京：科学出版社 .

吴征镒 . 1984. 西藏植物志 2 卷 . 北京：科学出版社 .

吴征镒 . 1985. 西藏植物志 3 卷 . 北京：科学出版社 .

吴征镒 . 1986. 西藏植物志 4 卷 . 北京：科学出版社 .

吴征镒 . 1987. 西藏植物志 5 卷 . 北京：科学出版社 .

吴征镒 . 2003. 世界种子植物科的分布区类型系统的修订 . 云南植物研究，25 (5)：535-538.

西藏自治区革命委员会卫生局，西藏军区后勤部卫生处 . 1971. 西藏常用中草药 . 西藏：西藏人民
   出版社 .

肖小河 . 2008. 中药药性研究概论 . 中草药，(4)：481-484.

邢顺林，许鹏辉，米玛仓决，等 . 2019. 西藏药用植物工布乌头时空格局特征 . 高原科学研究，3 (2)：
   6-9.

徐远杰，陈亚宁，李卫红，等 . 2010. 伊犁河谷山地植物群落物种多样性分布格局及环境解释 . 植物生态

学报.34（10）：1142-1154.

许敏.2015.西藏拉萨河流域维管束植物资源调查及评价.拉萨：西藏大学.

许永强.2016.西藏朗县药用植物资源及其多样性研究.拉萨：西藏大学.

杨帆，林涛，徐海量，等.2021.新疆科克苏湿地草本植物群落分类及其与环境的关系.草业科学，38（12）：2340-2349.

杨帆.2022.基于植物群落特征的内蒙古荒漠草原适宜围封年限对比评价.呼和浩特：内蒙古农业大学硕士学位论文.

杨青松，赵艳，史洪俊，等.2015.贵州布依族药用植物科属组成和区系特征.云南民族大学学报（自然科学版），24（2）：160-163.

杨晓辉，赵井东，韩惠.2019.1972-2016年东天山哈尔里克山地区冰川物质平衡研究.冰川冻土，41（1）：1-11.

姚帅臣，王景升，丁陆彬，等.2018.拉萨河谷草地群落的数量分类与排序.生态学报38（13）：4779-4788.

叶鹏程，陈慧，武建勇，等.2020.滇西北高等植物多样性分布格局及其与主要环境因子的相关性分析.生态与农村环境学报，36（1）：89-94.

余洪艳，孙梅，陈弘毅，等.2023.滇西北湖滨带植物水葱的功能适应性.东北林业大学学报，51（1）：45-53.

袁铁象，张合平，欧芷阳，等.2014.地形对桂西南喀斯特山地森林地表植物多样性及分布格局的影响.应用生态学报，25（10）：2803-2810.

张海欧，王欢元，孙婴婴.2019.毛乌素沙地玉米不同种植年限砒砂岩与沙复配土壤有机质与全氮的关系.水土保持通报，39（2）：242-245.

张瀚文，王敏，李婧，等.2023.不同海拔高度对夹金山草本层植物物种多样性与生物量的影响.应用与环境生物学报，29（5）：1125-1131.

张恒庆，刘静怡，王海双，等.2022.大连小黑山水源涵养生态功能自然保护区植物区系及保护对策研究.辽宁师范大学学报（自然科学版），45（2）：209-216.

张金屯.2011.数量生态学.北京：科学出版社.

张雷，刘世荣，孙鹏森，等.2011.气候变化对马尾松潜在分布影响预估的多模型比较.植物生态学报，35（11）：1091-1105.

张雷.2012.气候变化对中国主要造林树种/自然植被地理分布的影响预估及不确定性分析.北京：中国林业科学研究院.

张子琦，焦菊英，陈同德，等.2022.拉萨河流域洪积扇不同植被类型土壤化学计量特征.生态学报，42（16）：6801-6815.

赵茂羊，蒋文翠，孔维博，等.2023.高寒高海拔地区植物群落的多样性与分布特征.贵州农业科学，51（7）：124-133.

中国药材公司.1994.中国中药资源志要.北京：科学出版社.

Abreu V S, Dias H M, Kunz S H, et al. 2021. The soil seed bank as an indicator of altitudinal Gradient in a montane tropical forest. Journal of Tropical Forest Science，33（4）：473-481.

Bai L, Wang Z H, Lu Y T, et al. 2021. Monthly rather than annual climate variation determines plant diversity change in four temperate grassland nature reserves. Environmental Science and Pollution Research，29：10357-10365.

Duan H C, Xue X, Wang T, et al. 2021. Spatial and temporal differences in alpine meadow, alpine steppe and all vegetation of the Qinghai-tibetan plateau and their responses to climate change. Remote Sensing, 13

（4）：669.

Goedhart C M, Pataki D E. 2021. Ecosystem effects of groundwater depth in Owens Valley, California. Ecohydrology, 4 (3)：458-468.

Magurran A E. 1988. Ecological Diversity and Its Measurement Ⅱ. Dordrecht：Springer Netherlands.

Orsolya V, Béla T, András K, et al. 2014. Environmental factors driving seed bank diversity in alkali grasslands. Agriculture, Ecosystems & Environment, 182：80-87.

Sharma C M, Suyal S, Gairola S, et al. 2009. Species richness and diversity along an altitudinal gradient in moist temperate forest of Garhwal Himalaya. Journal of American Science, 5 (5)：119-128.

Shen F, Qin Y J, Wang R, et al. 2023. Comparative genomics reveals a unique nitrogen-carbon balance system in Asteraceae. Nature Communations, 14：4334.

Wang J W, Yu C Q, Fu G. 2021. Warming reconstructs the elevation distributions of aboveground net primary production, plant species and phylogenetic diversity in alpine grasslands. Ecological Indicatiors, 133：108355.

Zhang J T, Dong Y R. 2010. Factors affecting species diversity of plant communities and the restoration process in the loess area of China. Ecological Engineering, 36 (3)：345-350.

第 5 章 洪积扇的侵蚀沟特征

5.1 研究方法

沟蚀作为土壤侵蚀中最严重的一种形式，会直接造成洪积扇土地损失和破碎化，减少可用土地面积、增加土地利用难度、降低土地的利用价值，严重制约乡村振兴、城乡建设和经济发展。因此，本章以拉萨河流域中下游宝贵土地资源洪积扇的侵蚀沟为研究对象，着重分析洪积扇的侵蚀沟特征及其驱动因素，以期为洪积扇土地资源的保护提供借鉴。

5.1.1 研究样区选择

为了研究洪积扇沟蚀现状与影响因素，选择了拉萨河流域下游的 12 个洪积扇（图 3-1，表 3-1）。这些洪积扇的面积在 0.292 ~ 5.202km²，海拔在 3597 ~ 4122m，平均洪积扇比降在 3.36% ~ 19.66%。此外，通过查看这些洪积扇的历史图像，发现在过去几十年中，1-2 号和 1-12 号洪积扇发生了显著的土地利用变化，并对侵蚀沟的数量产生了一定影响。因此，这两个洪积扇被用于单独分析人类活动前后对侵蚀沟数量特征的变化。

5.1.2 野外调查和图像处理

在 2019 年 7 ~ 8 月，使用搭载了 1 英寸 CMOS 传感器（2000 万像素镜头，8.8mm 焦距）的 DJI Phantom 4 Pro V 2.0 四旋翼无人机进行了野外调查，拍摄了 12 个洪积扇的 4839 张航拍照片，航向重叠度为 65% ~ 75%，旁向重叠度为 30% ~ 40%，图像倾斜角度小于 2°，旋转角度小于 7°，路径曲率小于 3%。为了提高图像精度，在每个航拍区域均匀放置了 10 ~ 15 个地面图像控制点（60×60cm），使用南方测绘 S86 RTK GPS 进行测量（水平定位精度±10mm），并采用 DJI GS Pro 软件规划飞行路线。

经过质量检查后，航拍照片被导入 Pix4Dmapper 4.4.12 软件，并手动标出了照片中的地面控制点，且每个控制点可以同时在 5 张照片上找到。数字正射影像图（DOM）和数字高程模型（DEM）由软件自动处理生成。DOM 和 DEM 的分辨率约为每像素 4cm。质量报告显示，区域网格误差变化范围为 0.444 ~ 0.662 像素，相机自校准误差小于 2%。

5.1.3 侵蚀沟测量与参数计算

在调查的 12 个洪积扇中，有 11 个洪积扇有侵蚀沟，有 1 个洪积扇没有发现侵蚀沟。

根据无人机影像获得的 DOM 和 DEM，测量了 243 条侵蚀沟的 9 个形态参数。利用 ArcMap 10.2 绘制了侵蚀沟的沟床和沟岸线，用于计算侵蚀沟长度（L）和侵蚀沟面积（A）；根据由 ArcMap10.2 中的 3D analyst 模块生成的横截面，测量和计算了侵蚀沟宽度（W）；基于 DOM 和 DEM，绘制了侵蚀沟边缘的 3D 折线并转换为栅格格式，然后将原始 DEM 减去所得栅格数据以计算侵蚀沟体积（V）；其他侵蚀沟形态参数包括深度（D）、长宽比（R_{LW}）、宽深比（R_{WD}）、横断面面积（A_{CS}）和比降（SG）。计算公式分别如下：

$$W = \frac{1}{n} \sum_{i=1}^{n} W_i \tag{5-1}$$

$$D = V/A \tag{5-2}$$

$$R_{LW} = L/W \tag{5-3}$$

$$R_{WD} = W/D \tag{5-4}$$

$$A_{CS} = W \cdot D \tag{5-5}$$

$$SG = (E_s - E_e)/L \tag{5-6}$$

式中，W 表示每条侵蚀沟的平均宽度；n 表示横截面数量；W_i 表示横截面 i 的宽度；V、A、L 分别表示每条侵蚀沟的体积、面积、长度；E_s 和 E_e 分别表示每条侵蚀沟的起点和终点的海拔。

侵蚀沟的 4 个定量特征，包括侵蚀沟数量密度（GND，条/km^2）、侵蚀沟长度密度（GLD，km/km^2）、侵蚀沟面积密度（GAD,%）和侵蚀沟体积密度（GVM，km^3/km^2）。计算公式分别如下：

$$GND = m/A_{AF} \tag{5-7}$$

$$GLD = \sum_{j=1}^{m} L_j / A_{AF} \tag{5-8}$$

$$GAD = \sum_{j=1}^{m} A_j / A_{AF} \tag{5-9}$$

$$GVM = \sum_{j=1}^{m} V_j / A_{AF} \tag{5-10}$$

式中，m 表示洪积扇的侵蚀沟数量；L_j、A_j、V_j 分别表示侵蚀沟 j 的长度、面积和体积，A_{AF} 表示每个洪积扇的面积。

5.1.4 影响因素数据获取

洪积扇与其集水区密切相关，它们构成了一个完整的水文地貌单元。因此，影响因素包括洪积扇、集水区及完整地貌单元 3 部分：①洪积扇面积、平均地形起伏度、比降、海拔；②集水区面积、周长、形状系数、平均海拔、平均地形、比降、归一化植被指数、岩石硬度、侵蚀沟形态参数、侵蚀数量指标；③地貌单元的平均海拔、地形起伏度、年平均降水量及整体坡向。

由于集水区的巨大地形起伏（超过 1000m）超出了 DJI Phantom 4 Pro V 2.0 无人机的飞行限制高度（500m），因此基于 Google Earth 卫星图像提取集水区的侵蚀沟，共测量了 12 个洪积扇集水区内的 3000 余条侵蚀沟。流域内的岩石被赋值为 1~5，然后计算了每个流域中岩石的平均硬度，该数据由 1∶250 000 比例尺的地质图进行矢量化获得（http://www. ngac. cn）。平均年降水量数据为 1979 ~ 2018 年平均值，来自青藏高原数据中心的中国区域地面气象要素驱动数据集（1979 ~ 2018 年），水平空间分辨率为 0.1°，该数据集是通过结合传统气象观测数据和 TRMM 降水数据制作的。年平均植被覆盖数据为 1998 ~ 2018 年的平均值，来自中国科学院资源环境数据中心提供的中国年度植被指数（NDVI）空间分布数据集，空间分辨率为 1km，使用最大值合成法从 SPOT NDVI 卫星遥感数据中得到，NDVI 可以精确表示植被覆盖情况。集水区的降水量和 NDVI 是流域内所有网格的平均值。洪积扇和集水区的面积和比降由 Google Earth 标尺工具测量。洪积扇及其集水区的平均地形和平均海拔由 ArcGIS 10.2 面积制表工具分别在洪积扇或集水区上计算获得。

5.1.5　统计分析

采用 Pearson 相关分析，探究洪积扇上侵蚀沟定量特征与其影响因素之间的相关性。变异系数是标准差与均值的比值，用于描述偏离均值的程度。所有统计分析和图形制作均使用 SPSS 20.0 和 Origin 2021 进行。

5.2　结果与分析

5.2.1　洪积扇侵蚀沟形态特征

1. 侵蚀沟形态参数的统计特征

洪积扇侵蚀沟整体呈宽浅型，形态参数描述性统计详见表 5-1。平均沟长为 257.86m，平均沟宽为 9.39m，平均面积为 5922.85m²，平均沟深为 0.72m，平均沟体积为 10 527.93m³，平均沟比降为 11.31m，平均断面面积为 12.18m²。除侵蚀沟比降外，其他形态参数均表现出很大的变异性。除侵蚀沟面积和体积外，其他形态参数都表现出相对较低的峰度和偏度。侵蚀沟比降呈正态分布，峰度和偏度最小。

表 5-1　拉萨河中下游洪积扇侵蚀沟形态参数

参数	均值	最小值	最大值	标准差	变异系数	偏度	峰度
长度/m	257.86	5.00	3 289.86	378.02	150.44%	4.53	28.07
宽度/m	9.39	1.45	155.07	13.47	145.86%	7.53	70.74
面积/m²	5 922.85	12.47	510 150.76	36 032.86	605.61%	12.38	165.32
深度/m	0.72	0.05	12.55	1.48	205.61%	5.25	31.84
体积/m³	10 527.93	0.99	1 100 510.77	74 871.77	706.04%	13.17	188.29
比降/%	11.31	0.47	46.65	6.94	61.71%	1.55	5.05

参数	均值	最小值	最大值	标准差	变异系数	偏度	峰度
长宽比	30.59	0.62	186.91	30.78	103.51%	2.75	9.15
宽深比	30.95	0.40	244.09	32.53	176.96%	2.82	11.09
断面面积/m²	12.18	0.09	348.55	41.14	354.72%	5.91	39.07

　　洪积扇侵蚀沟长度主要分布在 0~200m 范围内，占所有沟的比例为 63.79% ［图 5-1 （a）］。宽度为 5~10m 的沟所占比例最高 （41.98%），其次为 0~5m （32.92%） 和 10~ 15m ［14.40%，图 5-1 （b）］。深度为 0~0.25m 的沟所占比例最高 （44.03%），其次是 0.25~0.5m （23.05%） 和>1m ［14.40%，图 5-1 （c）］。沟面积为 0~500m²、>2000m² 和 500~1000m² 的沟分别占 32.10%、27.16% 和 23.05% ［图 5-1 （d）］。沟体积主要集中 在 300m³ 以下 （52.67%），其次是大于 1200m³ ［图 5-1 （e）］。沟比降在 5%~10% 和 10%~15% 范围内的侵蚀沟比例接近，分别为 32.10% 和 27.16%；其次是沟比降在 15%~ 20%，占 17.70% ［图 5-1 （f）］。侵蚀沟的长宽比和宽深比分布相似，均集中在 40 以下 ［图 5-1 （g）、（h）］。沟断面面积主要分布在 2m² 以下，占全部侵蚀沟的 51.03% ［图 5-1 （i）］。

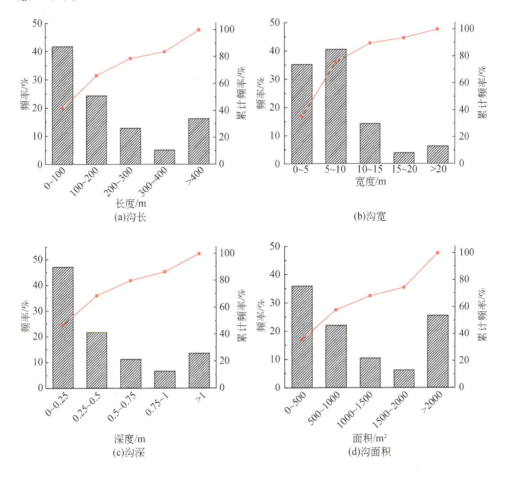

(a)沟长

(b)沟宽

(c)沟深

(d)沟面积

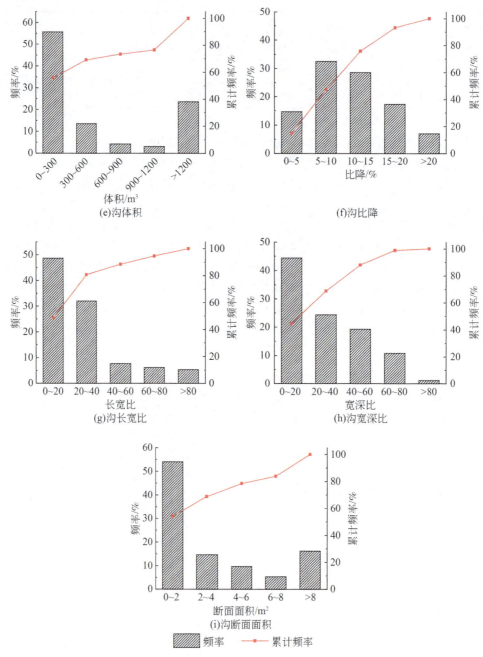

图 5-1　洪积扇侵蚀沟形态参数的频率分布

　　洪积扇集水区的侵蚀沟以狭长形为主，平均沟长为243.27m，平均沟宽为5.12m，平均面积为1777.29m²，这三个形态参数的变异系数都较大；沟宽的峰度、偏度最小，沟长的峰度、偏度最大（表5-2）。各集水区坡面沟蚀数量特征差异较大，沟数量密度分布在3.85～56.69 条/km²，沟长度密度分布在2.01～10.29km/km²，割裂度分布在2.61%～13.56%，沟数量密度的变异系数相对更高，沟密度和割裂度的变异系数相对更低。洪积扇集水区侵蚀沟长度主要分布在 0~200m 范围内，占所有沟的比例为 60.07% ［图 5-2 (a)］。宽度为 0~5m 的沟所占比例最高（64.80%），其次为 5~10m（22.99%）［图 5-2 (b)］。面积在 0~500m²、>2000m² 和 500~1000m² 的沟分别占总数的 44.54%、22.39% 和 18.62%［图 5-2（c）］。

表5-2　拉萨河中下游洪积扇集水区坡面的侵蚀沟形态参数

形态参数	均值	最小值	最大值	标准差	变异系数	偏度	峰度
长/m	297.16	16.74	18 823.39	562.38	189.23%	382.83	89.66
宽/m	5.64	0.57	114.28	6.22	110.43%	66.38	8.73
面积/m²	3 813.45	19.30	2 151 154.30	40 411.34	1 059.70%	2 402.21	32.41

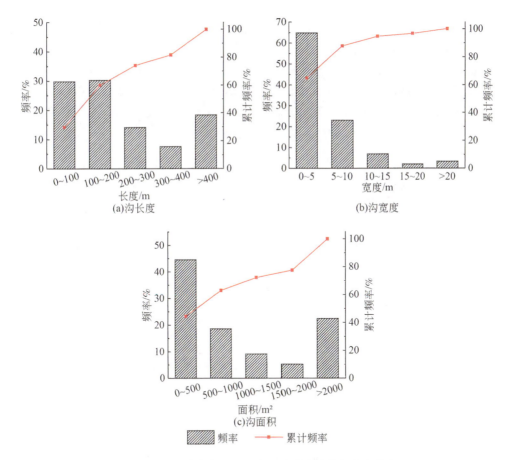

图 5-2　洪积扇集水区坡面侵蚀沟形态参数的频率分布

通过对比发现，洪积扇上的侵蚀沟长度和集水区坡面的较为接近；洪积扇侵蚀沟平均宽度是集水区坡面的 1.8 倍，这可能是由于洪积扇平缓的地形使得径流分散，侵蚀沟拓宽；受宽度影响，洪积扇侵蚀沟平均面积是集水区坡面的 3.3 倍（图 5-3）。

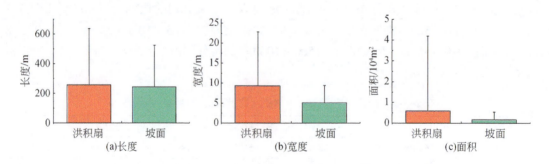

图 5-3　拉萨河中下游洪积扇及其集水区坡面侵蚀沟形态参数对比

2. 侵蚀沟形态参数之间的相关性

洪积扇的侵蚀沟形态参数之间有着很强的正相关性（图 5-4）。洪积扇上侵蚀沟长、宽、面积三个形态参数之间有极显著的正相关性（$P<0.001$）。深度和长度、宽度、体积、比降、断面面积之间有着极显著的正相关关系（$P<0.001$）。体积和长度、宽度、面积、深度、断面面积之间有着极显著的正相关性（$P<0.001$）。比降和深度有着极显著的正相关性（$P<0.001$）。长宽比和长度存在极显著的正相关性（$P<0.001$），长宽比和宽深比存在极显著的负相关关系（$P<0.001$）。

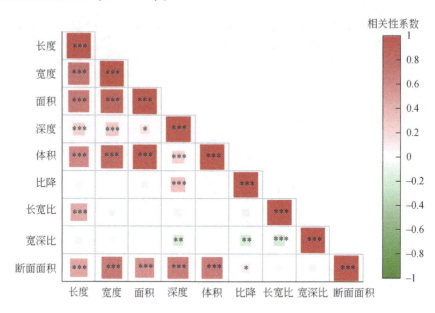

图 5-4　洪积扇侵蚀沟形态参数自相关热图
＊表示 $P<0.05$，＊＊表示 $P<0.01$，＊＊＊表示 $P<0.001$

由于高差巨大，无人机难以获取集水区侵蚀沟形态。因此，洪积扇集水区的侵蚀沟仅基于谷歌地球的高分影像测量了长、宽、面积三个参数。这三个形态参数之间的正相关性均达到了极显著水平（$P<0.001$）。其中，长和宽之间的相关性最低，R^2 仅 0.382，长和面

积的相关性最高，R^2达到了 0.845（图 5-5）。

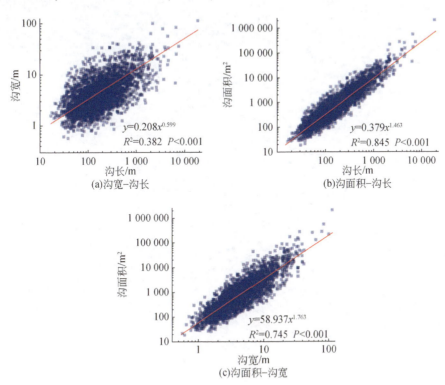

图 5-5　洪积扇集水区坡面侵蚀沟形态参数自相关散点图

3. 侵蚀沟形态的空间差异性

从洪积扇侵蚀沟的平均沟长来看，林周河谷中呈现从上游向下游逐渐递减的趋势。从平均沟宽来看，林周河谷中呈现从上游向下游逐渐递减的趋势，拉萨河干流中呈现波动中上升的趋势。平均沟面积在拉萨河中下游干流、林周河谷、堆龙河谷的上下游中均没有明显的变化趋势。林周河谷和堆龙河谷中，洪积扇平均沟体积从上游到下游逐渐递减；在拉萨河干流上，洪积扇沟体积从上游到下游在波动中上升（图 5-6）。

5.2.2　洪积扇侵蚀沟数量特征

1. 侵蚀沟的数量指标

洪积扇侵蚀沟的数量密度和长度密度分别为 0.00～133.65 条/km² 和 0.00～17.32km/km²，变异系数分别为 164.82% 和 118.04%。同时，沟面积密度和沟体积密度范围分别为 0.00%～20.18% 和 0.00～3.80×10⁻⁴km³/km²，变异性较沟数量密度和沟长度密度低，变异系数分别为 88.23% 和 97.78%（表 5-3）。

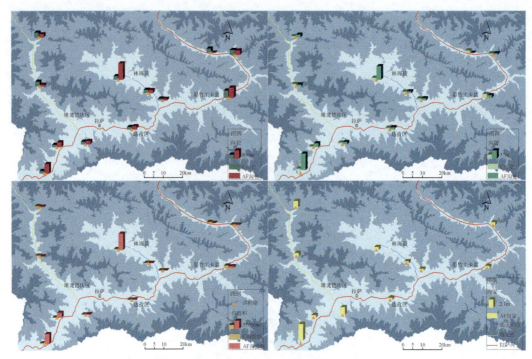

图 5-6　拉萨河上中游侵蚀沟形态参数的空间分异

C 表示集水区；AF 表示洪积扇

表 5-3　拉萨河中下游洪积扇侵蚀沟的数量指标

编号	沟数量密度/（条/km²）	沟长度密度/（km/km²）	沟面积密度/%	沟体积密度（10⁻⁴km³/km²）
1−7	2.98	0.92	1.85	0.29
1−6	27.58	4.2	4.07	0.76
1−13	3.03	1.43	8.86	1.13
1−10	83.81	14.47	14.22	1.06
2−2	0.00	0.00	0.00	0.00
2−1	4.81	2.06	2.08	0.29
1−12	3.89	3.03	3.81	0.25
1−9	133.65	17.32	20.18	2.21
1−1	6.76	2.22	2.65	0.26
1−4	31.13	9.84	13.00	3.8
1−2	3.84	1.78	11.45	2.32
1−14	2.16	1.38	3.46	2.97
均值	26.51	4.93	7.16	1.28
变异系数/%	164.82	118.04	88.23	97.78

各洪积扇集水区坡面侵蚀沟数量指标差异较大，结果见表 5-4。沟数量密度分布在 2.55 ～ 56.69 条/km²，沟长度密度分布在 2.01 ～ 10.29km/km²，沟面积密度分布在 2.61 ～ 13.56%。沟数量密度的变异系数相对较高，沟长度密度和面积密度的变异系数相对较低。

表 5-4　拉萨河中下游洪积扇集水区坡面侵蚀沟的数量指标

编号	沟数量密度/（条/km²）	沟长度密度/（km/km²）	沟面积密度/%
1-7	5.03	2.39	4.84
1-6	6.2	2.86	3.99
1-13	7.26	2.64	3.99
1-10	18.26	5.95	7.07
2-2	5.07	2.01	2.61
2-1	6.82	3.26	3.27
1-12	2.55	1.83	4.6
1-9	56.69	10.29	12.53
1-1	14.34	3.67	4.45
1-4	23.95	6.72	9.22
1-2	24.89	5.85	3.79
1-14	39.12	9.2	11.98
均值	17.52	4.72	6.03
变异系数/%	94.13	60.58	56.49

通过对比发现，洪积扇侵蚀沟数量密度是集水区坡面的 1.5 倍（图 5-7）。这可能是由于洪积扇承受了来自集水区坡面的径流，沟蚀动力相对于坡面更强，促进了侵蚀沟的产生。而洪积扇上的沟长度、面积密度都和集水区坡面的较为接近。

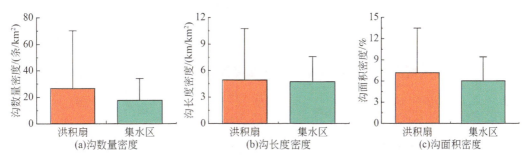

图 5-7　拉萨河中下游洪积扇和集水区坡面侵蚀沟数量特征对比

2. 侵蚀沟数量指标的相关性

该地区沟数量特征之间存在着自相关性（图 5-8）。洪积扇沟长度密度和沟数量密度、面积密度之间存在极显著的正相关关系（$P<0.001$）；洪积扇沟面积密度、数量密度之间

存在极显著的正相关关系（$P<0.01$）；洪积扇沟面积、体积密度之间存在显著正相关关系（$P<0.05$）；洪积扇沟体积密度和沟数量密度、长度密度之间的相关性不显著（$P>0.05$）。集水区的沟数量密度、长度密度、面积密度三个参数之间均有着极显著的正相关关系（$P<0.001$）。

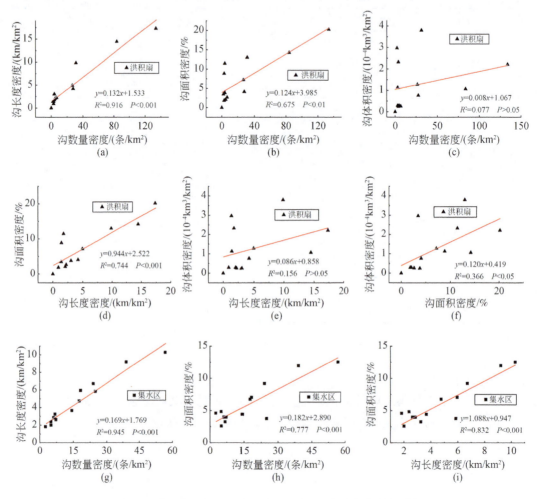

图 5-8　洪积扇及集水区坡面侵蚀沟数量指标之间的自相关性

3. 侵蚀沟数量的空间差异性

侵蚀沟密度在空间上表现出从上游向下游递增的趋势，但又在一定程度上受降水自东北向西南递减的影响（图 5-9）。在拉萨河干流河谷，侵蚀沟数量、长度、面积、体积密度均呈现从上游向下游增加的趋势。在林周河谷，侵蚀沟数量、长度、面积密度均呈现从上游向下游增加的趋势，侵蚀沟体积密度先减小后增大；在堆龙河谷也有相似的趋势。

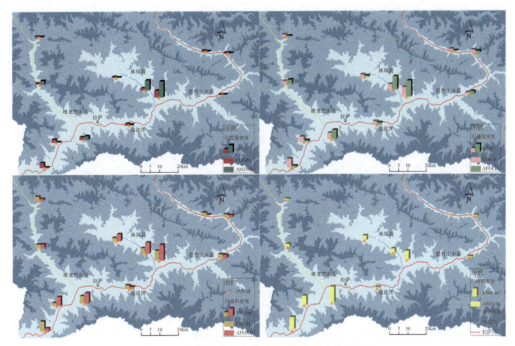

图 5-9　洪积扇侵蚀沟数量指标的空间分异

C 表示集水区；AF 表示洪积扇；GND 表示数量密度；GLD 表示长度密度；GAD 表示面积密度；GVD 表示体积密度

5.2.3　沟蚀的影响因素

侵蚀沟形态参数的平均值与其影响因素之间的关系如图 5-10 所示。洪积扇侵蚀沟平均沟深与集水区侵蚀沟面积密度有显著的正相关关系，与年平均降水量和集水区植被有极显著的负相关关系（$P<0.01$）；洪积扇侵蚀沟平均体积与年平均降水量和集水区植被有显著的负相关关系（$P<0.05$）；洪积扇侵蚀沟沟底比降与洪积扇比降有极显著的正相关关系（$P<0.01$）；洪积扇侵蚀沟的长宽比和集水区沟长、宽、面积、整体坡向有显著的正相关关系（$P<0.05$）；洪积扇侵蚀沟的断面面积和年平均降水量、集水区植被有显著的负相关关系（$P<0.05$）。而集水区侵蚀沟形态参数与本研究所考虑到的影响因素之间的相关关系均没有达到显著水平（$P>0.05$）。

侵蚀沟密度与影响因素的关系如图 5-11 所示。洪积扇侵蚀沟数量、长度、面积密度和集水区侵蚀沟数量、长度、面积密度呈显著正相关（$P<0.05$）；洪积扇侵蚀沟体积密度与集水区侵蚀沟数量、长度、面积密度呈极显著正相关（$P<0.01$）；洪积扇侵蚀沟体积密度与洪积扇海拔、年平均降水量呈显著负相关（$P<0.05$）；洪积扇侵蚀沟数量、长度密度与集水区高差有极显著负相关关系，与集水区平均海拔有显著负相关关系。集水区侵蚀沟数量、长度、面积密度与平均海拔有显著的负相关关系（$P<0.05$）；集水区侵蚀沟面积密度与集水区平均海拔有显著的负相关关系（$P<0.05$）；集水区侵蚀沟数量、长度密度与集水区平均海拔有极显著的负相关关系（$P<0.01$）。

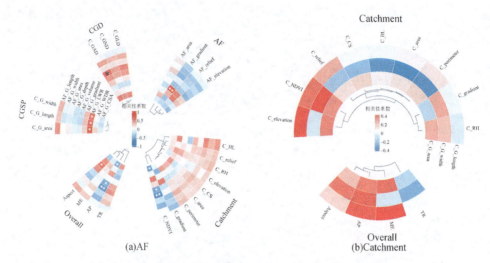

(a)AF (b)Catchment

图5-10　侵蚀沟形态参数与影响因子的相关性系数热图

＊＊表示在0.01水平（双侧）上显著相关；＊表示在0.05水平（双侧）上显著相关。AF表示洪积扇；Catchment或C表示集水区；G_表示侵蚀沟的形态参数；Overall表示地貌单元；CGSP表示集水区侵蚀沟的形态参数；CGD表示集水区沟数量特征；G_length表示沟长度；G_width表示沟宽度；G_area表示沟面积；G_depth表示沟深度；G_volume表示沟体积；G_gradient表示沟比降；G_LWR表示沟长宽比；G_WDR表示沟宽深比；G_CSA表示沟横断面面积；RH表示岩石硬度；CS表示形状系数；HL表示水平长度；NDVI表示归一化植被指数；elevation表示海拔；gradient表示比降；relief表示地形起伏度；area表示面积；perimeter表示周长；ME表示地貌单元的平均海拔；TR表示地貌单元的地形起伏度；AP表示年平均降水量；Aspect表示地貌单元的整体坡向

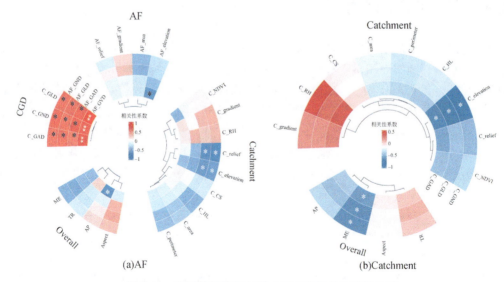

(a)AF (b)Catchment

图5-11　沟蚀数量特征与影响因子的相关性系数热图

＊＊表示在0.01水平（双侧）上显著相关；＊表示在0.05水平（双侧）上显著相关。AF表示洪积扇；Catchment或C表示集水区；Overall表示地貌单元；CGD表示集水区沟数量特征；GND表示沟数量密度；GLD表示沟长度密度；GAD表示沟面积密度；GVD表示沟体积密度；RH表示岩石硬度；CS表示形状系数；HL表示水平长度；NDVI表示归一化植被指数；elevation表示海拔；gradient表示比降；relief表示地形起伏度；area表示面积；perimeter表示周长；ME表示地貌单元的平均海拔；TR表示地貌单元的地形起伏度；AP表示年平均降水量；Aspect表示地貌单元的整体坡向

5.3 讨　　论

5.3.1　侵蚀沟形态参数与其他地区的差异性

拉萨河流域洪积扇侵蚀沟形态参数与其他地区相比差异较大，其中深度均值最小，宽深比均值最大，长度和长宽比均值较大，平均宽度接近全球平均值（表5-5）。

表5-5　侵蚀沟形态参数与其他地区的对比

	地区	海拔/m	长度/m	宽度/m	深度/m	宽深比	长宽比	样本数	作者
中国	拉萨河流域	3583 ~ 4023	257.86	9.39	0.72	30.95	30.59	243	本研究
	元谋干热河谷	900 ~ 1200	—	4.61	1.32	3.77	—	36	Zhang 等（2019）
	黄土高原	897 ~ 1281	58.4	17.3	8.2	2.2	3.38 *	31	Wu 等（2018）
	东北黑土区	320 ~ 730	81.9	5.63	1.05	5.95	15.28	45	李镇等（2021）
埃塞俄比亚		1482 ~ 2882	67.54 *	5.43 *	2.38 *	2.43 *	12.44 *	94	Yibeltal 等（2019）
坦桑尼亚		1243	—	16.2 *	2 *	9.7 *	–	36	Ndomba 等（2009）
美国		1335	57	6.2	1.9	3.3	10.7 *	22	Galang 等（2010）
亚洲		—	129	21.9	2.9	2	5.9 *	>59	Dube 等（2020）
全球		—	458.2	9.5	3.4	4	48.2 *	>479	Dube 等（2020）

* 表示该数值通过文章中其他相关数据计算得到。

该地区年平均降水量与黄土高原和东北黑土区相似，但侵蚀沟形态参数不同。本研究的侵蚀沟宽深比大多大于20，而黄土高原的宽深比在0.7 ~ 4.1（Wu et al., 2018），黑土区的宽深比在2.1 ~ 20.63（李镇等，2021）。长宽比和宽深比可以反映侵蚀沟发育的环境（Frankl et al., 2013）。当宽深比大于1时，说明沟岸崩塌速度大于沟底下切速度（Deng et al., 2015）。因此，与其他地区相比，拉萨河流域应更加重视沟岸侵蚀问题。Kang 等（2021a）认为，沟岸底部冲刷释放了沟壁上悬垂的土壤，加速了沟岸的崩塌。Chaplot（2013）提出侧向渗流可能是沟岸扩张的主要因素。在本研究中，洪积扇的坡度较缓，导致径流趋于分散而非集中。同时，相对成熟的土壤只分布在洪积扇的表层，下层多为砾石，使得沟床难以被径流下切（Chen et al., 2022），因此侵蚀沟往往会拓宽而不是加深。在砾石和砂粒含量高的土壤中，径流的渗透性更强，导致侵蚀沟发育得更长、更浅（Dube et al., 2020；Chen et al., 2022）。同时，也应考虑冻融作用对沟蚀的影响。

5.3.2　水文连通性对侵蚀沟数量特征的影响

在洪积扇与其集水区之间有密切的水文联系。集水区面积是洪积扇的数倍甚至数十倍，因此集水区是洪积扇的主要径流来源。集水区面积和坡度通过控制径流聚集来影响沟蚀的发展，这也得到了很多研究的关注（Torri and Poesen, 2014；Yang et al., 2019；

Yibeltal et al., 2019)。然而, 在本研究中, 洪积扇侵蚀沟密度与集水区面积和坡度没有相关性。但值得注意的是, 集水区侵蚀沟密度对洪积扇沟蚀有显著影响。Nyssen 等 (2002) 研究认为, 由于道路建设提高了集水区的水文连通性, 下坡的侵蚀沟便随即形成; 同样, Conoscenti 等 (2018) 在评估意大利西西里岛的沟蚀敏感性时发现, 每个位置的上游排水密度对模型精度的影响最大。这些研究支持了洪积扇上方集水区水文连通性对洪积扇沟蚀的异位效应。与此同时, 一些研究表明, 侵蚀沟给径流提供了通道, 改善了水文连通性, 加速了集水区的径流汇集 (Bracken and Croke, 2007; Molina et al., 2009; Monsieur et al., 2015; Kang et al., 2021a)。例如, Croke 等 (2005) 发现, 径流在侵蚀沟中的最大输移距离比在分散路径中的最大输移距离长 2 ~ 3 倍。Costa 和 Bacellar (2007) 也报道了类似的发现, 由于侵蚀沟提高了集水区水文连通性, 致使集水区出现更大且历时更短的暴雨洪水。在本研究中, 侵蚀沟将径流集中在狭窄的通道中, 增强了集水区的水文连通性 (Galang et al., 2010; Anderson et al., 2021)。流域水文连通性越高, 径流集中时间越短, 径流动能越大 (Gómez-Villar and García-Ruiz, 1997; Poesen et al., 2003)。因此, 集水区侵蚀沟数量和长度密度是影响本研究洪积扇沟蚀的主要因素。

降水是径流的主要来源 (Anderson et al., 2021)。因此, 年平均降水量应该对沟蚀有积极的影响 (Bouchnak et al., 2009)。而本研究中年平均降水量与侵蚀沟体积密度呈显著负相关, 与报道的黄土高原侵蚀沟密度与年平均降水呈负相关的研究一致 (Chen et al., 2024), 而与极端降水事件下黄土高原的研究结果不一致 (Yuan et al., 2020)。这种差异可能是由于本研究中植被覆盖度与降水呈极显著正相关 ($P<0.01$), 这一结果得到了青藏高原南部和黄土高原研究结果的支持 (Chen et al., 2024; Zhe and Zhang, 2021)。例如, 2-2 号 (若贡) 洪积扇没有侵蚀沟, 其集水区内植被覆盖度较高 (63%)。植被降低了径流速度和水文连通性, 最终削弱了侵蚀沟发展的动力 (Jin et al., 2020; Yan et al., 2021)。Mu 等 (2019) 也认为, 随着植物茎密度的增加, 输沙能力呈指数级下降。同样, Fernández 等 (2020) 发现, 小流域野火后植被恢复次年的水文连通性比野火后当年下降了 13%, 产沙量下降了 10 倍。可见, 降水可能是通过促进植被生长进而抑制沟蚀。

5.3.3　人类活动对侵蚀沟数量特征的影响

通常认为, 人类活动主要通过破坏植被和改变土地利用方式加速沟蚀 (Poesen, 2018; Shellberg, 2021; Kang et al., 2021b; Wen et al., 2021)。但在本研究中, 人类活动在一定程度上降低了洪积扇的沟数量特征 (图 5-12)。近年来, 随着农业机械化的发展, 人们已经有能力通过填沟和平整土地来利用侵蚀沟密度高的洪积扇。本研究中有两个洪积扇上的土地利用变化案例。21 世纪前十年, 1-2 号 (热堆) 洪积扇部分农田被西藏佛学院、移民新村和蔬菜大棚等所取代 [图 5-12 (a)、(b)]; 1-14 号 (南木) 洪积扇 2013 ~ 2016 年由草地转为园地 (种桃)[图 5-12 (c)、(d)]。南木洪积扇经过人工改造后, 侵蚀沟长度密度下降了 63.59%, 侵蚀沟面积密度下降了 82.95% [图 5-13 (a)]。同样, 对热堆洪积扇进行改造后, 沟长度密度和沟面积密度分别下降了 17.07% 和 5.09% [图 5-13 (b)]。人类活动除了填平了部分侵蚀沟外, 还削弱了洪积扇沟密度与集水区沟密度之间的相关性（图 5-14）。这一现象提醒我们，由于人类活动对洪积扇侵蚀沟的填埋，集水区水文连通性对洪积扇沟蚀的影响可能比野外调查到的还要大。

(a)热堆洪积扇-改造前2003年   (b)热堆洪积扇-改造后2019年

(c)南木洪积扇-改造前2013年   (d)南木洪积扇-改造后2019年

图 5-12 　人为改造前后 1–2 号（热堆）和 1–14 号（南木）洪积扇的卫星影像

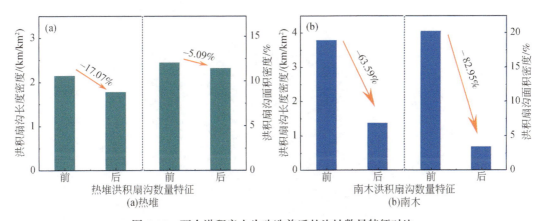

图 5-13 　两个洪积扇人为改造前后的沟蚀数量特征对比

5.3.4 　对保护洪积扇的启示

洪积扇本身是一种沉积地貌，是由上方集水区土壤侵蚀产生的物质被水流搬运至出口并堆积形成的（陈同德等，2020）。根据 Li 等（2024）基于机器学习算法的一项研究发现，拉萨河下游河谷两岸、当雄盆地边缘是沟蚀的高敏感性区（图 5-15），这与洪积扇的

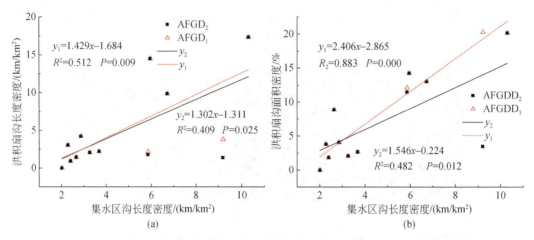

图 5-14 人为改造前后洪积扇侵蚀沟的长度密度（a）、面积密度（b）和集水区沟
长度密度的相关性比较

$AFGD_1$、$AFGDD_1$、y_1 分别为人为改造前的沟长度密度、沟面积密度与集水区沟长度密度拟合曲线；

$AFGD_2$、$AFGDD_2$、y_2 分别为人为改造后的沟长度密度、沟面积密度与集水区沟长度密度拟合曲线

空间分布基本一致（图 2-14）。一方面，这是因为土壤侵蚀为洪积扇的形成提供了丰富的物质来源。另一方面，这意味着拉萨河下游宝贵的洪积扇土地资源在受到沟蚀威胁，应该受到着重关注。

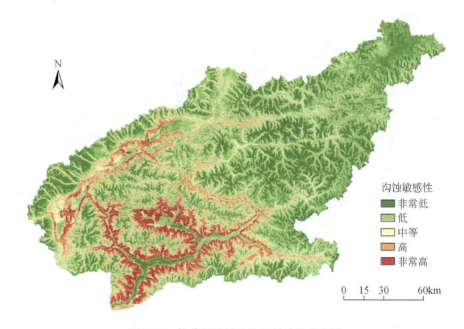

图 5-15 拉萨河流域的沟蚀敏感性分布图

集中径流是洪积扇沟蚀的主要驱动力。集水区的面积往往是洪积扇的数倍，因此造成洪积扇沟蚀的径流主要来自集水区。本研究也发现集水区水文连通性越高，洪积扇的沟蚀也越严重。另外，研究发现洪积扇侵蚀沟的沟头也基本都在紧邻洪积扇的上方的集水区坡

面（图5-16，Li et al.，2023）。因此，防控沟蚀要关注源头，控制集水区沟头的产生和溯源侵蚀。

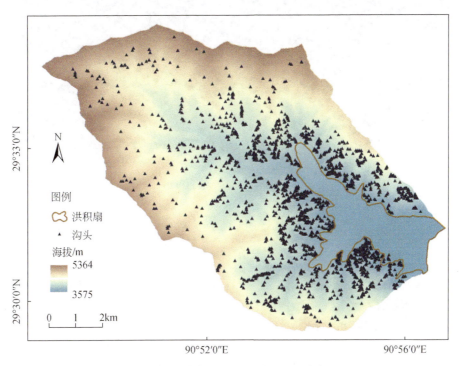

图5-16 拉萨河热堆小流域的沟头分布图

当地居民已经意识到水土流失对土地资源的危害，并采取了相应的措施。例如，调查中发现在1-12号（唐加）洪积扇顶部建造了一个蓄水池，用于收集集水区的径流并灌溉农田[图5-17（a）]。此外，大部分农田都为梯田，周边还设置了截排水沟[图5-17（b）]。从2019年6月开始，1-2号（热堆）洪积扇上方2.93km²的集水区开始了为期六年的封山禁牧，这将有利于植被的自然恢复。此外，与没有主汇流通道的洪积扇相比[图5-18（b）]，有主汇流通道的洪积扇由于更好的排水条件，其地表相对更为完整[图5-18（a）]。

(a)1-12号(唐加)洪积扇顶部的蓄水池　　　(b)1-14号(南木)洪积扇上修建的梯田和截排水沟

图5-17 保护洪积扇的工程措施
蓝色箭头指示的是水流方向

(a)具有主汇流通道的洪积扇　　　　　　　(b)没有主汇流通道的洪积扇

图 5-18　不同汇流通道洪积扇沟蚀比较

5.4　小　　结

基于无人机遥感影像和谷歌地球，测量了拉萨河中下游 12 个洪积扇及其集水区侵蚀沟 9 个形态参数，计算了 4 个沟蚀数量指标，分析了 16 个因素对沟蚀的影响。结果发现：

（1）洪积扇上侵蚀沟的宽深比大于其他区域，说明沟岸拓宽速度快于沟底下切侵蚀速度，侵蚀沟以宽浅型沟为主，因此应该把重点放在控制该地区侵蚀沟的拓宽上。

（2）洪积扇沟数量密度、沟长度密度、沟面积密度和沟体积密度的平均值分别为 26.51 条/km^2、4.93km/km^2、7.16% 和 1.28×10^{-4}km^3/km^2。

（3）洪积扇侵蚀沟数量指标与集水区侵蚀沟长度密度呈显著的线性相关（$P<0.05$）。因此，集水区侵蚀沟密度可能通过影响水文连通性，进而改变汇水区径流的产汇过程，间接影响洪积扇沟蚀。

（4）人类活动在一定程度上消除了洪积扇上的侵蚀沟，削弱了洪积扇侵蚀沟数量指标与集水区侵蚀沟密度的相关性。

（5）可通过加固原有的排水通道或修建截排水沟来改变洪积扇上的水文路径，缓解洪积扇沟蚀的发展；并考虑在集水区保护与恢复植被、建设谷坊降低水文连通性，以减少集中汇流而控制沟蚀的发生或发展。

参 考 文 献

陈同德，焦菊英，林红，等．2020．扇形地的类型辨析及区分方法探讨．水土保持通报，40（4）：190-198．

李镇，齐志国，秦伟，等．2021．利用高分立体影像构建东北黑土山地丘陵区切沟体积估算模型．农业工程学报，37（7）：122-130．

Anderson R L，Rowntree K M，Le Roux J J．2021．An interrogation of research on the influence of rainfall on gully erosion．Catena，206：105482．

Bouchnak H，Sfar Felfoul M，Boussema M R，et al．2009．Slope and rainfall effects on the volume of sediment yield by gully erosion in the Souar lithologic formation（Tunisia）．Catena，78（2）：170-177．

Bracken L J, Croke J. 2007. The concept of hydrological connectivity and its contribution to understanding runoff-dominated geomorphic systems. Hydrological Processes, 21 (13): 1749-1763.

Chaplot V. 2013. Impact of terrain attributes, parent material and soil types on gully erosion. Geomorphology, 186: 1-11.

Chen T D, Jiao J Y, Zhang Z Q, et al. 2022. Soil quality evaluation of the alluvial fan in the Lhasa River Basin, Qinghai-Tibet Plateau. Catena, 209: 105829.

Chen Y X, Jiao J Y, Yan X, et al. 2024. Response of gully morphology and density to the spatial and rainy-season monthly variation of rainfall at the regional scale of the Chinese Loess Plateau. Catena, 236: 107773.

Conoscenti C, Agnesi V, Cama M, et al. 2018. Assessment of gully erosion susceptibility using multivariate adaptive regression splines and accounting for terrain connectivity. Land Degradation & Development, 29 (3): 724-736.

Costa F M, Bacellar L. 2007. Analysis of the influence of gully erosion in the flow pattern of catchment streams, Southeastern Brazil. Catena, 69 (3): 230-238.

Croke J, Mockler S, Fogarty P, et al. 2005. Sediment concentration changes in runoff pathways from a forest road network and the resultant spatial pattern of catchment connectivity. Geomorphology, 68 (3): 257-268.

Deng Q C, Qin F C, Zhang B, et al. 2015. Characterizing the morphology of gully cross-sections based on PCA: A case of Yuanmou Dry-Hot Valley. Geomorphology, 228: 703-713.

Dube H B, Mutema M, Muchaonyerwa P, et al. 2020. A global analysis of the morphology of linear erosion features. Catena, 190: 104542.

Fernández C, Fernández-Alonso J M, Vega J A. 2020. Exploring the effect of hydrological connectivity and soil burn severity on sediment yield after wildfire and mulching. Land Degradation & Development, 31 (13): 1611-1621.

Frankl A, Poesen J, Scholiers N, et al. 2013. Factors controlling the morphology and volume (V) – length (L) relations of permanent gullies in the northern Ethiopian Highlands. Earth Surface Processes and Landforms, 38 (14): 1672-1684.

Galang M A, Morris L A, Markewitz D, et al. 2010. Prescribed burning effects on the hydrologic behavior of gullies in the South Carolina Piedmont. Forest Ecology and Management, 259 (10): 1959-1970.

Gómez-Villar A, García-Ruiz J M. 1997. The role of human activities in the development of alluvial fans. Physics and Chemistry of the Earth, 22 (3): 345-349.

Jin Z, Guo L, Yu Y L, et al. 2020. Storm runoff generation in headwater catchments on the Chinese Loess Plateau after long-term vegetation rehabilitation. Science of The Total Environment, 748: 141375.

Kang H L, Guo M M, Wang W L. 2021a. Ephemeral gully erosion in concentrated flow channels induced by rainfall and upslope inflow on steep loessial slopes. Land Degradation & Development, 32 (17): 5037-5051.

Kang H L, Wang W L, Guo M M, et al. 2021b. How does land use/cover influence gully head retreat rates? An in-situ simulation experiment of rainfall and upstream inflow in the gullied loess region, China. Land Degradation & Development, 32 (9): 2789-2804.

Li J J, Chen Y L, Jiao J Y, et al. 2024. Gully erosion susceptibility maps and influence factor analysis in the Lhasa River Basin on the Tibetan Plateau, based on machine learning algorithms. Catena, 235: 107695.

Li J J, Wang H L, Chen Y L, et al. 2023. Can CATPCA be utilized for spatial modeling? a case of the generation susceptibility of gully head in a watershed. Catena, 232: 107456.

Molina A, Govers G, Putte A, et al. 2009. Assessing the reduction of the hydrological connectivity of gully systems through vegetation restoration: field experiments and numerical modelling. Hydrology and Earth System

Sciences, 13 (10): 1823-1836.

Monsieurs E, Dessie M, Adgo E, et al. 2015. Seasonal surface drainage of sloping farmland: a review of its hydrogeomorphic impacts. Land Degradation & Development, 26 (1): 35-44.

Mu H L, Yu X J, Fu S H, et al. 2019. Effect of stem basal cover on the sediment transport capacity of overland flows. Geoderma, 337: 384-393.

Ndomba P M, Mtalo F, Killingtveit A. 2009. Estimating gully erosion contribution to large catchment sediment yield rate in Tanzania. Physics and Chemistry of the Earth, Parts A/B/C, 34 (13): 741-748.

Nyssen J, Poesen J, Moeyersons J, et al. 2002. Impact of road building on gully erosion risk: a case study from the Northern Ethiopian Highlands. Earth Surface Processes and Landforms, 27 (12): 1267-1283.

Poesen J. 2018. Soil erosion in the anthropocene: research needs. Earth Surface Processes and Landforms, 43 (1): 64-84.

Poesen J, Nachtergaele J, Verstraeten G, et al. 2003. Gully erosion and environmental change: importance and research needs. Catena, 50 (2): 91-133.

Shellberg J G. 2021. Agricultural development risks increasing gully erosion and cumulative sediment yields from headwater streams in Great Barrier Reef catchments. Land Degradation & Development, 32 (3): 1555-1569.

Torri D, Poesen J. 2014. A review of topographic threshold conditions for gully head development in different environments. Earth-Science Reviews, 130: 73-85.

Wen Y R, Kasielke T, Li H, et al. 2021. A case-study on history and rates of gully erosion in Northeast China. Land Degradation & Development, 32 (15): 4254-4266.

Wu H Y, Xu X M, Zheng F L, et al. 2018. Gully morphological characteristics in the loess hilly-gully region based on 3D laser scanning technique. Earth Surface Processes and Landforms, 43 (8): 1701-1710.

Yan Y, Zhang X Y, Liu J L, et al. 2021. The effectiveness of selected vegetation communities in regulating runoff and soil loss from regraded gully banks in the Mollisol region of Northeast China. Land Degradation & Development, 32 (6): 2116-2129.

Yang S T, Guan Y B, Zhao C S, et al. 2019. Determining the influence of catchment area on intensity of gully erosion using high-resolution aerial imagery: a 40-year case study from the Loess Plateau, northern China. Geoderma, 347: 90-102.

Yibeltal M, Tsunekawa A, Haregeweyn N, et al. 2019. Morphological characteristics and topographic thresholds of gullies in different agro-ecological environments. Geomorphology, 341: 15-27.

Yuan M T, Zhang Y, Zhao Y Y, et al. 2020. Effect of rainfall gradient and vegetation restoration on gully initiation under a large-scale extreme rainfall event on the hilly Loess Plateau: a case study from the Wuding River basin, China. Science of The Total Environment, 739: 140066.

Zhang S, Xiong D H, Yuan Y, et al. 2019. Morphological characteristics and soil mechanical properties of a gully in the dry-hot valley region of southwestern China. Polish Journal of Environmental Studies, 28 (6): 4467-4475.

Zhe M, Zhang X Q. 2021. Time-lag effects of NDVI responses to climate change in the Yamzhog Yumco Basin, South Tibet. Ecological Indicators, 124: 107431.

第6章 洪积扇的土地利用特征及其利用潜力

6.1 研究方法

6.1.1 数据来源

洪积扇的分布数据来自第 2 章，土地利用数据从 GlobeLand30 官网（http://www. globallandcover. com/）申请获得。GlobeLand30 是中国自然资源部研发的 30m 空间分辨率的覆盖数据，有 2000 年、2010 年和 2020 年共计 3 个时期的数据。GlobeLand30 将土地利用分为 10 个一级类型，分别是冰川和永久积雪、草地、耕地、灌木地、林地、裸地、人造地表、湿地、水体、苔原，各土地利用包含内容如表 6-1 所示，该数据的总体精度达到 85.72%，Kappa 系数达到 0.82，满足本研究的需求。海拔和坡度分级数据从 12.5m 分辨率的 DEM（ALOS，Advanced land observation satellite）提取。道路、行政区划和水道的数据来源于 Openstreetmap（https://www. openstreetmap. org/），该网站将道路（Road）分为主干道、一级公路、二级公路、三级公路、村道等级别（http://wiki. openstreetmap. org/wiki/Key:highway）；行政区划（Place）被分为国家、省、县、镇和村等（https://wiki. openstreetmap. org/wiki/Key:place）；水道（waterway）被分为河流、溪流、排水渠等（https://wiki. openstreetmap. org/wiki/Key:waterway）。

表 6-1 Globeland30 分类系统

类型	内容
冰川和永久积雪	由永久积雪、冰川和冰盖覆盖的土地，包括高山地区永久积雪、冰川，以及极地冰盖等
草地	天然草本植被覆盖，且盖度大于 10% 的土地，包括草原、草甸、稀树草原、荒漠草原，以及城市人工草地等
耕地	用于种植农作物的土地，包括水田、灌溉旱地、雨养旱地、菜地、牧草种植地、大棚用地、以种植农作物为主间有果树及其他经济乔木的土地，以及茶园、咖啡园等灌木类经济作物种植地
灌木地	灌木覆盖且灌丛覆盖度高于 30% 的土地，包括山地灌丛、落叶和常绿灌丛，以及荒漠地区覆盖度高于 10% 的荒漠灌丛
林地	乔木覆盖且树冠盖度超过 30% 的土地，包括落叶阔叶林、常绿阔叶林、落叶针叶林、常绿针叶林、混交林，以及树冠盖度为 10% ~30% 的疏林地
裸地	植被覆盖度低于 10% 的自然覆盖土地，包括荒漠、沙地、砾石地、裸岩、盐碱地等
人造地表	由人工建造活动形成的地表，包括城镇等各类居民地、工矿、交通设施等，不包括建设用地内部连片绿地和水体

类型	内容
湿地	位于陆地和水域的交界带,有浅层积水或土壤过湿的土地,多生长有沼生或湿生植物,包括内陆沼泽、湖泊沼泽、河流洪泛湿地、森林/灌木湿地、泥炭沼泽、红树林、盐沼等
水体	陆地范围液态水覆盖的区域,包括江河、湖泊、水库、坑塘等
苔原	寒带及高山环境下由地衣、苔藓、多年生耐寒草本和灌木植被覆盖的土地,包括灌丛苔原、禾本苔原、湿苔原、高寒苔原、裸地苔原等

资料来源:http://www.globallandcover.com/。

6.1.2 土地利用转移矩阵构建

转移矩阵是研究土地利用类型之间转移方向和规模的常用方法,可以直观显示土地利用的空间演化过程(林树高等,2021)。其数学表达式为

$$S_{ij} = \begin{Bmatrix} S_{11} & S_{12} & \cdots & S_{1m} \\ S_{21} & S_{22} & \cdots & S_{2m} \\ \vdots & \vdots & \vdots & \vdots \\ S_{m1} & S_{m2} & \cdots & S_{mm} \end{Bmatrix} \tag{6-1}$$

式中,S 为土地利用面积,km^2;i 和 j 为研究初期和末期的土地利用类型;m 为土地利用类型的种类($m=8$,洪积扇上没有 GlobeLand30 土地利用分类中的苔原和以及冰川和永久积雪这两类土地利用类型的分布,因此 m 为 8)。

6.1.3 洪积扇土地利用程度分析

本研究采样庄大方和刘纪远(1997)提出的土地利用程度综合指数法,来反映洪积扇的土地利用程度。这种量化方法的建立利用了土地利用程度的极限,即从土地利用的下限和上限。下限是人类对土地利用的起点,上限则为土地的利用已到达顶点,一般难以再进行下一步的开发与利用。根据庄大方和刘纪远(1997)的研究结果,对各类土地利用级别进行赋值(表6-2)。

表6-2 土地利用程度分级赋值表

类型	未利用土地级	林、草、水用地级	农业用地级	城镇聚落用地级
土地利用类型	冰川和永久积雪、裸地	草地、灌木地、林地、湿地、水体	耕地	人造地表
土地利用程度	1	2	3	4

资料来源:庄大方和刘纪远,1997。

表6-2 中的土地利用级仅为理想状态,但实际上在现实情况下,上述地类均混合存在于某一区域。因此,根据利用各土地利用类型的面积和程度等级进行加权综合计算,形成一个在 1~4 连续分布的指数,其值可反映某一地区的综合土地利用程度(庄大方和刘纪

远，1997）。其计算方法如下：

$$La = \sum_{i=1}^{n} D_i \times P_i \qquad (6\text{-}2)$$

式中，La 为土地利用程度综合指数；D_i 为第 i 种土地利用的程度等级；P_i 为第 i 种土地利用面积与土地总面积的比值。

本研究将土地利用程度综合指数按照等距法，将其分为低（1<La<2）、中（2≤La≤3）和高（3<La≤4）三个等级。

6.1.4　洪积扇利用潜力指标确定

土地的利用潜力很大程度上取决于与道路、行政区或者河流的距离。结合拉萨河流域的实际情况，选择一等、二等和三等公路，乡镇和村庄以及河流，来分析洪积扇与它们之间的距离。其中，因拉萨河流域处于半干旱环境，所有的水道（waterway）对当地都很重要，因此将溪流归并至河流数据进行分析。

利用 R_q 和 R_a 两个指标来表示洪积扇的利用潜力。R_q 为指洪积扇距离道路、居民地和河流不同间距时的数量与拉萨河流域洪积扇总数量的比值，而 R_a 为洪积扇距离道路、居民地和河流不同间距时的面积与拉萨河流域洪积扇总面积的比值。计算公式如下：

$$R_q = Q_{an}/Q \cdot 100\% \qquad (6\text{-}3)$$
$$R_a = A_{an}/A_a \cdot 100\% \qquad (6\text{-}4)$$

式中，Q_{an} 为洪积扇距离道路、居民地和河流≤$n$km 的个数；Q 为拉萨河流流域洪积扇的总个数；$n=1$，5，10，20，40；A_{an} 为洪积扇距离道路、居民地和河流≤$n$km 的面积（km^2）；A_a 为拉萨河流域洪积扇的总面积。

6.1.5　数据分析

在 ArcGIS 中利用洪积扇分布的矢量数据，结合 2000 年、2010 年和 2020 年三期 GlobeLand30 土地利用数据，提取得到对应时期洪积扇的土地利用数据；2000 年与 2010 年的土地利用数据在 ArcGIS 中利用相交功能后导出属性表至 Excel，利用数据透视表得到 2000~2010 年的土地利用数据转移矩阵，同理得到 2010~2020 年的土地利用转移矩阵。

按照拉萨河流域涉及的行政区划对该流域进行分区（图 6-1），涉及城关区、达孜区、当雄县、堆龙德庆区、嘉黎县、林周县、墨竹工卡县、曲水县和色尼区等 9 个县（区）。利用等距法在 ArcGIS 中海拔（DEM）进行分级，分为≤4000m、4000~4500m、4500~5000m 和 5000~5500m 四个级别；利用 ArcGIS 的坡度工具的坡度栅格数据，根据《土壤侵蚀分类分级标准》中对坡度的分级对其进行分类，分为≤5°、5°~8°、8°~15°、15°~25°、25°~35°和≥35°六个级别；利用 ArcGIS 的分区统计功能得到不同县（区）、海拔、坡度等级洪积扇的不同土地利用分布面积。

图 6-1　拉萨河流域的行政区划

6.2　结果与分析

6.2.1　洪积扇土地利用的时空变化特征

1. 洪积扇土地利用在不同时期的分布特征

洪积扇上没有 GlobeLand30 土地利用分类中的苔原、冰川和永久积雪这两类土地利用类型的分布，其他八类土地利用类型的面积在不同时期的变化整体呈现"五增三减"的特征（表 6-3），即在 2000～2020 年，洪积扇耕地、灌木地、裸地、人造地表和水体面积分别增加了 98.74%、59.43%、40.00%、1023.45% 和 1139.53%，而草地、林地和湿地分别减少 16.39%、61.54% 和 100%。各土地利用类型在 2000 年、2010 年和 2020 年均发生变化，但整体上面积大小排序整体上保持不变，在 2000 年和 2010 年的排序为：草地>耕地>灌木地>人造地表>水体>林地>裸地>湿地；而在 2020 年，人造地表面积超过灌木地面积，排序为：草地>耕地>人造地表>灌木地>水体>林地>裸地>湿地。

洪积扇上耕地和人造地表与人类活动关系密切。尽管耕地和人造地表面积占洪积扇的比例较小，但两者占拉萨河流域对应面积的比例较高。耕地在 2000 年、2010 年和 2020 年分别占洪积扇总面积的 8.43%、12.72% 和 16.76%，但占拉萨河流域耕地面积的 17.72%、21.84% 和 24.17%；同样地，人造地表面积在 2000 年、2010 年和 2020 年仅占洪积扇总面积的 0.47%、0.46% 和 5.30%，但却占拉萨河流域人造地表面积的 7.89%、7.51% 和 25.24%（表 6-3）。说明洪积扇为当地提供了重要的生活与生产空间，是当地珍贵的土地资源。

为了反映各地类间的转化情况，构建了 2000~2010 年和 2010~2020 年的土地利用转移矩阵（表 6-4 和表 6-5）。2000~2010 年转入面积和转出面积占比最多的为耕地和草地，耕地和草地占所有土地利用转入面积之和的 62.90% 和 31.77%，占所有土地利用转出面积之和的 27.25% 和 65.57%。按照土地利用转入面积和转出面积的大小，可以将土地利用的转移分为两种类型，分别是转入面积大于转出面积和转入面积小于转出面积。耕地和水体属于第一种转移类型，即耕地和水体的转入面积大于转出面积。耕地共转入 87.93km²，由草地转入 85.49km²，由灌木地转入 1.76km²，其余部分由人造地表、林地和湿地转入；耕地共转出 38.09km²，36.89km² 转出成草地，0.75km² 转化成灌木地。水体共转入 0.24km²，由草地转入 0.23km²，剩余的 0.01km² 由耕地转入；水体转出 0.15km²，均转成草地。其余的土地利用类型属于第二种转移类型，即草地、灌木地、林地、人造地表湿地和裸地转出面积大于转入面积。草地共转出 91.68km²，其中，85.49km² 转成耕地，4.34km² 转成灌木地，1.57km² 转成人造地表，其余部分转为林地和水体；草地共转入 44.42km²，其中 36.89km² 由耕地转入，5.69km² 由灌木地转入，1.55km² 由人造地表转入，其余部分由林地、裸地和水体转入。灌木地共转出 7.47km²，5.69km² 转成草地，1.76km² 转成耕地，其余部分转为林地和人造地表；灌木地共转入 5.12km²，4.34km² 由草地转入，0.75km² 由耕地转入，其余部分由林地和人造地表转入。林地转出 0.23km²，0.14km² 转成草地，0.08km² 转成耕地，其余转成灌木地；转入 0.06km²，由草地转入 0.05km²，其余部分由耕地和灌木地转入。人造地表转出 2.16km²，其中 1.55km² 转为草地，0.59km² 转为耕地，其余部分转为灌木地；转入 2.02km²，由草地转入 1.57km²，由耕地转入 0.43km²，其余的 0.02km² 由灌木地和湿地转入。湿地和裸地所有面积均转出为其他地类，其中湿地所有面积（0.02km²）全部转出，0.01km² 转成耕地，0.01km² 转成人造地表；裸地转出 0.01km²，均转为草地。因此，2000~2010 年，耕地和草地的转入和转出均最为剧烈，变化最大。

2010~2020 年土地类型的转化关系与 2000~2010 年有较大差异（表 6-5）。尽管转入面积和转出面积占比最多的仍然为耕地和草地，但只有草地的转出面积大于转入面积，其余土地利用类型均为转入面积大于转出面积，尤其是耕地、人造地表和灌木地的转入面积占所有土地利用转入面积之和的 45.66%、21.93% 和 8.22%。草地共转出 179.82km²，其中 116.64km² 转为耕地，42.03km² 转为人造地表，17.30km² 转为灌木，其余部分转为其他地类；草地共转入 57.14km²，其中，由耕地转入 51.76km²，灌木地转入 5.15km²，其余由林地、裸地、人造地表和水体转入。耕地共转入 117.49km²，由草地转入 116.64km²，由灌木地转入 0.64km²，其余由人造地表、林地和水体转入；转出 70.65km²，其中 51.76km² 转成草地，13.79km² 转成人造地表，其余转成灌木地、水体和林地。人造地表转入 56.44km², 由草地转入 42.03km², 耕地转入 13.79km², 其余由灌木地和水体转入; 转出面积仅有 0.22km²。灌木地转入 21.14km², 由草地转入 17.30km², 耕地转入 3.84km², 其余由林地、人造地表和水体转入; 转出 6.41km², 其中 5.15km² 转成草地, 其余转为耕地、人造地表和林地。因此, 2000~2010 年, 耕地和草地的转入和转出也均最为剧烈, 变化最大。

2. 洪积扇土地利用在不同县 (区) 的分布特征

洪积扇耕地、灌木地、裸地、人造地表和水体在各县 (区) 整体上均呈现上升趋势 (图 6-2)。2000 年洪积扇上的耕地面积为 98.31km², 占洪积扇总面积的 8.43%, 其主要分布在拉萨河流域中下游地区 [图 6-2 (a)]; 此时, 林周县、墨竹工卡县和堆龙德庆区分布的耕地较多, 面积分别为 26.12km², 22.63km² 和 21.81km², 当雄县和嘉黎县没有耕地分布 (表 6-6); 2010 年和 2020 年耕地面积分别较 2000 年增加 50.87% 和 98.74%, 主要的分布县 (区) 基本没有发生变化, 且主要的新增面积也在这些县 (区) 内 [图 6-2 (b) 和图 6-2 (c)]。2000 年洪积扇上的灌木地面积为 20.90km², 占洪积扇总面积的 1.79%; 其主要分布于当雄县 [图 6-2 (a)], 面积达 16.49km² (表 6-6); 与 2000 年相比, 2010 年灌木地面积减少 11.29%, 而 2020 年又增加 59.43%, 面积达到 33.32km², 主要新增分布区域为色尼区 (8.12km²)。2000 年洪积扇上的裸地面积和水体面积均较小, 分别仅有 0.05km² 和 0.43km², 到 2010 和 2020 年, 裸地面积变化不大, 但水体面积增幅非常剧烈, 分别增加至 0.52km² 和 5.33km², 增长率分别为 20.93% 和 1139.53%。2000 年人造地表面积为 5.50km², 占洪积扇总面积的 0.47%, 主要分布于城关区 [图 6-2 (a)]; 与 2000 年相比, 2010 年人造地表面积基本保持不变, 但至 2020 年, 面积增加至 61.79km², 增长率为 1023.45%, 主要新增分布区在堆龙德庆区和曲水县 [图 6-2 (b) 和图 6-2 (c)]。

洪积扇上的草地、林地和湿地总面积在各县 (区) 整体上呈下降趋势。草地是洪积扇上分布最多的土地利用类型, 2000 年其面积为 1040.56km², 占洪积扇总面积的 89.34%, 对各县 (区) 的洪积扇而言是分布面积最多的地类 [图 6-2 (a)], 但主要集中分布于当雄县、林周县和色尼区 [图 6-2 (a)], 面积分别为 456.35km²、163.50km² 和 103.20km² (表 6-4); 至 2010 和 2020 年, 草地的总面积呈下降趋势 (表 6-6), 主要的下降区域为林周县, 但草地主要的分布县 (区) 仍没有发生变化 [图 6-2 (b) 和图 6-2 (c)]。洪积扇的林地分别较少, 2000 总面积仅为 0.26km², 至 2010 年下降至 0.10km², 2020 年与 2010 年持平, 主要分布于墨竹工卡县和达孜区。湿地是洪积扇面积最少的地类, 2000 年仅有 0.02km², 全部分布于城关区, 而至 2010 年和 2020 年, 洪积扇上已无湿地分布。

3. 土地利用在不同海拔梯度的变化特征

综合来看, 拉萨河流域洪积扇土地利用在不同海拔梯度的变化, 主要集中反映在 ≤4000m 的区域, 该区域内各土地利用的分布面积均较大, 其中草地、林地和湿地呈现下降趋势, 而耕地、人造地表、灌木地和水体呈上升趋势, 裸地基本无变化 (表 6-7)。

表 6-3 洪积扇土地利用在 2000 年、2010 年和 2020 年的变化特征

年份	草地 A	草地 A_{p1}	草地 A_{p2}	耕地 A	耕地 A_{p1}	耕地 A_{p2}	灌木地 A	灌木地 A_{p1}	灌木地 A_{p2}	林地 A	林地 A_{p1}	林地 A_{p2}	裸地 A	裸地 A_{p1}	裸地 A_{p2}	人造地表 A	人造地表 A_{p1}	人造地表 A_{p2}	湿地 A	湿地 A_{p1}	湿地 A_{p2}	水体 A	水体 A_{p1}	水体 A_{p2}
2000	1040.56	89.24	3.49	98.31	8.43	17.72	20.90	1.79	5.09	0.26	0.01	0.06	0.05	0.01	0.02	5.50	0.47	7.89	0.02	0.01	0.30	0.43	0.04	0.42
2010	993.15	85.17	3.31	148.32	12.72	21.84	18.54	1.59	6.10	0.10	0.01	0.04	0.04	0.01	0.01	5.36	0.46	7.51	0.00	0.00	0.00	0.52	0.04	0.48
2020	870.04	74.62	3.24	195.38	16.76	24.17	33.32	2.86	9.50	0.10	0.01	0.04	0.07	0.01	0.00	61.79	5.30	25.24	0.00	0.00	0.00	5.33	0.44	2.91

注：A 为土地利用类型在洪积扇上的总面积（km²），A_{p1} 为土地利用类型占洪积扇总面积的比值（%），A_{p2} 为洪积扇上的土地利用类型占拉萨河流域对应土地利用类型面积的比值（%）。

表 6-4 2000～2010 年拉萨河流域洪积扇土地利用转移矩阵 （单位：km²）

土地利用类型		2010 年 草地	耕地	灌木地	林地	裸地	人造地表	湿地	水体	转出（2000 年）
2000 年	草地	949.29	85.49	4.34	0.05	0.00	1.57	0.00	0.23	91.68
	耕地	36.89	59.88	0.75	0.01	0.00	0.43	0.00	0.01	38.09
	灌木地	5.69	1.76	13.40	0.01	0.00	0.01	0.00	0.00	7.47
	林地	0.14	0.08	0.01	0.03	0.00	0.00	0.00	0.00	0.23
	裸地	0.01	0.00	0.00	0.00	0.04	0.00	0.00	0.00	0.01
	人造地表	1.55	0.59	0.02	0.00	0.00	3.33	0.00	0.00	2.16
	湿地	0.00	0.01	0.00	0.00	0.00	0.01	0.00	0.00	0.02
	水体	0.15	0.00	0.00	0.00	0.00	0.00	0.00	0.28	0.15
	转入（2010 年）	44.42	87.93	5.12	0.07	0.00	2.02	0.00	0.24	—

表 6-5 2010~2020 年拉萨河流域洪积扇土地利用转移矩阵 (单位：km²)

2010年 \ 2020年	草地	耕地	灌木地	林地	裸地	人造地表	水体	转出(2010年)
草地	813.90	116.64	17.30	0.05	0.04	42.03	3.76	179.82
耕地	51.76	77.15	3.84	0.04	0.00	13.79	1.22	70.65
灌木地	5.15	0.64	12.09	0.00	0.00	0.61	0.01	6.41
林地	0.04	0.03	0.00	0.01	0.00	0.01	0.00	0.08
裸地	0.01	0.00	0.00	0.00	0.03	0.00	0.00	0.01
人造地表	0.04	0.18	0.00	0.00	0.00	5.12	0.00	0.22
水体	0.14	0.00	0.00	0.00	0.00	0.00	0.28	0.14
转入(2020年)	57.14	117.47	21.14	0.09	0.04	56.44	4.99	—

表 6-6 不同时期不同县（区）的土地利用面积 (单位：km²)

县(区)	草地 2000年	草地 2010年	草地 2020年	耕地 2000年	耕地 2010年	耕地 2020年	灌木地 2000年	灌木地 2010年	灌木地 2020年	林地 2000年	林地 2010年	林地 2020年	裸地 2000年	裸地 2010年	裸地 2020年	人造地表 2000年	人造地表 2010年	人造地表 2020年	湿地 2000年	湿地 2010年	湿地 2020年	水体 2000年	水体 2010年	水体 2020年
城关区	15.74	18.55	11.01	6.02	4.53	0.36	0.24	0.31	0.19	0.00	0.03	0.19	0.00	0.00	0.00	3.26	1.89	13.72	0.02	0.00	0.00	0.08	0.08	0.07
达孜区	52.42	46.78	34.08	8.80	14.43	22.77	0.13	0.23	0.17	0.07	0.03	0.03	0.00	0.00	0.00	0.12	0.07	4.50	0.00	0.00	0.00	0.02	0.02	0.01
当雄县	456.35	456.30	446.80	0.00	0.11	0.00	16.49	15.47	18.83	0.00	0.00	0.00	0.00	0.00	0.00	0.96	1.91	8.14	0.00	0.00	0.00	0.13	0.14	0.16
堆龙德庆区	71.84	62.48	54.34	21.81	31.73	21.52	1.34	0.99	2.01	0.01	0.01	0.01	0.00	0.00	0.00	0.74	0.54	17.83	0.00	0.00	0.00	0.00	0.00	0.01
嘉黎县	61.19	60.97	60.99	0.00	0.00	0.00	0.00	0.00	0.00	0.01	0.00	0.00	0.05	0.03	0.00	0.00	0.00	0.18	0.00	0.00	0.00	0.10	0.16	0.15
林周县	163.50	134.88	101.76	26.12	55.84	74.62	2.38	1.26	3.79	0.01	0.00	0.01	0.00	0.04	0.00	0.00	0.01	7.00	0.00	0.00	0.00	0.02	0.03	4.81
墨竹工卡县	67.82	63.29	44.50	22.63	27.21	43.91	0.03	0.02	0.02	0.12	0.05	0.05	0.00	0.00	0.00	0.07	0.07	2.15	0.00	0.00	0.00	0.01	0.02	0.05
曲水县	48.53	46.82	22.07	12.93	14.47	31.73	0.29	0.26	0.19	0.04	0.01	0.01	0.00	0.00	0.00	0.20	0.44	8.00	0.00	0.00	0.00	0.08	0.07	0.07
色尼区	103.20	103.08	94.49	0.00	0.00	0.47	0.00	0.00	8.12	0.00	0.00	0.05	0.00	0.00	0.00	0.15	0.26	0.27	0.00	0.00	0.00	0.00	0.00	0.00

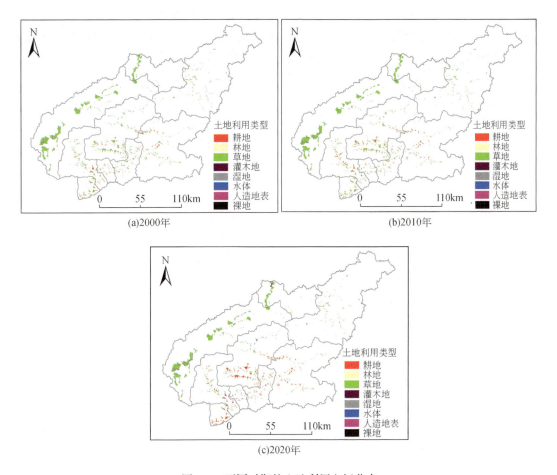

图 6-2　不同时期的土地利用空间分布

　　相比 2000 年，2010 年和 2020 年在海拔≤4000m、4000～4500m 和 4500～5000m 区域的草地面积均呈下降趋势，且海拔≤4000m 的区域草地下降的面积最多；至 2010 年该区域内下降的草地面积为 29.48km²，占草地总下降面积的 62.18%；至 2020 年，该区域内下降的草地面积为 131.73km²，占草地总下降面积的 77.25%。

　　林地在 2000 年的总面积仅有 0.26km²，且 0.14km²（53.85%）分布于海拔≤4000m 的区域；至 2010 年，该区域内下降 0.08km²，占总下降面积的 50.00%；至 2020 年，该区域的林地面积与 2010 年相比只下降了 0.01km²，基本保持不变。在 2000 年，海拔 4000～4500m 和 4500～5000m 区域的林地分布面积极少，分别只有 0.09km² 和 0.03km²；至 2020 年，4000～4500m 和 4500～5000m 海拔区域已无林地分布。

　　湿地仅有 0.02km² 的分布面积，只分布于≤4000m 的区域，至 2010 年以后，洪积扇上已无湿地分布。

　　耕地主要分布于≤4000m 的区域，相比 2000 年，2010 年该区域的耕地面积增加至 148.32km²，增加了 57.79km²，占总增加面积的 115.57%；2020 年增加至 171.99km²，增加了 81.46km²，占总增加面积的 83.92%。在 4000～4500m 范围内，2000 年耕地在该区域分布面积仅为 7.78km²；至 2010 年，该区域无耕地分布；而至 2020 年，该区域分布面积又增长至 22.88km²，增加了 15.1km²，占总增加量的 15.56%。2000 和 2010 年，耕地在 4500~5000m 的区域内无分布；至 2020 年，该区域新增 0.51km²。

人造地表也主要分布于 ≤4000m 的区域，相比 2000 年，人造地表在 2010 年该区域下降至 3.03km²，下降了 1.36km²；但到 2020 年上升至 52.60km²，增加了 48.21km²，该区域的新增面积占人造地表总新增面积的 86.65%。在 4000~4500m 和 4500~5000m 范围内的人造地表面积也呈现上升趋势，其中，在 4000~4500m 的区域，2000 年仅有 0.96km²，2010 年增加至 2.01km²，2022 年增加至 8.86km²；在 4500~5000m 的区域，2000 年仅有 0.15km²，2010 年增加至 0.32km²，2022 年增加至 0.33km²。在 5000~5500m 的区域，所有年份均无人造地表分布。

表 6-7　洪积扇土地利用在不同海拔梯度的分布

年份	海拔/m	土地利用/km²							
		草地	耕地	灌木地	林地	裸地	人造地表	湿地	水体
2000	≤4000	307.60	90.53	3.07	0.14	0.00	4.39	0.02	0.19
	4000~4500	496.38	7.78	13.93	0.09	0.00	0.96	0.00	0.19
	4500~5000	235.83	0.00	3.91	0.03	0.05	0.15	0.00	0.05
	5000~5500	0.75	0.00	0.00	0.00	0.00	0.00	0.00	0.00
	总计	1040.56	98.31	20.91	0.26	0.05	5.50	0.02	0.43
2010	≤4000	278.12	148.32	2.53	0.06	0.00	3.03	0.00	0.20
	4000~4500	478.49	0.00	12.25	0.04	0.00	2.01	0.00	0.24
	4500~5000	235.80	0.00	3.76	0.01	0.04	0.32	0.00	0.08
	5000~5500	0.75	0.00	0.00	0.00	0.00	0.00	0.00	0.00
	总计	993.16	148.32	18.54	0.11	0.04	5.36	0.00	0.52
2020	≤4000	175.87	171.99	5.10	0.05	0.00	52.60	0.00	0.33
	4000~4500	467.41	22.88	15.18	0.04	0.00	8.86	0.00	4.92
	4500~5000	226.02	0.51	13.04	0.00	0.04	0.33	0.00	0.08
	5000~5500	0.75	0.00	0.00	0.00	0.00	0.00	0.00	0.00
	总计	870.05	195.38	33.32	0.09	0.08	61.79	0.00	5.33

灌木地和水体的主要分布区域有别于上述地类，灌木地主要分布于 4000~5000m 的区域，2000 年该区域共分布 17.84km²，2010 年下降至 16.01km²，但 2020 年又新增至 28.22km²；灌木地 2000~2020 年共新增面积 12.41km²，主要的新增的区域为 4500~5000m，该区域新增 9.13km²，占总新增量的 73.57%。

水体主要分布于 4000~4500m 的区域内，2000 年总分布面积为仅 0.43km²，该区域内分布有 0.19km²；至 2010 年，总分布面积为 0.52km²，该区域分布有 0.24km²；至 2020 年，总面积增加至 5.33km²，相比 2000 年，总面积新增 4.90km²，该区域新增面积占总新增面积的 96.33%。

4. 土地利用在不同坡度梯度的变化特征

综合来看，拉萨河流域洪积扇土地利用在不同坡度梯度的变化，主要集中反映在≤8°的区域（表6-8），该区域各地类分布面积均较多，其中草地、林地和湿地呈现下降趋势，而耕地、人造地表、灌木地和水体呈上升趋势，裸地基本无变化。

表6-8 洪积扇土地利用在不同坡度梯度的分布

年份	坡度/（°）	土地利用/km²							
		草地	耕地	灌木地	林地	裸地	人造地表	湿地	水体
2000	≤5	575.58	54.87	15.51	0.08	0.00	3.66	0.02	0.26
	5~8	226.53	23.11	3.44	0.04	0.00	1.21	0.00	0.08
	8~15	188.51	17.53	1.58	0.07	0.01	0.57	0.00	0.06
	15~25	45.27	2.61	0.33	0.05	0.03	0.06	0.00	0.03
	25~35	4.31	0.18	0.04	0.03	0.01	0.00	0.00	0.00
	≥35	0.36	0.01	0.01	0.00	0.00	0.00	0.00	0.00
	总计	1040.56	98.31	20.91	0.27	0.05	5.50	0.02	0.43
2010	≤5	558.16	72.97	14.44	0.04	0.00	4.08	0.00	0.29
	5~8	212.89	37.64	2.78	0.02	0.00	0.98	0.00	0.10
	8~15	174.28	32.55	1.09	0.03	0.01	0.28	0.00	0.09
	15~25	43.17	4.90	0.21	0.01	0.00	0.02	0.00	0.04
	25~35	4.29	0.25	0.02	0.00	0.00	0.00	0.00	0.00
	≥35	0.37	0.00	0.00	0.00	0.00	0.00	0.00	0.00
	总计	993.16	148.31	18.54	0.10	0.03	5.36	0.00	0.52
2020	≤5	482.57	97.85	26.45	0.03	0.00	59.59	0.00	4.18
	5~8	183.84	50.84	4.89	0.02	0.01	1.11	0.00	1.08
	8~15	158.05	40.76	1.69	0.03	0.02	0.88	0.00	0.06
	15~25	41.25	5.62	0.28	0.01	0.03	0.19	0.00	0.00
	25~35	4.02	0.30	0.02	0.00	0.01	0.01	0.00	0.00
	≥35	0.30	0.02	0.00	0.00	0.00	0.00	0.00	0.00
	总计	870.03	195.39	33.33	0.09	0.07	61.78	0.00	5.32

相比2000年，2010年和2020年基本所有坡度梯度的草地面积均呈下降趋势，但≤8°的区域下降最多，两个时期的下降面积分别为31.06km²和135.70km²，占总下降面积的65.52%和79.58%；坡度越高的区域草地下降面积越少，以8°~15°为例，该区域2000年分布有草地188.51km²，占总草地面积的18.12%；至2010年和2020年，下降了14.23km²和30.46km²，分别占各时期总下降面积的30.01%和17.86%。

林地面积的减少趋势与草地类似，其本身在洪积扇的分布比例较小，在2010年和2010年的主要下降区域也集中于≤8°的区域。

湿地在 2000 年只分布于≤5°的区域,至 2010 年和 2020 年洪积扇上已无湿地分布。

耕地面积在所有坡度梯度呈上升趋势,但在≤8°的区域上升面积比例较大,2000 年耕地在该区域分布 77.98km²,占总耕地面积的 79.32%;至 2010 年和 2020 年上升至 110.61km² 和 148.69km²,上升面积占各时期耕地总上升面积的 65.25% 和 72.84%。坡度较高的区域,上升面积和幅度也较大,8°~15°的区域 2000 年仅有 17.53km²,2010 年和 2020 年分别达到 32.55km² 和 40.76km²,相比 2000 年涨幅达到 85.68% 和 132.52%;15°~25°的区域 2000 年仅有 2.61km²,但至 2010 年和 2020 年分别达到 4.90km² 和 5.62km²,涨幅达到 87.74% 和 115.33%。

人造地表面积在所有坡度梯度的变化规律与耕地类似,≤8°的区域上升的面积比例较大,2000 年该区域分布 4.87km²,至 2010 年和 2020 年,上升至 5.06km² 和 60.70km²,上升幅度达到 3.93% 和 1146.41%;2020 年该区域增加的人造地表面积占人造地表总增加面积的 99.18%。

灌木地主要分布在≤8°的区域,2000 年分布有 18.95km²,2010 年下降至 17.22km²,但 2020 年又增加至 31.34km²,相比 2000 年增加幅度达到 65.38%,增加面积占 2020 年灌木增加总面积的 99.76%。

水体也主要分布在≤8°的区域,2000 年仅分布 0.34km²,至 2010 年和 2020 年分别上升至 0.39km² 和 5.26km²,相比 2000 年,2020 年的涨幅高达 1447.06%,增加面积占水体总增加面积的 100.00%。

6.2.2 洪积扇土地利用程度的时空变化特征

拉萨河流域洪积扇土地利用程度整体上呈现不断增大的趋势。低利用程度的洪积扇分布面积较少,只分布于当雄县、嘉黎县和林周县(图 6-3 和表 6-9),在 2000 年和 2010 年分布面积均为 8.54km²、0.99km² 和 0.39km²,至 2020 年这三个县已无低利用程度的洪积扇。中利用程度的洪积扇分布较为广泛,2000 年所有县(区)均有分布,除城关区分布面积仅有 22.64km²,其余县(区)的分布面积均大于 50km²;至 2010 年,达孜区、当雄县、堆龙德庆区、嘉黎县、墨竹工卡县、曲水县和色尼区中利用程度洪积扇的分布面积与

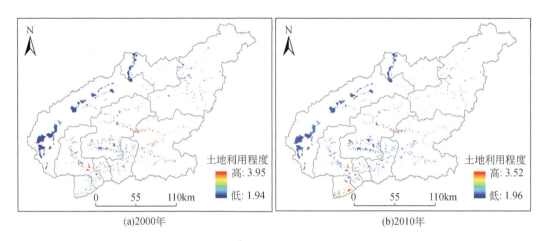

| (a)2000年 | (b)2010年 |

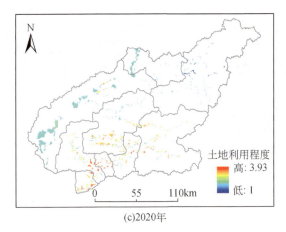

(c)2020年

图 6-3　不同时期洪积扇的土地利用程度的空间分布

2000 年相比基本没有变化，仅有城关区增加至 23.35km²，增长率为 3.14%；至 2020 年，除当雄县的分布面积增加至 481.61km²（增长率为 1.04%），其余县（区）的中利用程度洪积扇的分布面积呈现下降趋势。高利用程度的洪积扇面积分别在 2000 年和 2010 年分布较少，分别有 3.34km² 和 2.63km²（两个年份均只分布于城关区）；但至 2020 年增加至 81.61km²，其中城关区增长至 13.48km²（增长率为 303.59%），堆龙德庆区、曲水县、达孜区、林周县、墨竹工卡县和当雄县均从 2000 年和 2010 年的无高利用程度洪积扇分布，成为有分布的县区，共增加了 68.13km²，占拉萨河流域高利用程度洪积扇面积的 83.48%。

表 6-9　不同利用程度的洪积扇在县（区）的分布面积　　　　　　（单位：km²）

县（区）	总面积	低利用程度			中利用程度			高利用程度		
		2000 年	2010 年	2020 年	2000 年	2010 年	2020 年	2000 年	2010 年	2020 年
城关区	25.98	0.00 (0.00)	0.00 (0.00)	0.00 (0.00)	22.64 (87.14)	23.35 (89.88)	12.50 (48.11)	3.34 (12.86)	2.63 (10.12)	13.48 (51.89)
达孜区	61.32	0.00 (0.00)	0.00 (0.00)	0.00 (0.00)	61.32 (100)	61.32 (100)	53.99 (88.05)	0.00 (0.00)	0.00 (0.00)	7.33 (11.95)
当雄县	485.2	8.54 (1.76)	8.54 (1.76)	0.00 (0.00)	476.66 (98.24)	476.66 (98.24)	481.61 (99.26)	0.00 (0.00)	0.00 (0.00)	3.59 (0.74)
堆龙德庆区	94.61	0.00 (0.00)	0.00 (0.00)	0.00 (0.00)	94.61 (100)	94.61 (100)	69.30 (73.25)	0.00 (0.00)	0.00 (0.00)	25.31 (26.75)
嘉黎县	60.42	0.99 (1.64)	0.99 (1.64)	0.00 (0.00)	59.43 (98.36)	59.43 (98.36)	60.42 (100)	0.00 (0.00)	0.00 (0.00)	0.00 (0.00)
林周县	191.74	0.39 (0.20)	0.39 (0.20)	0.00 (0.00)	191.35 (99.80)	191.35 (99.80)	188.47 (98.29)	0.00 (0.00)	0.00 (0.00)	3.27 (1.71)
墨竹工卡县	89.95	0.00 (0.00)	0.00 (0.00)	0.00 (0.00)	89.95 (100)	89.95 (100)	85.95 (95.55)	0.00 (0.00)	0.00 (0.00)	4.00 (4.45)

县（区）	总面积	低利用程度			中利用程度			高利用程度		
		2000年	2010年	2020年	2000年	2010年	2020年	2000年	2010年	2020年
曲水县	61.91	0.00 (0.00)	0.00 (0.00)	0.00 (0.00)	61.91 (100)	61.91 (100)	37.28 (60.22)	0.00 (0.00)	0.00 (0.00)	24.63 (39.78)
色尼区	94.9	0.00 (0.00)	0.00 (0.00)	0.00 (0.00)	94.9 (100)	94.9 (100)	94.9 (100)	0.00 (0.00)	0.00 (0.00)	0.00 (0.00)
合计	1166.03	9.92 (0.85)	9.92 (0.85)	0.00 (0.00)	1152.76 (98.86)	1153.47 (98.92)	1084.42 (93.00)	3.34 (0.29)	2.63 (0.23)	81.61 (7.00)

注：括号中的数据表示占比，单位为%。

6.2.3 洪积扇的利用潜力

洪积扇具有较大的利用潜力，大部分洪积扇均距离公路、村庄和河流的5km范围内。洪积扇整体上距离公路较近，大部分洪积扇均距离公路5km以内（图6-4）。洪积扇距离一级公路≤1km的数量占总洪积扇数量的比例为30.39%，面积比例为22.22%；距离一级公路≤5km的数量比例为61.99%，面积比例达到77.64%。距离二级公路≤1km的数量比例达到68.40%，面积比例为47.47%；距离二级公路≤5km的数量比例高达93.70%，面积比例为97.58%。而对于三级公路，距离≤1km的洪积扇数量比例为30.39%，面积达到22.22%；距离≤5km的洪积扇数量比和面积比高达96.73%和99.26%；所有洪积扇均分别于三级公路10km以内。

洪积扇整体上距离城镇较远、村庄较近，大部分洪积扇距离村庄5km以内（图6-5）。距离城镇≤1km的洪积扇数量和面积占总洪积扇数量和面积的比例较少，分别仅有1.94%和1.59%；距离城镇≤5km的洪积扇数量和面积比分别为34.62%和36.30%；距离超过10km时，洪积扇的数量和面积比超过50%。距离村庄≤1km的洪积扇数量和面积比分别为11.99%和6.73%；距离村庄≤5km的洪积扇数量和面积比达到53.63%和46.14%。

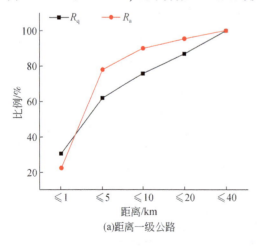

(a)距离一级公路

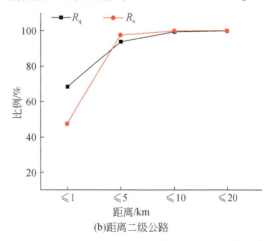

(b)距离二级公路

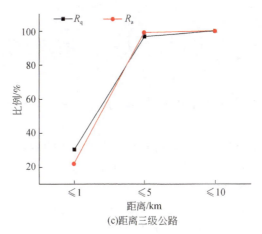

(c)距离三级公路

图 6-4　距离不同等级道路洪积扇的数量与面积比例

R_q 表示数量；R_a 表示面积，下同

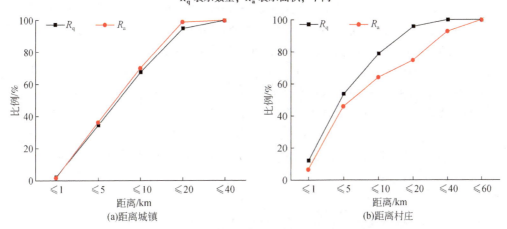

(a)距离城镇　　　　　　　　　　(b)距离村庄

图 6-5　距离城镇和村庄洪积扇的数量与面积比例

　　洪积扇整体上距离河流较近，大部分洪积扇距离河流在 5km 以内（图 6-6）。距离河流 1km 的洪积扇数量和面积比例分别为 23.66% 和 21.83%；距离河流≤5km 的洪积扇数量和面积比例分别为 61.86% 和 77.38%。

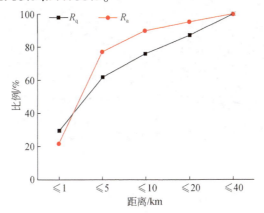

图 6-6　与河流不同距离洪积扇的数量与面积比例

6.3 讨　　论

6.3.1　土地利用空间分布及其影响因素

拉萨河流域洪积扇土地利用的空间分布受到自然因素的制约较大，但受人类活动的影响也愈发剧烈。以拉萨河流域的耕地、人造地表和水体为例，这三种地类的分布主要受到温度、海拔和坡度等自然条件的约束。洪积扇耕地主要分布于中下游地区（图 6-2），这与拉萨河流域耕地的主要分布区域一致（摆万奇等，2014），主要包括堆龙德庆区、林周县和墨竹工卡县。这些区域海拔较低、热量相对充足、易于灌溉，可种植青稞、冬小麦、油菜和土豆等多种作物（摆万奇等，2014）。主要的分布县（区）与洪积扇耕地随海拔分布的分析结果也相吻合，2000 年洪积扇耕地主要分布于海拔≤4000m 的区域，该区域的耕地面积为 90.53km²，占总耕地面积的 92.09%，在海拔 4000～4500m 区域的耕地面积仅有 7.78km²，而在 4500m 以上的区域没有分布，说明海拔对高寒区的耕地分布影响较大。洪积扇上的人造地表多为居民地（Chen et al.，2021），人类适宜居住的自然条件与人类发展农业（耕地）类似。杨春艳等（2015）的研究结果也表明西藏自然条件恶劣，耕地和居民地大多分布于海拔 4200m 以下水热条件较好的区域。洪积扇上的水体面积分布较少，2000 年仅有 0.43km²（表 6-3），且多为用于耕地灌溉和牲畜饮水的小型蓄水池（图 6-7），因此其分布与耕地重合。上述三种地类同时受到坡度的影响，均主要分布于≤8°的区域（表 6-8）。

图 6-7　位于某洪积扇上的蓄水池

洪积扇的水分条件和发育时期也是影响洪积扇土地利用空间分布的主要因素。洪积扇是典型的流水地貌，分布在拉萨河的两侧（Chen et al.，2022a），因此扇缘的水分条件一般要好于扇中和扇顶区域，这也导致了耕地多分布于洪积扇的扇缘区域（Chen et al., 2022b）。洪积扇的发育时期对于土地利用的分布也有影响，处于发展期的洪积扇由于受到洪水威胁，一般多分布灌木地和草地，而处于稳定期的洪积扇多分布耕地和人造地表（何果佑等，2010）。

但草地的分布受到自然条件的限制较少，受海拔和坡度的制约较小。例如，在 2000 年，除海拔>5000m 的区域分布的草地较少（0.75km²），在 ≤4000m、4000～4500m 和 4500～5000m 三个海拔梯度上分布的草地均在 200km² 以上；在 ≤5°、5°～8° 和 8°～15° 三个坡度梯度上分布的草地均在 100km² 以上。野外调查研究也表明，洪积扇上不同海拔、不同地势和水分条件下，均有多种类型的草本植物分布（林红等，2021）。

洪积扇的土地利用在一定程度上也受到其形态和大小的影响。形态复杂或者面积过小的洪积扇不易于人类利用，如堆龙德庆区的 1-6 号洪积扇，面积约有 1km²，土地利用主要为草地，坡度较大而面积小，人类难以在扇面修建村庄或者开垦农田。

因此，尽管土地利用的分布受自然条件约束较大，但近年来受到人类活动的影响也越来越大。例如，由于设施农业的发展、灌溉条件的改善，耕地的分布有往高海拔区域发展的趋势（魏慧等，2019）。

6.3.2 土地利用变化及其影响因素

与洪积扇土地利用的空间分布不同，土地利用变化虽然也受自然因素影响，但大部分地类的变化受到人类活动的影响更大。近年来，拉萨河流域人地冲突增加，越靠近中心城区（城关区）对于耕地和居住用地的需求愈发激烈（Chen et al., 2021；Wang and Liu, 2019）。洪积扇上耕地和人造地表的面积呈现增大趋势，而草地、林地和湿地面积呈现减小趋势（表 6-3）。在 2000～2020 年，耕地和人造地表面积由 98.31km² 和 5.50km² 增加至 195.38km² 和 61.79km²，分别增加了 98.74% 和 1023.45%。而草地、林地和湿地面积由 1040.56km²、0.26km² 和 0.02km² 减小至 870.04km²、0.10km² 和 0.00km²，分别减小了 16.39%、61.54% 和 100%。而且耕地的主要增加区域为城关区、堆龙德庆区、林周县、墨竹工卡县、达孜区等靠近城区的区域，可以反映出当地对耕地和居民用地的需求越来越高。

土地利用在不同海拔和坡度梯度的变化趋势也可以证实当地居民对耕地和居民用地的需求越来越高。例如，从 2000～2020 年，草地在海拔 ≤4000m 或坡度 ≤8° 的区域急剧下降，而耕地和人造地表却急剧上升；海拔>4000m 或坡度大于 8° 本不是耕地和人造地表优先发展和分布的区域，但其面积也不断呈增加趋势。耕地、人造地表、灌木地等地类面积的增加主要来源于草地面积的减少。以耕地为例，耕地在 2000～2010 年共由其他地类转入 87.93km²，而由草地转入的面积就达到 97.23%；2010～2020 年耕地共转入 117.52km²，草地的转入面积比例仍高达 99.25%。同样地，也有部分草地转化成为灌木地，但这种转化并不是单纯地将草地清除后人工种植灌木，可能主要原因是西藏自治区在 "一江两河" 流域开展的植树造林、防风治沙工程和水土流失治理工程等，部分草地上种植了沙棘、锦鸡儿和砂生槐等灌木（李海东，2012），因此灌木面积有所增加。整体上，林地和草地在 2000～2020 年分别减小了 61.54% 和 16.39%，湿地在洪积扇上至 2010 年以后已无分布，主要是被人造地表占据。可见，拉萨河流域洪积扇土地利用变化的驱动因素主要是人类活动。

林地、草地和湿地是重要的生态用地，发挥着多种功能，如水源涵养、防治水土流失和维持生物多样性等功能（Kong et al.，2021）。按照土地转移分析的结果，生态用地多被人造地表或者耕地代替。按照目前的发展趋势，如果林地和草地也持续下降，可能引发一些生态环境问题，导致洪积扇后续的可持续利用受到影响。因此，在后续研究中，加强对洪积扇地表的土地功能和生态承载力进行调查和研究，确定洪积扇维持正常生态功能所需生态用地的面积阈值，以实现洪积扇土地资源的可持续利用与发展。

6.3.3　洪积扇利用潜力及其影响因素

在全球土地资源供需矛盾日益凸显，人地关系日趋紧张的背景下，如何缓解人地矛盾是当下人类社会的一个重要任务（陈同德等，2020；孙晓晨等，2022）。在拉萨河流域主要有四类典型的地貌，分别是山地、沟谷、阶地和洪积扇（Dai et al.，2018；Wei et al.，2012）。相比山地，阶地和洪积扇的海拔较低，更容易利用被当地人利用。然而，相比洪积扇，阶地由于更靠近河流、地势平坦、土壤肥沃，因此拉萨河流域大部分城镇、村庄和农田均位于河流阶地上。另外，洪积扇是暂时性或者季节性河流挟带沙砾卵石等出山口后形成具有多河床辫流的一种扇状地形，一般由多次洪积过程形成（陈同德等，2020），因此形成时具有一定的坡度（Stock et al.，2008）。而且由于独特的形成过程，洪积扇也更容易受到洪水和土壤侵蚀的威胁（Deng et al.，2019），因此其被利用的优先级一般不如阶地。然而，由于近些年拉萨河流域人口和经济的增长，对于土地的需求越来越多（Chu et al.，2010）。同时，阶地的面积开发程度已很高，而且分布面积有限，因此坡度相对较缓、海拔相对较低的洪积扇成为一类重要的土地资源。从洪积扇的土地利用变化特征也可充分反映出洪积扇对当地发展越来越重要。

洪积扇与道路、居民地和水源的距离对于洪积扇的利用潜力至关重要（Chen et al.，2021）。为促进西藏的经济发展，近些年当地的道路密度提高较快，但在全国仍然最低（Jin et al.，2010）。然而，有77.63%、97.53%和99.27%的洪积扇分布于距离一等、二等和三等公路的5km范围内（图6-4）。因此，大部分的洪积扇距离道路较近，相对容易到达。拉萨河流域属于典型的半干旱气候（Lin et al.，2008），因此水资源对于区域发展有着重要作用。共计有61.86%的洪积扇距离河流5km内（图6-6），从水资源的角度来看，大部分洪积扇可以用于生产生活。

土地利用程度既能综合反映土地利用现状，也能反映未来土地利用的潜力大小（张富刚，2005）。从土地利用程度的角度出发，判断一个区域的土地是否具有较大利用潜力的条件有两个：一是否有从低到高发展的潜力；二是处于低、中利用程度土地的规模。土地因自然环境或者政策、管理方面的限制，难以发展至高利用程度。例如，沙漠、戈壁、海拔特别高的区域，由于自然条件恶劣，一般其土地利用程度均较低，难以向高利用程度发展（Zhuang and Liu，1997）；自然保护区、国家公园等区域，除非政策改变，一般也很难向高利用程度发展。另外，如果一个区域大部分土地处于高利用程度，那也难以再有大的利用潜力。例如，北京、上海、西安等大城市的中心城区，大部分土地被各类人造地表覆盖，已达到高利用程度，因此这些区域的土地利用程度也很难再进行提高。拉萨河流域洪积扇满足这两个条件，首先，洪积扇有从低利用程度向中、高的土地利用程度发展的潜力。2000 年，低利用程度的洪积扇只分布于当雄县、嘉黎县和林周县，分布面积也仅有 8.54km² 、0.99km² 和 0.39km²；至 2020 年，已无低利用程度洪积扇分布。高利用程度的洪积扇在 2000 年仅在城关区有分布，2020 年不仅城关区以及靠近拉萨城区的县（区）（堆龙德庆区、达孜区、林周县和曲水县）高利用程度的洪积扇增加迅速，而且当雄县和墨竹工卡县两个分布于较高海拔的县也开始有高利用程度的洪积扇分布，可以说明洪积扇有从低利用程度向高利用程度发展的潜力。其次，目前拉萨河流域的处于中利用程度的洪积扇面积有足够的规模。尽管从 2000~2020 年，中利用程度的洪积扇在逐渐减少，但 2020 年面积仍然达到 1084.42km²，占洪积扇总面积的 93.00%。因此，拉萨河流域的洪积扇的利用潜力目前仍然很大。

拉萨河流域有两个区域的洪积扇在未来可能会有更大的利用潜力。首先是当雄县，在 2000 年有 8.54km² 低利用程度的洪积扇和 476.66km² 中利用程度的洪积扇，而至 2020 年已无低利用程度的洪积扇，中利用程度的洪积扇增加至 481.61km²，中等级洪积扇的面积就占拉萨河流域洪积扇总面积的 41.30%；同时，2020 年开始出现 3.59km² 高利用程度的洪积扇（表 6-9）。该区域大部分洪积扇处于中等级利用程度的原因是当雄县的海拔较高，由于温度限制，历来难以大规模发展种植业，因此天然草地分布广泛，是传统的牧业区（摆万奇等，2014）。然而，在西藏气候暖湿化的大背景下，有研究显示西藏的作物整体布局向高纬度和高海拔地区扩张（刘国一，2019），本研究有关洪积扇土地利用变化的结果也与该结论相符。而且该区也已出现高利用程度的洪积扇，也在发展设施农业（魏慧等，2019），因此当雄县的洪积扇有较大的利用潜力。第二个区域是城区及其附近区域，主要包括城关、达孜区、堆龙德庆区、曲水县和林周县，在拉萨河流域属于传统的农区，分布有大量的耕地，人口密度也较大（摆万奇等，2014），因此主要的高利用程度洪积扇也集中于此。2000~2020 年，这些区域的高利用程度的面积上升较快，而中利用程度的洪积扇面积虽然在急剧下降，但总和仍可达到 361.54km²（表 6-9）。该区域海拔较低，光、热和水资源充足，而且道路密度、人口密度也较高，因此该区域的洪积扇有较大的潜力发展为高利用程度。

综上，拉萨河流域的大部分洪积扇距离道路、村庄和河流较近，而且多处于中等级利用程度，在西藏人口持续增长、经济发展的大背景下，洪积扇的利用潜力将越来越大。按照庄大方和刘纪远（1997）对土地利用程度的研究结果，最高利用程度的土地利用为城镇、居民点、交通用地等人造地表，然后为耕地、园地、人工草地等由人类管理的农业用地。另外，洪积扇的利用潜力还受到地表土壤侵蚀的影响，特别是侵蚀沟使得洪积扇地表破碎化，致使其难以利用。植被的株高、冠幅、种类、多样性等特征也能反映出洪积扇是否适宜植物生长，是否适宜人类利用。因此，如果洪积扇向高程度（居民地为主或者耕地为主）发展，还需要对洪积扇的土壤质量和农业适宜性进行评估。土壤质量评估是确定洪积扇土地是否适合发展农业的基础，而农业适宜性评价可从自然、社会和经济等条件综合衡量洪积扇发展农业的潜力，以合理规划、利用和保护洪积扇。

6.4 小　结

（1）2000～2020 年洪积扇耕地、灌木林地、裸地、人造地表和水体面积分别增加了 98.74%、59.43%、40.00%、1023.45% 和 1139.53%，而草地、林地和湿地分别减少 16.39%、61.54% 和 100%。耕地和人造地表主要的分布区域和新增区域均为拉萨河中下游地区，包括城关区、堆龙德庆区、达孜区和林周县；草地的主要分布区域为当雄县、林周县和色尼区，而减少区域主要为林周县。

（2）洪积扇为拉萨河流域提供了较多耕地和人造地表，对当地的作用越发重要。洪积扇的耕地面积在 2000 年、2010 年和 2020 年分别为 98.31km²、148.32km² 和 195.38km²，占洪积扇总面积的 8.43%、12.72% 和 16.76%，但其可占拉萨河流域耕地面积的 17.72%、21.84% 和 24.17%；同样地，人造地表面积在 2000 年、2010 年和 2020 年为 5.50km²、5.36km² 和 61.79km²，仅占洪积扇总面积的 0.47%、0.46% 和 5.30%，但却占拉萨河流域人造地表面积的 7.89%、7.51% 和 25.24%。

（3）耕地、人造地表、灌木地等地类面积的增加主要来源于草地面积的减少。草地在 2000～2010 年共转出 91.68km²，其中，93.25% 转成耕地，4.73% 转成灌木地，1.71% 转成人造地表，其余的 0.31% 转为林地和水体；2010～2020 年草地共转出 179.82km²，其中 64.86% 转为耕地，23.37% 转为人造地表，9.62% 转为灌木地，其余部分转为其他地类（2.15%）。

（4）土地利用变化较快的区域在海拔≤4000m 和坡度≤8°的区域。耕地、人造地表和水体在海拔≤4000m 的区域增加的面积占对应土地利用总增加面积的 83.92%、86.65% 和 2.86%，在坡度≤8°的区域增加的面积占 72.84%、99.18% 和 100.00%；同时，耕地和人造地表有向更高海拔、更大坡度区域扩展的趋势；而草地在≤4000m 和≤8°的区域分别下降 77.25% 和 79.58%。

（5）拉萨河流域洪积扇土地利用程度整体上呈现不断增大的趋势。高利用程度的洪积扇面积分别在 2000 年和 2010 年分布较少，仅在城关区和达孜区分布有 5.97km²，仅占洪积扇总面积的 0.51%；但至 2020 年增加至 81.61km²，可占洪积扇总面积的 7.00%，除嘉黎县和色尼区以外，其余县（区）均开始有高利用程度的洪积扇分布。

（6）拉萨河流域洪积扇距离公路、村庄和河流较近，整体利用潜力较大。洪积扇距离一级公路≤5km 的数量占洪积扇总数量的 61.99%；距离二级公路≤5km 的数量占洪积扇总量的 93.70%；距离三级公路≤5km 的洪积扇数量占洪积扇总量的 96.73%。距离城镇≤5 公里的洪积扇数量占总量的 34.62%；距离村庄≤5km 的洪积扇数量占总量的 53.63%；距离河流≤5km 的洪积扇数量占洪积扇总量的 61.86%。因此，大部分洪积扇在距离公路、村庄和河流的≤5km 范围内，具有较大开发利用潜力。

参 考 文 献

摆万奇，姚丽娜，张镱锂，等.2014. 近 35a 西藏拉萨河流域耕地时空变化趋势. 自然资源学报，29（4）：623-632.

陈同德, 焦菊英, 林红, 等. 2020. 扇形地的类型辨析及区分方法探讨. 水土保持通报, 40 (4): 190-198.

何果佑, 达桑, 陈春, 等. 2010. 洪积扇的分布与地质条件及人类工程活动的关系. 水力发电, 36 (1): 45-47.

李海东. 2012. 雅鲁藏布江流域风沙化土地遥感监测与植被恢复研究. 南京: 南京林业大学.

林红, 焦菊英, 陈同德, 等. 2021. 西藏拉萨河流域中下游洪积扇植被的物种组成与多样性特征. 水土保持研究, 28 (5): 67-75.

林树高, 陆汝成, 刘少坤, 等. 2021. 基于"三生"空间的广西边境地区土地利用格局及多功能演变. 农业工程学报, 37 (5): 265-274.

刘国一. 2019. 气候变化对西藏农业生产的影响. 西藏农业科技, 41 (1): 49-54.

孙晓晨, 焦菊英, 王红雷, 等. 2022. 河湟谷地 1980-2020 年土地利用变化及其冷热点分布. 水土保持通报, 42 (1): 327-334.

杨春艳, 沈渭寿, 王涛. 2015. 近30年西藏耕地面积时空变化特征. 农业工程学报, 31 (1): 264-271.

魏慧, 吕昌河, 刘亚群, 等. 2019. 青藏高原设施农业分布格局及变化. 资源科学, 41 (6): 1093-1101.

张富刚. 2005. 土地空间利用分析及土地利用程度评价研究. 北京: 中国农业大学.

庄大方, 刘纪远. 1997. 中国土地利用程度的区域分异模型研究. 自然资源学报, 12 (2): 10-16.

Chen T D, Jiao J Y, Chen Y X, et al. 2021. Distribution and land use characteristics of alluvial fans in the Lhasa River Basin, Tibet. Journal of Geographical Sciences, 31 (10): 1437-1452.

Chen T D, Jiao J Y, Zhang Z Q, et al. 2022a. Soil quality evaluation of the alluvial fan in the Lhasa River Basin, Qinghai-Tibet Plateau. Catena, 209: 105829.

Chen T D, Wei W, Jiao J Y, et al. 2022b. Machine learning-based identification for the main influencing factors of alluvial fan development in the Lhasa River Basin, Qinghai-Tibet Plateau. Journal of Geographical Sciences, 32 (8): 1557-1580.

Chu D, Zhang Y L, Bianba C, et al. 2010. Land use dynamics in Lhasa area, Tibetan Plateau. Journal of Geographical Sciences, 20: 899-912.

Dai F, Lv Z, Liu G. 2018. Assessing soil quality for sustainable cropland management based on factor analysis and fuzzy sets: a case study in the Lhasa River Valley, Tibetan Plateau. Sustainability, 10 (10): 3477.

Deng Y S, Shen X, Xia D, et al. 2019. Soil erodibility and physicochemical properties of collapsing gully alluvial fans in Southern China. Pedosphere, 29 (1): 102-113.

Jin F J, Wang C J, Li X W, et al. 2010. China's regional transport dominance: density, proximity, and accessibility. Journal of Geographical Sciences, 20 (2): 295-309.

Kong X, Zhou Z, Jiao L. 2021. Hotspots of land-use change in global biodiversity hotspots. Resources, Conservation and Recycling, 174: 105770.

Lin X, Zhang Y L, Yao Z J, et al. 2008. The trend on runoff variations in the Lhasa River Basin. Journal of Geographical Sciences, 18 (1): 95-106.

Stock J D, Schmidt K M, Miller D M. 2008. Controls on alluvial fan long-profiles. Geological Society of America Bulletin, 120 (5-6): 619-640.

Wang L, Liu H. 2019. Quantitative evaluation of Tibet's resource and environmental carrying capacity. Journal of Mountain Science, 16 (7): 1702-1714.

Wei Y L, Zhou Z H, Liu G C. 2012. Physico-chemical properties and enzyme activities of the arable soils in Lhasa, Tibet, China. Journal of Mountain Science, 9 (4): 558-569.

Zhuang D F, Liu J Y. 1997. Modeling of regional differentiation of land-use degree in China. Chinese Geographical Science, 7 (4): 302-309.

第7章 | 洪积扇的农业适宜性评价

7.1 研究方法

7.1.1 洪积扇农业适宜性评价体系建立与其指标获取

农业在广义上包括种植业、畜牧业、林业、渔业和副业五种产业形式（李秀娟等，2021）。西藏是我国著名的畜牧业大省，其草地面积约 $8.82 \times 10^6 \text{ km}^2$，位居全国之首（张晓庆和参木友，2020）。西藏各地区均适宜发展畜牧业，而种植业主要集中在"一江两河"地区；该地区是西藏主要的产粮基地，粮食产量可占西藏粮食总产量的 72%（孙维等，2008）。林业、渔业和副业并不是西藏地区的主导产业，在农业中的占比极小（李少伟等，2009）。因此，在一江两河流域，农业结构以种植业和畜牧业为主。

拉萨市位于拉萨河流域，是西藏的政治、经济和文化中心，随着人口的增加，对于耕地的需求也不断增加，因此该流域的耕地一直处于增加趋势（摆万奇等，2014）。洪积扇是拉萨河流域典型的流水地貌，是具有一定坡度的扇状堆积体。在前几章从数量分布、土壤质量、植被特征、土地利用等多个方面证实了洪积扇在发展农业方面有着良好的资源禀赋。但在拉萨河流域发展种植业比畜牧业具有更为严格的自然环境条件限制，如积温、水分和光照等（孙维等，2008）。因此，本章以当地种植最为广泛的青稞为例，结合洪积扇的地形、环境和社会经济等方面的指标建立评价体系，评价洪积扇的农业适宜性。

洪积扇的地形，如面积、坡度和海拔影响着洪积扇扇面的农业生产活动，如果坡度太陡、面积过小、海拔过高的区域均不适宜发展农业。农业生产需要一定的环境条件，如积温、降水量过低，作物无法生长。同时，农业生产也需要社会经济基础，如土地距离居民地距离过远，农业生产也难以开展。因此，根据野外 20 个典型洪积扇的调查结果，结合洪积扇的地形地貌特征和土地适宜性评价研究现状，分层次建立如下评价体系（表 7-1）。

地形适宜性指标包括面积、坡度、海拔。地形是洪积扇本身的属性，相对稳定，一般短期内不会发生变化。一般面积越大、坡度越小、海拔越低的区域，越适于农业生产，因此面积为正向型（越大越好）指标，而坡度和海拔为反向型（越小越好）指标。三个地形适宜性指标中利用 ArcGIS 从 DEM（Alos 12.5m）提取分析计算得到，本研究选取的坡度和海拔指标是指洪积扇的平均坡度和平均海拔。

表 7-1　洪积扇农业适宜性评价体系

目标层	准则层	指标层	单位
洪积扇农业适宜性	地形适宜性	面积	km²
		坡度	(°)
		海拔	m
	环境适宜性	≥0℃积温	℃
		土壤质量	–
		植被盖度	%
		降水量	mm
		地表割裂度	km/km²
		洪水危险性	–
	社会经济适宜性	土地利用程度	–
		与一等公路的距离	km
		与二等公路的距离	km
		与三等公路的距离	km
		与河流的距离	km
		与村庄的距离	km
		与城镇的距离	km
		与县城的距离	km

　　环境适宜性指标包括积温、土壤质量、植被盖度、降水量、地表割裂度和洪水危险性。环境指标相对地形指标,更容易变化,积温、植被盖度、降水量、洪水危险性等会随着时间和空间发生变化,土壤质量易在人类活动影响下发生改变,而地表割裂度会随着沟蚀的不断发育而发生改变。一般来说,积温、植被盖度和降水量越高,地表割裂度和洪水危险性越低的区域更适于农业生产活动。环境适宜性指标中的土壤质量和植被盖度通过野外调查采样及测试分析的结果计算获得,其过程见 3.1 节内容。将 ≥0℃的积温数据(栅格数据)导入至 ArcGIS,提取洪积扇每个采样点的多年平均积温数据,积温数据由资源环境科学数据与数据中心获得。地表割裂度为洪积扇侵蚀沟面积与洪积扇面积的比值,由 Google Earth 影像目视解译获得。洪水危险性评价一般需要高精度的降水过程数据以及地形地貌数据,但这些数据在拉萨河流域难以获取,因此以洪积扇的集水区面积来代替该指标,一般集水区越大,汇水面积也越大,因此洪积扇上越发生洪水的概率越大。

　　社会经济适宜性指标包括土地利用程度、与一等公路的距离、与二等公路的距离、与三等公路的距离、与河流的距离、与村庄的距离、与城镇的距离、与县城的距离。社会经济指标中的土地利用程度越高,代表人类社会对洪积扇的投入和改造力度越大,越适宜人类生产和利用。与公路、河流和居民地距离越近,也越方便人类生产利用。土地利用程度的计算方法同 6.1 节内容,土地利用数据由 Google Earth 影像结合野外实测校正获得。与一等公路的距离、与二等公路的距离、与三等公路的距离、与河流的距离、与村庄的距离、与城镇的距离和与县城的距离由 ArcGIS 的领域分析功能计算洪积扇质心与上述对象间的距离获得，具体过程见 6.1 节内容。

7.1.2 洪积扇农业适宜性的评价方法

1. 洪积扇农业适宜性评价模型的建立

利用加权和法建立农业适宜性评价综合指数模型，即将不同性质和量纲的指标进行标准化，加权后得到农业适宜性指数（金贵等，2013），其原理与第三章建立土壤质量指数相似，如下所示：

$$\text{STS} = \sum_{i}^{n} W_{x_i} f_{x_i} \tag{7-1}$$

式中，STS 为农业适宜性指数（suitability score），W_{x_i} 为指标 x_i 的权重，f_{x_i} 为 x_i 的标准化得分；i 为农业适宜性指标（$i=1, 2, 3, \cdots, 17$）。

根据表 7-1，洪积扇农业适宜性指标共计 17 个，所有指标均通过标准化方程进行标准化（Guo et al.，2017），标准化可以消除不同指标量纲对结果的影响。本章利用两种形式的标准化方程，分别是"越大越好"型（M）和"越小越好"型（L）。根据农业适宜性的评价目的，洪积扇的面积、积温、土壤质量、植被盖度、降水量、土地利用程度使用 M 型标准化方程，与一等公路的距离、与二等公路的距离、与三等公路的距离、与河流的距离、与村庄的距离、与城镇的距离、与县城的距离、坡度、海拔、地表割裂度和洪水危险性使用 L 型标准化方程。这两种类型的标准化方程如下：

$$M: f(x) = \begin{cases} 0.1, & x < x_{\min} \\ 0.1 + \dfrac{0.9 \times (x - x_{\min})}{x_{\max} - x_{\min}}, & x_{\min} < x < x_{\max} \\ 1, & x > x_{\max} \end{cases} \tag{7-2}$$

$$L: f(x) = \begin{cases} 1, & x < x_{\min} \\ 1 - \dfrac{0.9 \times (x - x_{\min})}{x_{\max} - x_{\min}}, & x_{\min} < x < x_{\max} \\ 0.1, & x > x_{\max} \end{cases} \tag{7-3}$$

式中，$f(x)$ 为指标的标准化得分（处于 0.1~1）；x 为对应指标的数值。

评价流程如图 7-1 所示。首先，根据 20 个洪积扇的典型调查数据，利用主成分分析法和穷举法确定洪积扇农业适宜性评价的最小数据集（minimum data set，MDS）；然后，将 MDS 推广至整个流域，完成所有洪积扇（826 个）的农业适宜性评价。

本章涉及两种尺度的农业适宜性评价，第一种是 20 个典型洪积扇，用以确定最小数据集；第二种是面向整个拉萨河流域 826 个洪积扇的农业适宜性评价。土壤质量、植被盖度和地表割裂度这三个环境适宜性指标在两种尺度的评价中采用的数据来源不同。第一种尺度的适宜性评价中，土壤质量和植被盖度通过 20 个洪积扇的典型调查获得，其结果已在第 3、第 4 章中计算得到；地表割裂度的计算首先需在 ArcGIS 中对这 20 个洪积扇的 Google Earth 影像中的侵蚀沟进行目视解译，计算几何之后即可得到每个洪积扇上的沟蚀面积,除以对应洪积扇的面积即可得到洪积扇的地表割裂度。而第二种尺度的评价中,由于调查和测试成本等考虑,植被盖度由 NDVI 代替,其值也在第 2 章提取得到,地表割裂度由第二章计算得到的沟壑密度代替;土壤质量用土壤有机质含量代替(由第 3 章可知拉萨河流域洪积扇的土壤质量指数与土壤有机质显著相关),土壤有机质数据(精度为 1km)来源于资源环境科学数据与数据中心,将其导入 ArcGIS 中后利用分区统计功能,即可得到 826 个洪积扇的平均土壤有机质含量。

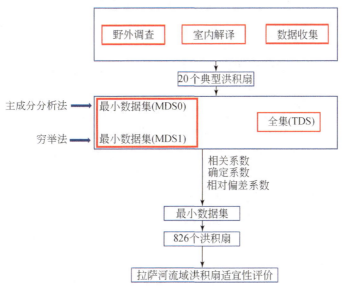

图 7-1   拉萨河洪积扇农业适宜性评价流程

2. 最小数据集的确定及权重计算

1) 主成分分析法

基于测试指标成本和高海拔野外工作量的考虑,在拉萨河流域选择了 20 个典型洪积扇,利用主成分分析法选择评价洪积扇农业适宜性的最小数据集(MDS0),然后利用最小数据集完成拉萨河的所有洪积扇的适宜性评价。主成分分析法可以实现指标的约减和降维。一般来说,一些指标间的关系可能较为密切,反映的信息也会有重叠。主成分分析会将指标的数量减少至一组向量中,并将向量分组为若干关键指标,提取出关键指标后即可实现最小数据集的筛选。但根据前人研究,主成分分析容易在减少指标的同时引起一些信息的缺失,因此一般引入矢量常模(Norm 值)来减少信息的缺失。Norm 值的几何意义为某指标矢量常模的长度,其值越大,表明该指标对所有主成分的综合载荷越大,解释综合信息的能力越强(刘鑫等,2018)。在主成分分析确定的某组别中,有多个指标均具有代表性(因子载荷≥0.5)时,选择 Norm 值较大的指标(某指标若在最大 Norm 值 10% 范围内,即被认为是较大的指标),保留至最小数据集的初选指标中,然后再根据指标间的相关系数来确定最后的 MDS0。如果某组初选指标间的相关性较强,只保留与其他指标相关系数较大指标;如果指标间没有相关性,就只保留 Norm 值相对较大的指标,进而确定最终的 MDS0。Norm 值的计算方法如下:

$$N_{ij} = \sqrt{\sum_1^j U_{ij}^2 \cdot \lambda_j} \tag{7-4}$$

式中，N_{ij}为第 i 个指标在特征值≥1 的前 j 个主成分上的综合载荷；U_{ij}为第 i 个指标在第 j 个主成分上的载荷；λ_j为第 j 个主成分的特征值。

主成分分析法中，公因子方差代表对整体的贡献度，因此将各指标的公因子方差与总方差的比例作为各指标的权重（陈正发等，2019）。

2）穷举法

穷举法又称枚举法，指在进行归纳推理时，逐个考察某类事件所有可能的情况，从而得到准确的一般性结论。本研究利用穷举法，筛选合适的最小数据集用以洪积扇农业适宜性评价。具体以 MDS0 中确定的指标个数为目标（比如 4 个），权重采用各指标的公因子方差与总方差比值，在 Python 中进行编程，从指标体系（17 个指标）中随机选择 4 个指标，再乘以对应权重（仍使用主成分分析法过程中确定的权重），按照式（7-1）计算洪积扇农业适宜性指数，输出所有组合类型（MDS1）的结果。根据现有研究，最小数据集计算得到结果与全集计算的结果进行相关分析，具有较高相关系数时，即可认为筛选的最小数据集合理。本方法将相关系数设置为 0.9，认为大于该数值时，二者间的相关系数较高。然后，对所有组合类型的结果进行筛选，如果某 MDS1 的结果与全集的评价结果的相关系数≥0.9，即初步选为最小数据集的考虑范围之内。最后，再根据指标间的相关性（尽量选择指标间不相关的组合，以减少信息重合）以及建立的评价体系，确定最终的 MDS1。

3）确定最小数据集

以全集（所有指标，TDS）计算得到的评价结果为评价基准，以 MDS0 和 MDS1 的评价结果与 TDS 的评价结果之间的线性相关系数（r）（Jin et al.，2021），确定拉萨河流域洪积扇农业适宜性评价的最小数据集。r 的计算公式如下：

$$r = \frac{\sum (x_{ij} - \bar{x}_i)(y_{ij} - \bar{y}_i)}{\sqrt{\sum (x_{ij} - \bar{x}_i)^2 \sum (y_{ij} - \bar{y}_i)^2}} \tag{7-5}$$

式中，r 为表达两个变量之间线性相关的量，该值越接近1，两个变量间越线性相关；x_{ij}为 TDS 中第 i 个指标的第 j 个值，$\bar{x}_i$为 MDS0 或 MDS1 中第 i 个指标的平均值；y_{ij}为 TDS 中第 i 个指标的第 j 个值，$\bar{y}_i$为 MDS0 或 MDS1 中第 i 个指标的平均值；i 为指标个数，分别为 1，2，3，…，17；j 为典型调查中洪积扇的个数，分别为 1，2，3，…，20。

7.1.3 洪积扇农业适宜性的分级

利用7.1.2节中确定的最小数据集，通过式（7-1）即可得到拉萨河流域所有洪积扇的农业适宜性指数。为更好地利用洪积扇，对洪积扇的适宜性进行分级，分为适宜、较适宜和不适宜三级。由于该地区目前并无相关研究，因此难以利用经验或者现有研究对洪积扇农业适宜性进行等级划分。因此采用自然间断点分级法来对洪积扇的等级进行划分，首先将洪积扇分为适宜级和较适宜级两级，然后不适宜级的划分由限制条件直接从较适宜级中筛选得到。自然间断点分级法，是基于数据相似值得到最佳分组的方法，同时可保证分组间的差异最大（李乃强和徐贵阳，2020）。该方法在 ArcGIS 已有集成，可直接利用 ArcGIS 完成分组。

由于在第 3 章中证实拉萨河流域的洪积扇距离水源和道路较近，且其土壤质量也较好，因此对于农业生产（以种植当地最主要的作物青稞为例）主要有三个方面的限制条件。第一，由于《中华人民共和国水土保持法》第二十条的规定，坡度≥25°的区域不得进行开垦，因此所有平均坡度≥25°洪积扇均为不适宜级洪积扇；第二，根据前人研究（袁雷和刘依兰，2017），西藏地区的青稞在积温>1000℃的区域才会有相对稳定的产量，因此积温在≤1000℃的洪积扇也均视为不适宜级洪积扇；第三，年降水量≤250mm 的区域环境较干旱，不适宜青稞生长（袁雷和刘依兰，2017），因此降水量≤250mm 的洪积扇也被视为不适宜级洪积扇。但根据第 2 章的结果，洪积扇的平均坡度均小于 25，没有≥25°的洪积扇发育，而拉萨河流流域的多年平均降水量也均>250mm（Wei et al.，2012；Zhang et al.，2010），因此，拉萨河流流域洪积扇农业适宜性评价的限制条件主要为积温。

7.1.4　不同农业适宜级洪积扇利用方式的确定

以拉萨河流域种植最为广泛的青稞为例，确定了洪积扇发展农业的限制条件。因此适宜级的洪积扇可以进行种植作物（青稞），不适宜级的洪积扇对作物生长有着绝对限制，不适宜进行耕作。较适宜的洪积扇处于二者之间，即可以适当进行耕作，但其质量不如适宜级的洪积扇。

对于不适宜发展种植业的洪积扇，可发展畜牧业。"一江两河"地区主要的农业产业包括种植业和畜牧业。而洪积扇发展畜牧业首先需要有充足的牧草地，由第 6 章结果可知，拉萨河流域所有洪积扇均分布着草地（图 6-2），尽管从 2000～2020 年草地面积在不断下降，但目前洪积扇上仍有草地 870.04km²，占洪积扇总面积的 74.62%（表 6-3）。其次，洪积扇发展畜牧业也需要考虑牧草地的质量。根据调查（具体见第 4 章），洪积扇上的草本植物较多，据不完全调查，洪积扇上共有 162 种植物，分属 138 属和 44 科，生长有众多优质牧草，如苜蓿、紫花针茅、冰草、高山韭等，而且不同地貌区洪积扇草本群落的覆盖度较高，平均覆盖度在 45%～98%（林红，2021；张子琦等，2022）。因此，可以充分证实不同环境下均有适宜生长的草本植物，表明洪积扇整体上是宜牧的。

7.2　结果与分析

7.2.1　洪积扇农业适宜性评价的最小数据集

1. 基于主成分分析的结果

主成分分析共提取出 4 个主成分（PC），所有主成分的特征值均大于 1，方差累计贡献率达到 83.30%（表 7-2），对总体方差的解释能力较强，即这 4 个主成分对 17 个指标有足够的解释能力。PC1～PC4 的主成分贡献率分别为 41.15%、27.23%、8.79% 和 6.13%，贡献率逐步减小。由 PC1～PC4 的因子载荷矩阵得知 4 个主成分对于指标的载荷有较大差异性。PC1 中，海拔、积温、SQI、植被盖度、降水量、一级道路距离、二级道路距离、村庄距离、乡镇距离、县城距离等共 14 个指标的载荷（绝对值）大于 0.5，说明这些指标在第一个主成分中的贡献率较高。PC2 中，面积、坡度、洪水危险性、三级道路距离、河流距离和村庄距离共 6 个指标的载荷（绝对值）大于 0.5，说明这些指标在第二个主成分中的贡献率较高。PC3 中坡度和土地利用程度贡献率（绝对值）大于 0.5，表明这两个指标在 PC3 中具有较高的贡献率。PC4 中地表割裂度和土地利用程度的贡献率（绝对值）大于 0.5，表明这两个指标在 PC4 中具有较高的贡献率。土地利用程度在 PC3 和 PC4 中同时大于 0.5，在这两个主成分中均具有较大的贡献率。

表 7-2   主成分分析结果

适宜性指标	主成分因子载荷				公因子方差	因子权重	Norm 值	分组
	PC1	PC2	PC3	PC4				
面积	0.082	0.952	0.207	0.110	0.968	0.068	2.079	2
坡度	0.169	-0.653	0.593	-0.001	0.806	0.057	1.642	2
海拔	0.810	0.299	-0.396	-0.163	0.928	0.066	2.294	1
积温	-0.756	-0.298	0.474	-0.003	0.885	0.062	2.178	1
SQI	0.896	0.059	-0.178	-0.017	0.839	0.059	2.384	1
植被盖度	0.778	-0.283	0.006	0.089	0.694	0.049	2.149	1
降水量	0.854	-0.286	0.067	0.132	0.833	0.059	2.346	1
地表割裂度	0.431	-0.137	0.189	0.678	0.700	0.049	1.386	4
洪水危险性	0.086	0.930	-0.111	0.178	0.916	0.065	2.027	2
土地利用程度	-0.363	-0.231	-0.514	0.581	0.787	0.056	1.384	3
一级道路距离	0.794	-0.350	0.264	0.098	0.832	0.059	2.256	1
二级道路距离	0.853	-0.136	0.214	0.053	0.794	0.056	2.290	1
三级道路距离	0.141	0.910	0.288	0.021	0.931	0.066	2.023	2
河流距离	-0.359	0.744	0.253	0.303	0.838	0.059	1.911	2
村庄距离	0.523	0.703	0.238	-0.189	0.860	0.061	2.079	1
乡镇距离	0.907	0.011	0.108	0.010	0.835	0.059	2.403	1
县城距离	0.816	0.032	-0.198	-0.086	0.714	0.050	2.175	1
主成分特征值	7.00	4.63	1.49	1.04				
主成分方差贡献率/%	41.15	27.23	8.79	6.13				
主成分累计贡献率/%	41.15	68.38	77.17	83.30				

将同一 PC 载荷（绝对值）贡献率≥0.5 的指标分为一组，如果一个指标在两个载荷上的贡献均≥0.5，那么该指标归并至与其他指标相关性较低的一组，分组结果如表 7-2 所示。按照方法中 MDSO 的筛选原则，对比各分组的 Norm 值，将每组中 Norm 值较大（最大 Norm 值 10% 范围）的指标纳入初选指标。第一组的初选指标包括：海拔、积温、SQI、植被盖度、降水量，第二组的初选指标包括：面积、洪水危险性、三级道路距离和河流距离，第三组和第四组分别只有土地利用程度和地表割裂度。结合指标间的相关分析结果（表 7-3），保留 Norm 值较大且与其他 PC 中相关性较低的指标，最终确定最小数据集中包含的指标分别为：面积、地表割裂度、土地利用程度和与乡镇距离。

表 7-3　20 个典型洪积扇农业适宜性指标相关系数矩阵

指标	X_1	X_2	X_3	X_4	X_5	X_6	X_7	X_8	X_9	X_{10}	X_{11}	X_{12}	X_{13}	X_{14}	X_{15}	X_{16}	X_{17}
X_1	1.000																
X_2	-0.491*	1.000															
X_3	-0.351	0.102	1.000														
X_4	0.391	0.002	-0.939**	1.000													
X_5	-0.289	0.147	0.815**	-0.754**	1.000												
X_6	-0.446*	0.501*	0.512*	-0.496*	0.701**	1.000											
X_7	-0.626**	0.358	0.680**	-0.739**	0.649**	0.810**	1.000										
X_8	-0.123	0.109	0.106	-0.112	0.261	0.119	0.220	1.000									
X_9	0.458*	-0.598**	0.223	-0.193	0.256	-0.072	-0.069	-0.072	1.000								
X_{10}	0.291	-0.065	-0.166	0.155	-0.181	-0.085	-0.054	-0.263	0.283	1.000							
X_{11}	-0.320	0.459*	0.350	-0.419	0.411	0.618**	0.632**	0.324	-0.245	0.016	1.000						
X_{12}	-0.269	0.192	0.373	-0.363	0.435	0.409	0.392	0.460*	0.247	-0.314	0.436	1.000					
X_{13}	0.167	0.084	-0.027	0.032	-0.114	-0.074	-0.071	0.472*	-0.319	-0.531*	-0.012	0.086	1.000				
X_{14}	0.584**	-0.429	-0.547*	0.470*	-0.464*	-0.465*	-0.411	-0.117	0.254	0.229	-0.490*	-0.356	0.099	1.000			
X_{15}	0.109	0.005	0.376	-0.246	0.415	0.261	0.173	0.142	0.179	-0.381	0.026	0.248	0.382	-0.068	1.000		
X_{16}	-0.133	-0.030	0.687**	-0.585**	0.846**	0.392	0.361	0.364	0.392	-0.320	0.247	0.534*	-0.062	-0.495*	0.516*	1.000	
X_{17}	-0.212	0.202	0.704**	-0.604**	0.674**	0.363	0.450*	0.420	0.084	-0.180	0.298	0.170	0.202	-0.474*	0.405	0.635**	1.000

** 极显著相关（Spearman，$P<0.01$），* 显著相关（Spearman，$P<0.05$）；

注：$X_1 \sim X_{17}$ 分别代表面积、坡度、海拔、植被盖度、洪水危险性、SQI、积温、降水量、地表割裂度、土地利用程度、一级道路距离、二级道路距离、三级道路距离、河流距离、村庄距离、乡镇距离和县城距离。

MDS0 中，地形适宜性指标入选 1 个，环境适宜性指标入选了 1 个，而社会经济适宜性指标入选了 2 个（表 7-4）。从 MDS0 指标的权重来看，面积的权重为 0.29，说明在利用该方法评价洪积扇农业适宜性时，面积对洪积扇农业适宜性的贡献较大。

表 7-4　MDS0 指标及其权重

农业适宜性指标	指标序号	指标类别	公因子方差	权重
面积	X_1	地形适宜性	0.968	0.29
地表割裂度	X_8	环境适宜性	0.700	0.22
土地利用程度	X_{10}	社会经济适宜性	0.787	0.24
乡镇距离	X_{16}	社会经济适宜性	0.835	0.25

2. 基于穷举法的结果

由主成分结合 Norm 值和相关分析已得到 MDS0，其中包括 4 个指标，而适宜性指标体系中共有 17 个指标，减少了近 76.47% 的指标，非常显著地简化了评价指标体系。因此，穷举法也以四个指标为 MDS1 的目标，从 17 个指标中随机筛选出 4 个指标进行组合，穷举所有的指标组合，而权重仍采用主成分分析过程中由公因子方差计算得到的权重。不断组合随机 MDS1，不断利用式（7-1）进行计算，计算结果与 TDS 的计算结果进行相关分析，并输出相关系数（r）大于 0.90 的组合。结果发现，与 TDS 相关系数 ≥0.90 的组合共计 187 个（表 7-5）。

表 7-5　穷举法相关系数大于 0.9 的不同组合

序号	指标间的不同组合	Person 相关系数	序号	指标间的不同组合	Person 相关系数
1	X_1，X_{12}，X_{13}，X_{15}	0.91	12	X_3，X_5，X_{15}，X_{16}	0.91
2	X_1，X_{13}，X_{15}，X_{16}	0.90	13	X_3，X_6，X_{11}，X_{13}	0.91
3	X_2，X_3，X_9，X_{16}	0.91	14	X_3，X_6，X_{11}，X_{15}	0.92
4	X_2，X_4，X_9，X_{10}	0.90	15	X_3，X_6，X_{12}，X_{15}	0.92
5	X_2，X_4，X_9，X_{16}	0.90	16	X_3，X_7，X_{12}，X_{15}	0.90
6	X_2，X_4，X_{13}，X_{16}	0.91	17	X_3，X_{11}，X_{13}，X_{14}	0.91
7	X_3，X_5，X_8，X_{15}	0.91	18	X_3，X_{11}，X_{13}，X_{16}	0.92
8	X_3，X_5，X_{10}，X_{16}	0.91	19	X_3，X_{11}，X_{13}，X_{17}	0.90
9	X_3，X_5，X_{12}，X_{13}	0.93	20	X_3，X_{12}，X_{13}，X_{16}	0.93
10	X_3，X_5，X_{12}，X_{15}	0.92	…	…	…
11	X_3，X_5，X_{13}，X_{15}	0.93	187	X_3，X_4，X_{10}，X_{16}	0.91

注：仅展示了部分结果，共计有 187 个组合；$X_1 \sim X_{17}$ 分别代表面积、坡度、海拔、植被盖度、有机质含量、积温、降水量、洪水危险性、地表割裂度、土地利用程度、一级道路距离、二级道路距离、三级道路距离、河流距离、村庄距离、乡镇距离和县城距离。

结合建立的洪积扇农业适宜性评价指标体系和指标间的相关分析结果,选择坡度、积温、三级道路距离和乡镇距离为 MDS1 的最终结果。MDS1 中,地形适宜性指标入选了 1 个,环境适宜性指标入选了 1 个,而社会经济适宜性因子入选了 2 个。其中,积温和三级道路的权重≥0.25,分别为 0.26 和 0.27(表 7-6),说明这两个指标在穷举法评价洪积扇农业适宜性时具有较大贡献。

表 7-6   MDS1 指标及其权重

农业适宜性指标	指标序号	指标类别	公因子方差	权重
坡度	X_2	地形适宜性	0.806	0.23
积温	X_6	环境适宜性	0.885	0.26
三级道路距离	X_{13}	社会经济适宜性	0.931	0.27
村庄距离	X_{15}	社会经济适宜性	0.835	0.24

3. TDS 的计算结果

农业适宜性最高为 1-8 号洪积扇,处于雅鲁藏布高山峡谷区(YV),其农业适宜性指数为 0.724,其扇顶至扇缘基本均有耕地分布,且扇缘处有温室大棚分布;而农业适宜性最低的洪积扇为 2-5(表 7-7,图 7-2),位于念青唐古拉高山峡谷区(NV),其农业适宜性指数为 0.432,其扇顶至扇缘均无耕地分布,可证实 TDS 的计算结果基本贴合实际。

表 7-7   TDS 的计算结果

洪积扇编号	农业适宜性指数	洪积扇编号	农业适宜性指数
1-1	0.683	1-11	0.630
1-2	0.677	1-12	0.718
1-3	0.701	2-1	0.691
1-4	0.628	2-2	0.669
1-5	0.688	2-3	0.569
1-6	0.636	2-4	0.536
1-7	0.629	2-5	0.432
1-8	0.724	3-1	0.604
1-9	0.672	3-2	0.434
1-10	0.682	3-3	0.649

注:洪积扇的分布如图 3-1 所示,基本信息如表 3-1 所示。

(a)达孜区德庆镇桑竹林村洪积扇（编号为1-8，STS最高）

(b)墨竹工卡县门巴乡贴浪村洪积扇（编号2-5，STS最低）

图7-2   20个典型洪积扇中农业适宜性（STS）最高和最低的洪积扇

20 个典型洪积扇分别位于雅鲁藏布高山峡谷区（YV）、念青唐古拉高山峡谷区（NV）和念青唐古拉高山盆地区（NB），三个区洪积扇的平均农业适宜性指数大小分布为 0.672>0.579>0.562。因此，YV 地区的洪积扇整体上其农业适宜性最高，该区历来也是拉萨河流域的传统农业区，也可证实 TDS 的计算结果贴合实际。

4. 最小数据集

MDS1 与 TDS 的线性相关系数（r）高达 0.92（图 7-3），而 MDS0 与 TDS 的线性回归尽管也呈显著（$P<0.05$），但其相关系数远低于 MDS1 与 TDS 的相关系数。因此，选择 MDS1 代替 TDS 评价整个拉萨河流域洪积扇的农业适宜性。

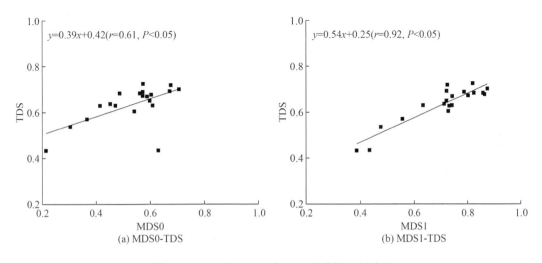

图 7-3　MDS0 和 MDS1 与 TDS 的线性回归关系

7.2.2 不同等级农业适宜性洪积扇的分布

利用 7.2.1 节确定的最小数据集（MDS1）和式（7-1），计算得到拉萨河流域所有洪积扇的农业适宜性指数，所得农业适宜性的等级划分结果基本和拉萨河流域农耕地的分布区域一致（图 7-4）。拉萨河流域目前农耕地主要分布于中下游地区，而适宜级的洪积扇大多分布于此。适宜级洪积扇数量共计 420 个，面积共计 683.58km²，占总洪积扇个数的 50.85% 和面积的 58.62%。其数量主要分布于林周县、墨竹工卡县、达孜区和堆龙德庆区等（表 7-8），这些县（区）适宜级的洪积扇均大于 70 个。城关区、当雄县和曲水县适宜级的洪积扇个数较少（36 个、26 个和 24 个），主要是这三个县（区）本身分布的洪积扇也较少。嘉黎县和色尼区适宜级非常少，尤其是色尼区适宜级的洪积扇为零。适宜级的面积分布与数量分布所不同，主要分布区域除了林周县、墨竹工卡县、达孜区和堆龙德庆区，还包括当雄县。当雄县适宜级的洪积扇个数虽然仅有 26 个，但其面积高达 226.63km²，占适宜级洪积扇总面积的 33.15%。

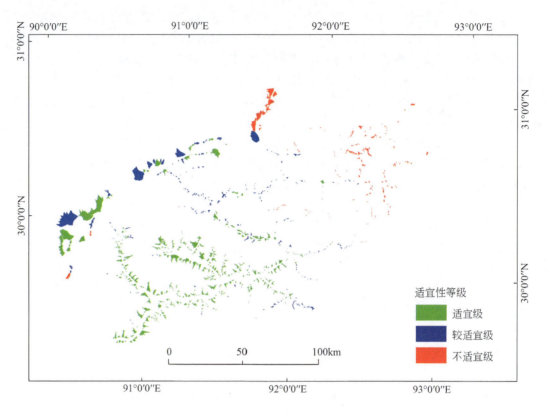

图 7-4　拉萨河流域不同农业适宜性等级洪积扇的分布

表 7-8　不同县（区）不同农业适宜性等级洪积扇的数量和面积

县（区）	适宜级		较适宜级		不适宜级		总计	
	个数/个	面积/km²	个数/个	面积/km²	个数/个	面积/km²	个数/个	面积/km²
林周县	97	156.95	70	33.15	7	1.64	174	191.74
墨竹工卡县	80	62.76	68	26.38	8	0.81	156	89.95
堆龙德庆区	79	88.45	11	6.47	0	0	90	94.92
达孜区	77	58.00	10	3.32	0	0	87	61.32
城关区	36	25.98	0	0	0	0	36	25.98
当雄县	26	226.63	58	249.39	4	8.86	88	484.88
曲水县	24	61.60	2	0.31	0	0	26	61.91
嘉黎县	1	3.22	17	4.58	104	52.62	122	60.42
色尼区	0	0	1	0.09	46	94.82	47	94.91
总计	420	683.59	237	323.69	169	158.75	826	1166.03

较适宜级洪积扇主要分布于拉萨河中游地区以及西部的当雄盆地,数量共计 237 个,面积共计 323.69km²,占洪积扇总个数和总面积的 28.69% 和 27.76%,其主要分布于林周县、墨竹工卡县和当雄县。林周县较适宜级洪积扇的个数最多,共计 70 个,占较适宜等级个数的 29.54%;当雄县较适宜级洪积扇的面积最大,共计 249.39km²,占较适宜等级面积的 77.05%;其余县(区)较适宜的洪积扇个数或者面积较少,尤其越靠近城关区的县(区)越少;色尼区个数仅为 1 个,而城关区没有较适宜的洪积扇分布(图 7-4,表 7-8)。

不适宜级的洪积扇主要分布于拉萨河流域的上游区域,其数量共计 169 个,面积共计 158.76km²,占洪积扇总个数和总面积的 20.46% 和 13.62%。嘉黎县和色尼区的数量较多,数量分别为 104 个和 46 个,占不适宜级洪积扇总个数的 61.54% 和 27.22%;面积分别为 52.62km² 和 94.82km²,占不适宜级洪积扇总面积的 33.15% 和 59.73%。其余县(区)不适宜的洪积扇分布较少,墨竹工卡县、林周县和当雄县分别有 8 个、7 个和 4 个洪积扇;而达孜区、堆龙德庆区、城关区和曲水县没有不适宜级的洪积扇分布(图 7-4,表 7-8)。

对拉萨河流域所有洪积扇农业适宜性的等级与洪积扇上现有的耕地面积进行相关分析,其结果二者之间呈现显著相关(Spearman,$r=0.584$,$P<0.05$,$n=826$),即洪积扇上的耕地面积越大,其适宜性等级越高,说明整体上对洪积扇的适宜性分级结果是合理的。

7.2.3 洪积扇农业适宜性的影响因素

影响洪积扇农业适宜性的因素很多,在本研究中被分为地形、环境和社会经济三个方面共计 17 个指标。因无法通过计算和实测得到 826 个洪积扇的土壤质量指数(SQI)和植被盖度,而且对于洪积扇割裂度,无论是实测还是目视解译,工作量都过大,因此根据第 2 章和第 3 章中的相关结果,用土壤有机质含量、NDVI 和沟壑密度来代替 SQI、植被盖度和洪积扇的地表割裂度,用以分析洪积扇的影响因素,分析结果如表 7-9 所示。结果发现洪积扇农业适宜性指数(STS),不仅与参与 STS 构建的 MDS1(坡度、积温、三级道路距离和乡镇距离)中的 4 个指标呈现显著线性相关,与其他 13 个指标均显著相关。STS 与洪积扇的面积、有机质含量、积温、降水量和土地利用程度呈显著正相关关系,而与坡度、海拔、NDVI、洪水危险性、沟壑密度、一级道路距离、二级道路距离、三级道路距离、河流距离、村庄距离、乡镇距离和县城距离呈负相关关系。其中,STS 与海拔、积温、降水量、土地利用程度和县城距离的相关系数较大(>0.6)。

7.2.4 洪积扇的农业利用方式分布特征

拉萨河流域洪积扇的主要的农业利用方式可分为耕作和放牧。按照拉萨河流域土地利用变化情况(表 6-3),洪积扇上的耕地面积的增长速度较快,说明耕地对于当地农业发展

表 7-9 拉萨河流域洪积扇农业适宜性指数（STS）与各指标间的相关系数矩阵

指标	STS	X_1	X_2	X_3	X_4	X_5	X_6	X_7	X_8	X_9	X_{10}	X_{11}	X_{12}	X_{13}	X_{14}	X_{15}	X_{16}	X_{17}
STS	1.000																	
X_1	0.156**	1.000																
X_2	-0.095**	-0.555**	1.000															
X_3	-0.907**	-0.166**	0.101**	1.000														
X_4	-0.408**	-0.265**	0.353**	0.460**	1.000													
X_5	0.414**	0.186**	-0.163**	-0.408**	-0.348**	1.000												
X_6	0.901**	0.163**	-0.041	-0.954**	-0.463**	0.444**	1.000											
X_7	0.879**	0.201**	-0.098**	-0.956**	-0.450**	0.454**	0.940**	1.000										
X_8	-0.103**	0.730**	-0.460**	0.128**	0.004	0.012	-0.109**	-0.092**	1.000									
X_9	-0.080*	-0.686**	0.503**	0.097*	0.242**	-0.096*	-0.104**	-0.117**	-0.539**	1.000								
X_{10}	0.656**	0.245**	-0.214**	-0.688**	-0.261**	0.314**	0.673**	0.683**	0.056	-0.149**	1.000							
X_{11}	-0.386**	-0.133**	0.036	0.339**	0.311**	-0.188**	-0.316**	-0.299**	0.015	0.058	-0.144**	1.000						
X_{12}	-0.281**	0.118**	-0.023	0.162**	-0.031	0.054	-0.127**	-0.142**	0.058	-0.108**	-0.096**	0.323**	1.000					
X_{13}	-0.288**	0.098**	0.002	0.154**	0.009	0.016	-0.137**	-0.142**	0.040	-0.087*	-0.121**	0.265**	0.844**	1.000				
X_{14}	-0.108**	0.202**	-0.168**	0.041	-0.208**	0.079*	0.002	-0.008	0.118**	-0.186**	0.051	0.222**	0.400**	0.289**	1.000			
X_{15}	-0.506**	0.000	0.075*	0.267**	0.052	-0.103**	-0.216**	-0.224**	0.065	-0.007	-0.129**	0.291**	0.201**	0.125**	0.282**	1.000		
X_{16}	-0.581**	-0.248**	0.266**	0.600**	0.398**	-0.349**	-0.562**	-0.580**	0.002	0.162**	-0.510**	0.285**	0.109**	0.080*	0.058	0.223**	1.000	
X_{17}	-0.727**	-0.131**	0.082*	0.805**	0.397**	-0.426**	-0.762**	-0.781**	0.103**	0.070	-0.572**	0.352**	0.133**	0.139**	-0.087*	0.147**	0.500**	1.000

** 为极显著相关（Spearman，$P<0.01$），* 为显著相关（Spearman，$P<0.05$）；

注：X_1～X_{17}分别代表面积、坡度、海拔、NDVI、有机质含量、积温、降水量、洪水危险性、沟壑密度、土地利用程度、一级道路距离、二级道路距离、三级道路距离、河流距离、村庄距离、乡镇距离和县城距离。

更为重要和紧缺。因此，根据目前土地利用和土地利用程度的变化趋势，可推断洪积扇农业利用方式中耕作的优先级大于放牧。结合农业适宜性的评价结果和利用方式，可将适宜级、较适宜级和不适宜级洪积扇对应为宜耕型、较宜耕型和宜牧型洪积扇。由此得到拉萨河流域不同利用方式洪积扇的分布图（图7-5）。结合图7-5和表7-8，宜牧型洪积扇主要分布于拉萨河流域上游，包括嘉黎县和色尼区等县（区），占洪积扇总数量的20.45%；而其余地区的洪积扇均适宜或者较适宜耕作，主要分布于拉萨河中下游地区，包括城关区、达孜区、堆龙德庆区、林周县、当雄县和曲水县等县（区），分别占洪积扇总数量的50.85%和28.70%。

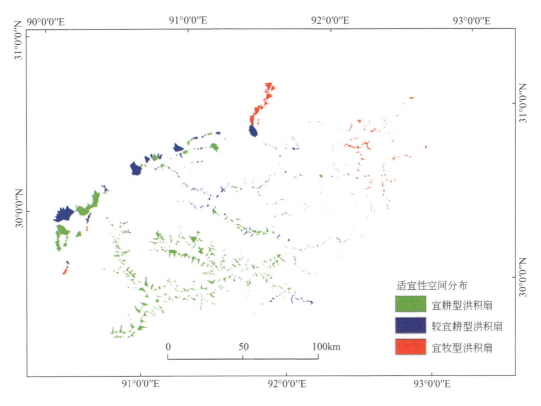

图7-5 洪积扇土地适宜性空间分布

7.3 讨　论

7.3.1 农业适宜性的评价方法

基于实地调查的20个典型洪积扇和建立的农业适宜性评价体系，采用了主成分分析方法和穷举法两种方法确定了适宜性评价体系最小数据集（MSD），结果显示穷举法的效果优于主成分分析法。因此，采用穷举法确定的最小数据集MDS1评价了整个拉萨河流域洪积扇的农业适宜性。

主成分分析法是土地适宜性评价中一种常用的减少评价指标数量和确定权重的方法（张彩霞等，2007），并且在土壤质量评价（李霞等，2021）、土壤健康评价（耿文敬等，2021）、生境质量评价（陈森等，2019）和耕地地力评价（周飞等，2020）等诸多方面广泛应用。通过主成分分析方法结合相关系数和 Norm 值确定评价指标最小数据集（MSD）的结果通常与评价体系全集（TSD）的结果呈显著线性相关时，即可代替 TSD 以减少指标数量，起到节省收集指标时间和成本的效果（Jin et al.，2021；陈正发等，2019）。在本研究中由该方法得到 MDS0 与 TDS 也有较好的效果，二者呈显著线性相关，但其相关系数（$r=0.61$，$P<0.05$）较低。

为寻求 MDS 替代 TDS 的更优结果，本研究提出用穷举法来确定最小数据集（MDS1）。MDS0 中包括 4 个指标，因此穷举法也以 4 个指标为目标，随机在评价体系的 17 个指标中选择 4 个指标进行随机组合。穷举所有指标的组合，结果表明共计有 187 个 MDS1 的结果与 TDS 相关系数 ≥ 0.90。从相关系数的大小来判断，穷举法的效果则更好。结合指标间的相关性和建立的适宜性评价体系，选择 MDS1 的指标为坡度、积温、三级道路距离和乡镇距离，其评价结果与 TDS 的评价结果的相关系数 r 高达 0.92；另外，相比 MDS0，其纳什系数（Ef）更接近于 1，相对偏差系数（Er）也更接近于 0，也说明穷举法的效果更优。因此，穷举法在确定指标体系最小数据集时更具有准确性。可以推测，该方法用于土壤质量评价、土壤健康评价、生境质量评价和耕地地力评价等方面也会有更优的效果。

两种方法各有优劣，主成分分析法简单实用，而穷举法需要有一定编程基础，同时穷举法也需要结合主成分分析确定权重。在实际应用中，可以结合研究所需进行选择。

7.3.2 洪积扇农业适宜性的等级及其分布

本研究利用 ArcGIS 中自带的自然间断点分级法对适宜性指数（STS）进行分级，实现洪积扇适宜性等级划分。自然间断点分级法是基于数据本身的特性，对于数据中的相似值或者相近值进行分组，并使各分组间的差异最大的分级方法（李乃强和徐贵阳，2020）。其他土地适宜评价中，一般是按照专家经验或者等距进行分级。但洪积扇土地适宜性评价，目前少有类似研究，在拉萨河流域的土地适宜性评价方面的研究也较少，难以用已有研究的经验或者标准对适宜性指数（STS）进行分级，因此采用自然间断点分级法对洪积扇进行分级，将适宜性指数分为适宜（STS≥ 0.66）和较适宜（STS<0.66），不适宜级的洪积扇结合西藏当地青稞种植对积温（$T_0>1000℃$）的限制条件（袁雷和刘依兰，2017），从较适宜级中筛选而来。适宜性等级划分方法尽可能避免了人为主观的影响。同时，为了保证分级结果的合理性，对划分结果与 2020 年各洪积扇的现有耕地面积进行相关分析，洪积扇的农业适宜性等级与洪积扇现有耕地面积呈显著正相关关系，也即农业适宜级越高的洪积扇其耕地的面积越大，因此适宜性划分结果整体是合理的。

适宜级的洪积扇数量分布主要分布于林周县、墨竹工卡县、达孜区和堆龙德庆区等，而嘉黎县和色尼区适宜级非常少（表7-8），这与拉萨河流域耕作农业分布区域一致。然而，当雄县适宜级的洪积扇个数虽然分布较少（26 个），但其面积高达 226.63km²，占适宜级洪积扇总面积的 33.15%。当雄县主要以牧业为主，人口较少，但当雄县洪积扇本身并非不能发展耕作农业，从以下三个方面看，当雄县的大部分洪积扇可用于耕作。第一，大部分洪积扇的海拔适宜作物生长。海拔并不直接影响作物生长，而是间接通过温度来影响。当雄县适宜级的 26 个洪积扇中，有 5 个洪积扇的面积在 10km² 以上，海拔在 4200m ~ 4400m，坡度均小于 5.5°，而且距离道路、河流和居民点的距离较近，从自然条件来看，可以用于耕作。其中位于当雄县羊八井镇甲多村的洪积扇，按照第 2 章提出的洪积扇分类属于扇顶相接型洪积扇（图 7-6），是拉萨河流域中面积最大的洪积扇，面积可达 82.99km²，平均海拔为 4462m。该洪积扇上分布有多块农田，其中最高的一块农田海拔可达到 4600m，该海拔高于拉萨河流域 84.14% 的洪积扇，也高于当雄县 96.60% 洪积扇。因此从海拔角度而言，当雄县的大部分洪积扇可以用于耕作。第二，较适宜级洪积扇上也有耕地分布。当雄县羊八井镇的 3-1 号洪积扇被划分至较适宜级，但该洪积扇上约有三分之一的区域分布着耕地（图 7-7）。第三，当雄县水资源丰富，大部分洪积扇均在当雄曲两侧分布，并且在夏季有高山冰川积雪融化形成的径流作为补充，洪积扇有灌溉条件（图 7-7），可适当发展灌溉农业。第四，当雄盆地的土壤质量与拉萨河中下游区域的阶地农田土壤质量也无显著性差异（Chen et al.，2022）。因此，拉萨河流域的大部分洪积扇（79.54%）可以用于耕作。而且当雄县洪积扇的土地利用程度较低、面积大，如果拉萨河流域未来人口继续增加，可以将当雄县的洪积扇作为主要的后备耕地资源。

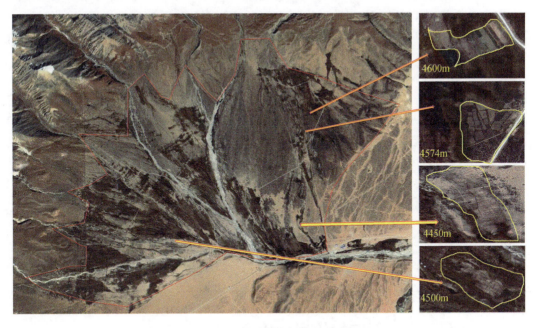

图 7-6　当雄县羊八井镇甲多村洪积扇耕地海拔

农业适宜级的洪积扇，其主要分布区域与洪积扇耕地的分布区域一致（图 6-2 和图 7-4），主要分布于拉萨河中下游地区的林周县、堆龙德庆区、曲水县、达孜区和城关区等。而洪积扇建筑用地的主要分布区域也是在这些县（区）（图 6-2），二者分布区域基

图 7-7　当雄县羊八井镇 3-1 号洪积扇耕地海拔及沟渠分布

本重合，可以说明宜农洪积扇分布的区域也宜建。这与李文君等（2021）的研究结果类似，青藏高原农田面积仅占青藏高原总面积的 0.58%，但有近 10% 的居民点分布于农田周围。另外，根据现有研究，耕地的分布有较强的环境限制，而居民地的环境限制要小于耕地。根据李文君等（2021）的研究，青藏高原主要的居民点多分布于海拔 5665m 以下，而温度对于居民地的分布也没有绝对限制，几乎在各个温度带均有居民地分布。而拉萨河流域洪积扇海拔最高为 5071m，有 99.40%（821 个）的洪积扇在 5000m 以下，因此洪积扇整体上是宜建的。但洪积扇的宜建并非适合一切建设，由于面积、地形、水源等环境背景条件的限制，其环境承载力和地基承载力有限，结合野外调查，就目前的状态下，大部分洪积扇适合发展村落，而不适宜发展乡镇。仅有当雄县的个别洪积扇面积较大，目前已被发展成乡镇。例如，羊八井镇就处于一个扇顶相连型洪积扇的中下部，该洪积扇有成片的农田和工业园区的分布，利用程度较高（图 7-8）。但其他洪积扇并无乡镇分布。因此，针对洪积扇，可以提出一个新概念"村落适宜性"。村落适宜性即适宜发展村落的适宜性，将宜建改为宜村可能适合于洪积扇的合理利用和发展。建立的农业适宜性评价体系也同样适用于"村落适宜性"评价，而如果要对其进行宜建评价，还需调查其他指标，如工程地质环境、地基承载力、地下水埋深等指标（陈桂华和徐樵利，1997）。

7.3.3　洪积扇农业适宜性的影响因素

农业适宜性通常可以用一些可度量的指标间接反映，难以直接度量（Süleyman，2021）。因此，本研究建立的洪积扇适宜性指数（STS）以反映洪积扇农业适宜性，结果发现适宜性不仅与参与 STS 构建的 MDS1（洪积扇坡度、积温、三级道路距离和乡镇距

图 7-8　当雄县羊八井镇洪积扇农田及政府驻地海拔

离）中的4个指标呈现显著线性相关，与其他所有适宜性评价体系中的17个指标均显著相关，可以证实影响洪积扇农业适宜性的影响因素有很多，也能证实本研究建立的适宜性评价体系的合理性。

　　地形适宜性指标中的面积、坡度和海拔并不直接影响作物生长，但可以反映洪积扇的农业适宜性。因为地形可以间接通过温度（积温）、含氧量、水分和光照等方面影响作物（青稞）生长（韦泽秀等，2018）。洪积扇农业适宜性与这三个地形指标显著相关，这三个地形指标之间也显著相关（表7-9），海拔越低、面积越大和坡度越小的地块越适于农业生产活动。主要表现为两个方面，首先易于人类进行耕作；其次，海拔低、坡度小的区域也更适宜作物的生长。

　　本研究考虑了与农业生产活动密切相关的几个环境指标，包括与作物生长密切相关的土壤质量、植被盖度、降水量和积温，与农业生产密切相关的地表割裂度和洪水危险性。其中，土壤质量、植被盖度、地表割裂度和洪水危险性均采用替代指标。在野外调查实测时，无法调查和测定整个流域洪积扇的土壤理化性质和植被盖度，因此用土壤有机质含量代替土壤质量（SQI，在第3章中已证实二者显著线性相关），用NDVI数据代替植被盖度，来分析对农业适宜性的影响。洪积扇的农业适宜性与土壤有机质含量、积温呈显著正相关，却与降水量和NDVI呈负相关，这主要与拉萨河流域独特的地形和气候有关，而不能因此得到降水量和NDVI对适宜性有副作用的错误结论。拉萨河流域的降水和NDVI从西南到东北逐渐增加（图7-9），其海拔也逐渐增大（图3-1），而其积温却不断减小（图7-10）。拉萨河流域整体属于高寒区，积温（温度）和海拔对于作物的生长发育影响较大

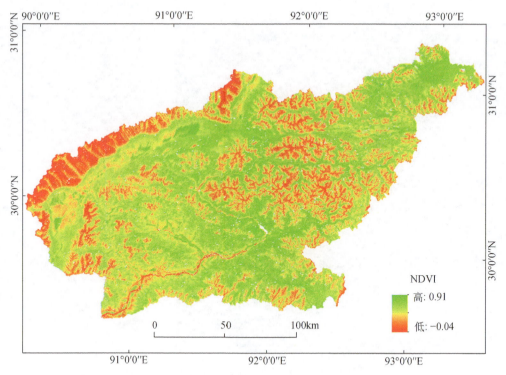

图 7-9　拉萨河流域多年平均 NDVI 的分布

NDVI 为负值时，地表为水体和冰雪等；为 0 时代表裸岩

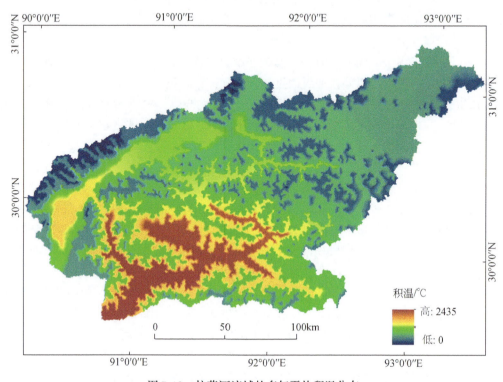

图 7-10　拉萨河流域的多年平均积温分布

（韦泽秀等，2018），作物的种类和分布区域一般都有较强的限制条件；但各类天然植被对积温的需求各有不同，在各类环境条件下均有其适宜生存的条件。因此，在海拔高、积温低、雨量高的拉萨河东北部，NDVI 较高（图 7-9）。如果在适宜作物生长的区域（西南部区域），发展灌溉农业，作物产量肯定会得到提升，洪积扇的适宜性也会相应提高。

地表割裂度用第 2 章计算得到的沟壑密度代替，洪积扇农业适宜性与沟壑密度呈显著负相关，是由于侵蚀沟会不断破坏洪积扇的完整性，影响洪积扇上的农业生产活动。洪水危险性用第 2 章计算得到的集水区面积代替，洪积扇农业适宜性与集水区面积呈显著负相关，集水区的面积越大，洪积扇发生洪水的危险程度也就越大，因此对于农业生产活动的危害也越大。洪水危险性的评价通常情况下需要降水、水系、灾情等多方面的数据（周刚等，2021），但由于该区域相关数据的限制，本研究利用集水区面积对该指标进行了代替。另外，拉萨河流域部分集水区上方分布有冰川或者冰湖（图 7-11），在青藏高原气候变化加剧的趋势下（曹雪等，2021；陈同德等，2019；王颖霖等，2019），冰川和冰湖的融化也有极大的可能性加大洪水的发生概率，因此洪积扇上的洪水危险性也会增加。在后续研究中，可对此进一步加强研究。

图 7-11　部分集水区分布的冰川与冰湖

洪积扇农业适宜性与土地利用程度呈显著正相关，而与一级道路距离、二级道路距离、三级道路距离、河流距离、村庄距离、乡镇距离和县城距离呈显著负相关。洪积扇的适宜性与人类活动关系密切，人类活动一般在农业适宜性强的区域比较剧烈（Kang et al.，2021）。距离河流越近，洪积扇的水分条件一般较好，也易于洪积扇的灌溉，因而其适宜性较高。而与道路和居民地越近的洪积扇，其自身环境条件一般也较好，也易于对洪积扇的开发利用，因此其适宜性也较高。

另外，洪积扇的土壤层厚度也会影响到农业适宜性。在土层过于浅薄的区域，难以生长作物，也难以发展农业（许文旭等，2021）。但本研究由于客观条件限制，在野外调查过程中并未能确定典型洪积扇的土壤层厚度，也无前人研究提供相关数据，因此在土地适宜性评价指标中没有涉及土壤层厚度这一指标。洪积扇的土壤层厚度难以确定的原因主要有两个：一是洪积扇是由季节性流水挟带集水区风化物在山口堆积形成的流水地貌，其堆积过程有突发性和随机性，因此洪积扇的沉积过程与冲积扇不同，其较为杂乱无序，沉积的物质基本无分选性（苏永超，2011），这导致了洪积扇的土壤层厚度并非均一地分布在洪积扇表层，因此准确获得洪积扇土壤层的厚度较为困难；二是在野外采集表层土壤样品的过程中发现，表层土壤的砾石含量非常多，部分样点的砾石含量可达到90%以上，这也导致难以通过传统方式，如通过挖剖面来确定土壤层的厚度，可能需要用物探仪等先进的仪器来确定其厚度，可以在今后的研究中进行推进。

7.3.4　洪积扇农业适宜性的提升途径

通过20个典型洪积扇，确定了最小数据集MDS1，包括坡度、积温、乡镇距离和三级道路距离，评价了整个流域洪积扇的农业适宜性。其中，洪积扇的坡度很难在整体上进行人为改变，乡镇发展是个长期的过程，也难以在短期内受到影响，而积温和道路距离可以通过人为措施进行改变。积温限制作物生长，可在洪积扇适度发展设施农业。根据以往研究（韦泽秀等，2018），结合7.2.4节中适宜性的相关分析，积温是影响作物生长的重要因素，在积温小于1000℃的区域，青稞难以生长。海拔也是通过影响温度来影响作物生长。因此，可以在洪积扇上发展设施农业，以去除积温的限制条件。假设去除现有评价体系下的积温限制，那么适宜级的洪积扇（STS ≥ 0.66）面积将从683.58km^{2}增加至1140.63km^2（图7-12），仅有25.4km^{2}为较适宜级，零星分布在嘉黎县、色尼区和当雄县等县（区）（图7-12）。与道路的距离影响着人类利用洪积扇的便捷程度，如果越近，洪积扇的适宜性越高，因此可通过通道路缩短其与洪积扇间的距离来提升洪积扇的适宜性。假设所有洪积扇通过修建道路能与三级道路连接（积温限制不变），按照现有的评价体系，适宜级的洪积扇面积将从683.59km^{2}增加至744.46km^2（图7-13）；而较适宜等级的洪积扇从323.69km^{2}减少至263.26km^2，减少的60.43km^{2}全部转化为适宜级洪积扇。因此，发展设施农业和通道路均能提升洪积扇农业适宜性，且设施农业对其的提升程度更高。

除了参与评价的MDS1中的四个指标以外，也可以通过其他相对较易调节的指标，对洪积扇的适宜性进行改良。洪积扇地形适宜性指标中的面积、形状和海拔难以改变，坡度在整体上难以人为改变，但可以在洪积扇局部进行适当改变，如在洪积扇局部区域修筑梯田，以此降低洪积扇的坡度。可以通过农艺措施，如施用有机肥、种植固氮植物、轮作等措施提高土壤质量，以此提高洪积扇农业适宜性。降水量和河流距离虽然也难以改变，但可以发展集雨农业和灌溉农业，大力修建库塘和灌溉渠。沟壑密度与洪积扇的适宜性显著负相关，因此可以通过降低侵蚀沟密度来提升洪积扇农业适宜性，可以借鉴东北黑土区通过填埋、植物封沟和工程治沟等措施对侵蚀沟进行治理（张兴义和刘晓冰，2021）。但由于洪积扇本身是由集水区发生的季节性洪水挟带的固体物质堆积形成，因此侵蚀沟本身即为集水区的排水通道，在治理侵蚀沟的同时，需预留或者修建专门的排水通道。上述措施可进行相互搭配，以充分合理利用和保护洪积扇，实现洪积扇土地资源的可持续利用。

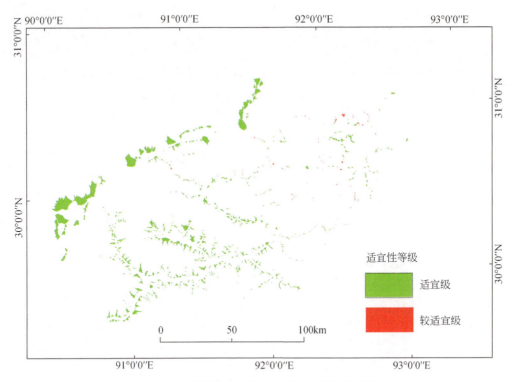

图 7-12　去除积温限制后的洪积扇农业适宜性等级分布

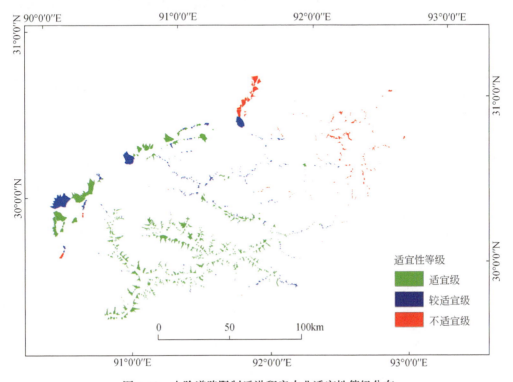

图 7-13　去除道路限制后洪积扇农业适宜性等级分布

7.4 小 结

（1）穷举法确定最小数据集的效果优于传统的主成分分析法。通过穷举法选择的最小数据集（MDS1）中包括坡度、积温、三级道路距离和乡镇距离 4 个指标。利用 MDS1 评价 20 个典型洪积扇的结果与用所有指标（TDS）的评价结果的相关系数（r）高达 0.92。

（2）拉萨河流域农业适宜级的洪积扇共计 420 个（面积 683.59km²），占洪积扇总数的 50.85%（面积占 58.63%），主要分布于林周县、墨竹工卡县、达孜区和堆龙德庆区。

（3）洪积扇的农业适宜性与评价体系中的所有指标均显著相关，其中与洪积扇的面积、土壤有机质含量、积温、降水量和土地利用程度呈显著正相关关系，而与坡度、海拔、NDVI、洪水危险性、沟壑密度、一级道路距离、二级道路距离、三级道路距离、河流距离、村庄距离、乡镇距离和县城距离呈负相关关系。

（4）可以通过发展设施农业或者修建道路提升洪积扇的适宜性。在全面发展设施农业的情景下，适宜级的洪积扇将从 683.59km² 增加至 1140.63km²，所有洪积扇都修建道路与公路相连情景下，适宜级的洪积扇将增加至 744.46km²；修筑梯田、提升土壤质量、治理扇面侵蚀沟等措施也可以提升洪积扇的农业适宜性。

（5）拉萨河流域不同区域洪积扇适宜的农业利用方式有所差异。拉萨河中下游地区的洪积扇，包括城关区、达孜区、堆龙德庆区、曲水县、墨竹工卡县、林周县和当雄县等县（区），适宜或者较适宜的农业利用方式为耕作；而拉萨河上游地区的洪积扇，包括嘉黎县和色尼区等县（区），适宜的农业利用方式为放牧。

参考文献

摆万奇，姚丽娜，张镱锂，等．2014．近 35a 西藏拉萨河流域耕地时空变化趋势．自然资源学报，29（4）：623-632.

曹雪，焦菊英，李建军，等．2021．青藏高原柴达木盆地东部地区的土壤侵蚀现状调查．水土保持通报，41（5）：1-8.

陈桂华，徐樵利．1997．城市建设用地质量评价研究．自然资源，（5）：24-32.

陈森，苏晓磊，黄慧敏，等．2019．三峡库区河流生境质量评价．生态学报，39（1）：192-201.

陈同德，朱梦阳，焦菊英，等．2019．巴基斯坦波特瓦尔高原土壤侵蚀调查报告．水土保持通报，39（3）：297-306，316-317.

陈正发，史东梅，金慧芳，等．2019．基于土壤管理评估框架的云南坡耕地耕层土壤质量评价．农业工程学报，35（3）：256-267.

耿文敬，曹森，樊琼，等．2021．利用土壤线虫生态指标表征砂姜黑土土壤健康状况的探讨．中国农业大学学报，26（12）：180-192.

金贵，王占岐，胡学东，等．2013．基于模糊证据权模型的青藏高原区土地适宜性评价．农业工程学报，29（18）：241-250.

李乃强，徐贵阳．2020．基于自然间断点分级法的土地利用数据网格化分析．测绘通报，2020（4）：106-110.

李少伟，余成群，孙维．2009．西藏农业结构特征及调整效应研究．农业系统科学与综合研究，25（3）：

257-262.

李文君, 李鹏, 封志明, 等. 2021. 基于人居环境特征的青藏高原"无人区"空间界定. 地理学报, 76 (9): 2118-2129.

李霞, 朱万泽, 舒树淼, 等. 2021. 基于主成分分析的大渡河中游干暖河谷草地土壤质量评价. 生态学报, 41 (10): 3891-3900.

李秀娟, 孟丽红, 吉登艳. 2021. 我国农业产业集聚度比较分析及区划研究. 中国农业资源与区划, 42 (12): 51-59.

林红. 2021. 拉萨河流域洪积扇植被物种组成与多样性及其环境解释. 杨凌: 西北农林科技大学.

刘鑫, 王一博, 吕明侠, 等. 2018. 基于主成分分析的青藏高原多年冻土区高寒草地土壤质量评价. 冰川冻土, 40 (3): 469-479.

苏永超. 2011. 雅鲁藏布江米林段泥石流堆积扇形态特征与堆积范围研究. 成都: 成都理工大学硕士学位论文.

孙维, 余成群, 李少伟, 等. 2008. 西藏一江两河地区种植业比较优势分析. 安徽农业科学, 2008 (8): 3416-3418.

王颢霖, 焦菊英, 安韶山, 等. 2019. 新疆天山东段南北坡土壤侵蚀调查. 水土保持通报, 39 (4): 306-313.

韦泽秀, 卓玛, 曲航, 等. 2018. 海拔与积温梯度对春青稞生长的影响. 西藏农业科技, 40 (S1): 11-15.

许文旭, 杨献坤, 崔斌, 等. 2021. 东北黑土区典型坡耕地土层厚度及退化程度分析. 中国水土保持科学 (中英文), 19 (3): 28-36.

袁雷, 刘依兰. 2017. 基于 GIS 和气候–土地利用信息的西藏青稞种植适宜性区划. 中国农学通报, 33 (17): 92-97.

张彩霞, 许丽, 周心澄. 2007. 阜新矿区煤矸石山植被恢复土地适宜性评价. 水土保持研究, 14 (3): 246-248.

张晓庆, 参木友. 2020. 西藏草地畜牧业发展现状与重点任务. 中国草地学报, 42 (5): 157-163.

张兴义, 刘晓冰. 2021. 东北黑土区沟道侵蚀现状及其防治对策. 农业工程学报, 37 (3): 320-326.

张子琦, 焦菊英, 陈同德, 等. 2022. 拉萨河流域洪积扇不同植被类型的土壤化学计量特征. 生态学报, 2022 (16): 1-15.

周飞, 韩红煊, 陈余平, 等. 2020. 主成分分析法在耕地地力评价中的应用. 浙江农业科学, 61 (1): 170-172.

周刚, 崔曼仪, 李哲, 等. 2021. 新疆春季融雪洪水危险性动态评价研究. 干旱区研究, 38 (4): 950-960.

Chen T D, Jiao J Y, Zhang Z Q, et al. 2022. Soil quality evaluation of the alluvial fan in the Lhasa River Basin, Qinghai-Tibet Plateau. Catena, 209: 105829.

Guo L L, Sun Z G, Ouyang Z, et al. 2017. A comparison of soil quality evaluation methods for Fluvisol along the lower Yellow River. Catena, 152: 135-143.

Jin H F, Shi D M, Lou Y B, et al. 2021. Evaluation of the quality of cultivated- layer soil based on different degrees of erosion in sloping farmland with purple soil in China. Catena, 198: 1-11.

Kang Z Q, Wang S, Xu L, et al. 2021. Suitability assessment of urban land use in Dalian, China using PNN and GIS. Natural Hazards, 106 (1): 913-936.

Süleyman S B. 2021. Land suitability assessment for Olive cultivation using GIS and multi-criteria decision-making in Mersin City, Turkey. Arabian Journal of Geosciences, 14: 2324.

Wei Y L, Zhou Z H, Liu G C. 2012. Physico-chemical properties and enzyme activities of the arable soils in Lhasa, Tibet, China. Journal of Mountain Science, 9 (4): 558-569.

Zhang Y L, Wang C L, Bai W Q, et al. 2010. Alpine wetlands in the Lhasa River Basin, China. Journal of Geographical Sciences, 20 (3): 375-388.

第 8 章 | 洪积扇的合理利用与保护

21 世纪以来，西藏经济快速发展，人口快速增长，城镇化也不断推进，因此对土地的需求也不断增加（张晓平等，2014）。但西藏地区自然条件恶劣、生态环境脆弱，土地资源利用潜力整体上偏低（金炯等，1994）；且多高山峡谷，可供规模开发和建设的土地基本集中于自然、社会和经济条件优越的河谷地区，土地供需矛盾也集中于此（土登次仁等，2015）。西藏河谷地貌主要有山地、阶地和洪积扇等（中国科学院青藏高原综合科学考察队，1983），其中山地坡陡海拔高，多为难利用地；阶地平缓开阔，易于利用，但开发利用程度已很高，现阶段仅洪积扇的利用程度相对较低，目前还具有较大的开发利用潜力。

洪积扇的组成物质为西藏地区高大山系间千百年来地质侵蚀的产物。按洪积扇的发育时间，可为古洪积扇和现代洪积扇。古洪积扇发育时间较长，扇体稳定，水土环境较好，分布有农田、牧草地和村落等（陈同德等，2020）。而处于发育阶段的现代洪积扇，扇体上植被稀疏，且多为杂草和灌木，洪积过程频繁，对生产活动危害较大（何果佑等，2009）。但在野外考察过程中发现（马波等，2018），无论是古洪积扇还是现代洪积扇，存在不同程度的利用，土地利用类型包括草地、农地、林地、建筑用地和交通用地等，可见洪积扇是西藏地区珍贵的土地资源。西藏地区人地冲突加剧，随着人口增长，需要大量农耕地和建设用地（杨春艳等，2015），而洪积扇地形较为平缓，还有一定开发利用潜力，但目前面临沟蚀（马波等，2018；赵春敬等，2019）、山洪、泥石流、土壤粗化（关树森，1994）和沙漠化（伍永秋等，2017）等诸多生态环境风险。然而，针对洪积扇土地资源合理利用与保护方面的关注甚少。因此，本章结合在拉萨河流域的调查研究，对洪积扇的三生空间作用、面临风险、合理利用与保护建议进行讨论，以期引起大家的关注，为西藏生态文明建设与高质量发展增砖加瓦。

8.1 洪积扇的三生空间作用

西藏平均海拔在 4000m 以上，大部分区域气候严寒，适于当地人生活生产的区域有限（Wei et al.，2012）。高寒环境凸显了洪积扇资源禀赋，洪积扇也是西藏珍贵的生活、生产与生态空间（三生空间）。

1）洪积扇是人民繁衍生息的家园

洪积扇是拉萨河流域除阶地和冲积扇这两种地貌外，相对宜居的地貌类型。根据野外调查，洪积扇上虽无大规模建筑，但很多洪积扇上分布有村落（图 8-1）。其重要原因是洪积扇前缘大多与河谷或河床相连，后缘与山体相接，依山傍水，海拔相对较低，地势相对平坦开阔，适于修房建村。在拉萨河流域，17.3% 的洪积扇分布有居民地，尽管洪积扇上的居民地面积为 61.79km², 仅占洪积扇总面积 5.30%, 但其面积占拉萨河流域居民地总面积的 25.24% (Chen et al., 2021), 可充分反映洪积扇的宜居性。

(a)当雄县洪积扇村落　　　　　　　　　　(b)堆龙德庆区洪积扇村落

(c)墨竹工卡县洪积扇村落　　　　　　　　(d)城关区的洪积扇村落

图 8-1　拉萨河流域典型洪积扇上分布的村落

2) 洪积扇是农牧业生产的主要场所

土壤是农作物生长的基础, 为反映洪积扇土壤的性质, 基于第 3 章的研究结果, 洪积扇和阶地农田土壤的质地 (包括黏粒、粉粒和砂粒含量)、有机质、全氮、全磷、全钾、速效磷、速效钾、碱解氮、pH 和电导率等指标之间并无显著性差异; 扇顶、扇中和扇缘, 除了粉粒含量、速效钾和砾石含量有差异外, 其他指标直接也无显著性差异, 说明从整体上洪积扇的土壤理化性质与阶地农田基本一致。对于拉萨河流域, 40.9% 的洪积扇分布有农田, 洪积扇上耕地共计有 195.38km², 占洪积扇总面积的 16.76%, 占拉萨河流域耕地总面积的 33.32% (Chen et al., 2022), 可充分反映洪积扇的宜农性。

同时, 洪积扇地势较缓, 且水分和土壤条件较好, 因此草被相比山坡生长较好 (图 8-2 和图 8-3), 可以作为优良的牧场。拉萨河洪积扇总面积为 1166.03km², 而洪积扇的草地面积为 870.04km², 占总面积的 74.62%, 因此具有较好的宜牧性。

图 8-2 堆龙德庆洪积扇草地

图 8-3 当雄县洪积扇草地

3）洪积扇是青藏高原重要的地貌单元

山体–洪积扇–河谷阶地是一个地貌景观和水文连通的连续体，滑坡、泥石流、土壤侵蚀等对河谷阶地上的农田、道路、村庄和城镇等会造成诸多地质和环境灾害，洪积扇作为承接上方集水区与河谷阶地之间水文连通的地貌单元，是保护珍贵河谷阶地土地资源的缓冲带，具有重要的生态功能。因此，对洪积扇进行合理的保护和利用，也是维护珍贵河谷阶地土地资源可持续高质量发展的重要途径。

另外，在 2000 – 2020 年，洪积扇上的耕地和建筑用地分别增加了 98.74% 和 1023.45%，高利用程度的洪积扇由 2010 年的 4 个（2.63km²）增加至 2020 年的 47 个（81.61km²）。截至 2020 年仍有 52.4% 的洪积扇（52.6% 的面积）上没有耕地和人造地表的分布，其中有 26.2%、41.9% 和 48.1% 的洪积扇分别距离村庄、河流和公路在 5km 以内；处于中等及以下利用程度的洪积扇面积有 1084.43km²（Chen et al., 2021）。

可见，洪积扇从质和量两个方面都具有较大的利用潜力，但目前西藏全区还没有详细的洪积扇数量、分布及利用情况的数据，亟待需要调查研究，为西藏土地资源可持续利用与发展的宏观决策提供科技支撑。

8.2 洪积扇利用与保护面临的问题

1）自然灾害导致洪积扇易遭破坏，威胁三生空间协调发展

洪积扇是第四纪以来缓慢形成的堆积地貌，其物质来源为高大山系中千百年地质侵蚀的产物，因此易受洪水、泥石流和沟蚀等灾害的破坏。如曲水县茶巴拉乡，全乡90%以上的村庄和95%以上的农田均分布于古洪积扇上（何果佑等，2010），但洪积扇地表冲沟发育明显，严重影响当地农牧业生产和村落的安全（马波等，2018，图8-4）。在拉萨和日喀则地区的调查发现，洪积扇破坏严重，沟深壁陡、支离破碎，其完整性被分割，部分侵蚀沟的沟宽可达30m以上，沟深可达12.5m，沟壑密度可达17.4km/km^2，侵蚀沟裂度达20.2%（赵春敬等，2019）。由此，人、畜、机械通行受阻，可利用程度下降，严重影响农牧业生产。

图8-4 破碎的洪积扇

同时，在气候变暖的情势下，冰川退缩和雪山融化导致地表裸露面积增大、冰湖增多，洪水、泥石流频发，洪积扇损毁频度和程度也在加剧，造成村落冲毁、农田牧场淹没、交通中断，对三生空间及人民生命财产安全造成了巨大威胁甚至灾难。洪积扇的保护迫在眉睫，需采取适宜措施对洪水径流进行疏导，防止洪积扇遭受洪水、泥石流和沟蚀的继续破坏。

2）过度开发利用加速洪积扇生态和土地退化，影响三生空间可持续利用

随着人口增加与社会经济快速发展，对农牧用地需求大幅增加的同时，道路、工矿企业、城镇化与旅游业等开发建设项目与日俱增，对洪积扇的开发利用强度也随之逐渐加大，即使一些处于发展阶段且洪积过程频繁的洪积扇，也被辟为生活与生产的重要场所。拉萨市城关区及其附近县（区），近10年人口增加29.4万人，农牧用地需求明显增加，有一些洪积扇的土地利用从草地转化为农田，或者从农田转换为村落（图8-5），目前仍有洪积扇被不断开垦成农田（图8-6）；与此同时，对洪积扇的开发利用强度逐渐加大，其中耕地和建筑用地的比例逐渐升高，并具有向高海拔和高坡度区域增加的趋势。在拉萨河流域，高利用程度的洪积扇（图8-7）在低海拔县区，2000年仅分布4个，至2020年增加至 41 个；在海拔较高的县如当雄县和墨竹工卡县等，也开始出现 6 个高利用程度的洪积扇。2000 年高利用程度的洪积扇仅在城关区有分布，至 2020 年不仅城关区及其周边的堆龙德庆区、达孜区、林周县等县（区）高利用程度洪积扇在不断增加，而且当雄县和墨竹工卡县等海拔较高的县也开始出现高利用程度的洪积扇，致使全流域洪积扇草地面积下降 16.4%，原有的湿地完全消失。

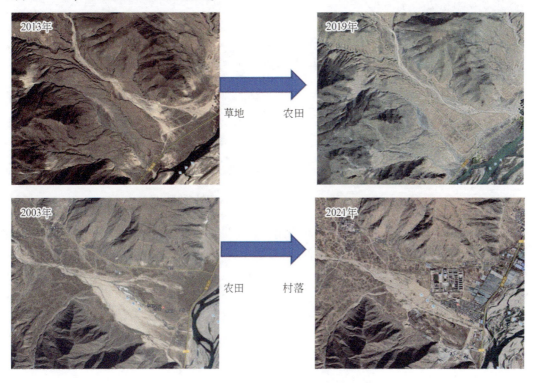

图 8-5　曲水县部分洪积扇的土地利用转换

图 8-6　工布江达县一洪积扇新修的梯田

图 8-7 高程度利用的洪积扇 （位于堆龙德庆区）

上述区域部分洪积扇的高强度开发利用，致使生态和土地退化严重，主要表现为：第一，草地的减少与湿地的消失，影响着洪积扇生物多样性及其生态功能的发挥；第二，开发建设造成裸露边坡、堆积体等形成新的泥沙来源，加剧了水土流失和环境污染等问题；第三，耕地的集约化经营带来了重金属污染、肥力下降、次生盐渍化等问题。例如，拉萨市城关区和堆龙德庆区设施农业用地的 As、Pb、Hg 和 Cu 等重金属偏高，As 最高值高于国家标准限值的 7 倍（程胜男等，2013）。洪积扇适度合理地开发与利用，对保护西藏珍贵土地资源的可持续利用与高质量发展具有非常重要的意义。

8.3 洪积扇合理利用与保护的建议

西藏属于高寒区，我国其他区域现有的相关利用与保护对策建议并不能照搬至西藏。如，谷坊是黄土高原地区沟道治理中常用的一种工程措施，种类繁多，如土谷坊、干砌石谷坊和柳谷坊等。但西藏地势较陡、沟谷坡度大因此洪水冲刷强度大，导致传统的干砌石谷坊、土谷坊难以经受山洪冲刷，经常面临春建秋毁的情况；西藏的高寒环境，植物生长受到限制，因此柳谷坊等生态谷坊也难以应用；而浆砌石谷坊，因西藏存在强烈的冻融作用，也经常损坏，需因地制宜，根据当地材料研发适于当地的谷坊以治理沟道（段妍和翁丽珠，2021）。因此，该区洪积扇的合理利用与保护，需要针对西藏区域环境背景和洪积扇资源的具体特点，建议开展以下调查、研发与示范工作。

1）开展洪积扇资源调查与评估，建立后备土地资源数据库

采用天-空-地多元、多尺度、多分辨率的调查方法与技术，对西藏洪积扇资源进行调查与评估，全面动态地掌握洪积扇的数量与空间分布、形态特征与发育阶段、土地资源与土壤质量、植被类型及开发利用现状，评价洪积扇遭受洪水、泥石流、土壤侵蚀、沙化等威胁的风险，在对洪积扇进行分类的基础上，评估不同类型洪积扇作为后备土地资源的潜力；结合土壤普查、全国国土规划等成果和资料信息，综合考虑区位、交通等开发条件，调查评价不同地区洪积扇的宜耕性、宜居性和宜牧性，并以县为统计单位，分析不同洪积扇后备土地资源开发的经济、生态、社会效益，建立洪积扇后备土地资源调查评价数据库，为合理保护与永续利用洪积扇土地资源提供科技支撑。

2）加大对洪积扇相关研究的投入，研发洪积扇保护与利用关键技术与标准体系

在全面认识洪积扇集水区洪水发生特征与规律、资源禀赋、利用现状、开发利用潜力和当地社会经济发展需求的基础上，以洪积扇面临的问题与重大需求为导向，加大西藏洪积扇相关领域的研究。研发洪积扇土地质量提升、退化土地治理、土地生态修复等关键技术，加强洪积扇集水区洪水风险评价及预警预报等研究；制定适应高原洪积扇合理开发与利用的工程技术体系和建设标准体系，如构建适应洪积扇的引水、排水、蓄水、用水的配套工程技术体系和建设标准，修订宜于高寒环境工程建设项目边坡、堆积体等水土流失防护技术体系和标准；提出土壤质量与生产力提升的农艺措施与技术途径，筛选兼具生态与经济价值的乡土植物并研发扩繁技术。

3）建立洪积扇保护与利用示范区，打造生态文明新高地

以生态保护和高质量发展为目标，以三生空间合理布局为原则，组织实施洪积扇自然灾害防治工程、生态保护和修复工程，组织开展洪积扇生物多样性研究与保护工作，以及相关动植物资源调查研究；建立适宜于旅居生活型、农牧业生产型、工业生产型、生态保护型及不同组合型的洪积扇保护与利用示范区，研究、示范和推广适用于各类型洪积扇保护与利用的引蓄排洪管理、侵蚀沟治理、工程扰动防护、土壤质量提升、植被构建与更新等关键技术与模式；并结合乡村振兴战略与景观美学，探索洪积扇景观、文化和科普教育等发展新模式，高标准创建洪积扇生态文明建设示范区，保障土地资源永续发展，打造生态文明新高地，推动美丽青藏、文明青藏、幸福青藏的建设与高质量发展。

参 考 文 献

陈同德，焦菊英，王颢霖，等 . 2020. 青藏高原土壤侵蚀研究进展 . 土壤学报，57（3）：547-564.

程胜男，卢飞，崔龙飞，等 . 2013. 拉萨设施农业区域地下水中 As、Pb、Hg 的初步研究 . 中国农业信息，
 （9）：194.

段妍，翁丽珠 . 2021. 西藏地区沟道治理中谷坊应用实例浅析 . 水利水电工程设计，40（3）：27-28, 37.

关树森 . 1994. 作物低产因素与地貌及生态关系初探 . 西藏农业科技，（1）：28-29.

何果佑，陈春，刘亚东 . 2009. 论洪积扇的地质特征与人类社会经济发展的关系 . 资源环境与工程，23
 （5）：628-632.

何果佑，达桑，陈春，等 . 2010. 洪积扇的分布与地质条件及人类工程活动的关系 . 水力发电，36（1）：
 45-47.

金炯，董光荣，邵立业，等 . 1994. 西藏土地风沙化问题的研究 . 地理研究，（1）：60-69.

马波，张加琼，税军锋，等 . 2018. 西藏中东部地区土壤侵蚀野外调查报告 . 水土保持通报，38（5）：
 1-8.

土登次仁，曹亭亭，黄静，等 . 2015. 拉萨河谷平原土地利用类型及可持续发展研究 . 西藏大学学报（自
 然科学版），（1）：6-11.

王庆栋，汪鹏飞，王子帅，等 . 2018. 冲积扇油气管道坡面侵蚀灾害因子分析 . 西南石油大学学报（自然

科学版），40（6）：157-164.

伍永秋，张春来，杜世松，等．2017.青藏高原沙漠化的过去与未来．科技纵览，(9)：76-77.

杨春艳，沈渭寿，王涛．2015.近30年西藏耕地面积时空变化特征．农业工程学报，31（1）：264-271.

张晓平，朱道林，许祖学．2014.西藏土地利用多功能性评价．农业工程学报，30（6）：185-194.

赵春敬，焦菊英，税军锋，等．2019.西藏中南部侵蚀沟形态无人机航测与传统地面测量的对比分析．水土保持通报，39（5）：120-127.

中国科学院青藏高原综合科学考察队．1983.西藏地貌．北京：科学出版社．

Chen T D, Jiao J Y, Chen Y X, et al. 2021. Distribution and land use characteristics of alluvial fans in the Lhasa River Basin, Tibet. Journal of Geographical Sciences, 31 (10)：1437-1452.

Chen T D, Jiao J Y, Zhang Z Q, et al. 2022. Soil quality evaluation of the alluvial fan in the Lhasa River Basin, Qinghai-Tibet Plateau. Catena, 209 (1)：105829.

Wei Y L, Zhou Z H, Liu G C. 2012. Physico-chemical properties and enzyme activities of the arable soils in Lhasa, Tibet, China. Journal of Mountain Science, 9 (4)：558-569.

附表 物种基本信息

序号	物种名	拉丁文名	科	拉丁文名	属	拉丁文名	生活型
1	艾	*Artemisia argyi* H. Lév. & Vaniot	菊科	Compositae	蒿属	*Artemisia*	半灌木
2	白草	*Pennisetum flaccidum* Griseb.	禾本科	Gramineae	狼尾草属	*Pennisetum*	多年生草本
3	白花枝子花	*Dracocephalum heterophyllum* Benth.	唇形科	Labiatae	青兰属	*Dracocephalum*	多年生草本
4	白茅	*Imperata cylindrica*（L.）P. Beauv.	禾本科	Gramineae	白茅属	*Imperata*	多年生草本
5	白屈菜	*Chelidonium majus* L.	罂粟科	Papaveraceae	白屈菜属	*Chelidonium*	多年生草本
6	斑种草	*Bothriospermum chinense* Bunge	紫草科	Boraginaceae	斑种草属	*Bothriospermum*	一年生草本
7	半夏	*Pinellia ternata*（Thunb.）Ten. ex Breitenb.	天南星科	Araceae	半夏属	*Pinellia*	多年生草本
8	薄皮木	*Leptodermis oblonga* Bunge	茜草科	Rubiaceae	野丁香属	*Leptodermis*	灌木
9	笔直黄芪	*Astragalus strictus* Graham	豆科	Fabaceae	黄芪属	*Astragalus*	多年生草本
10	萹蓄	*Polygonum aviculare* L.	蓼科	Polygonaceae	蓼属	*Polygonum*	一年生草本
11	扁刺峨眉蔷薇	*Rosa omeiensis* f. *pteracantha* Rehd. et Wils.	蔷薇科	Rosaceae	蔷薇属	*Rosa*	灌木
12	冰草	*Agropyron cristatum*（L.）Gaertn.	禾本科	Gramineae	冰草属	*Agropyron*	多年生草本
13	播娘蒿	*Descurainia sophia*（L.）Webb ex Prantl	十字花科	Cruciferae	播娘蒿属	*Descurainia*	一年生草本
14	草木樨	*Melilotus suaveolens* Ledeb.	豆科	Fabaceae	草木樨属	*Melilotus*	多年生草本
15	草沙蚕	*Tripogon bromoides* Roem. et Schult.	禾本科	Gramineae	草沙蚕属	*Tripogon*	多年生草本
16	侧柏	*Platycladus orientalis*（L.）Franco	柏科	Cupressaceae	侧柏属	*Platycladus*	乔木
17	长花马先蒿	*Pedicularis longiflora* Rudolph	玄参科	Scrophulariaceae	马先蒿属	*Pedicularis*	多年生草本
18	长毛风毛菊	*Saussurea hieracioides* Hook. f.	菊科	Compositae	风毛菊属	*Saussurea*	多年生草本
19	长梗秦艽	*Gentiana waltonii* Burkill	龙胆科	Gentianaceae	龙胆属	*Gentiana*	多年生草本
20	朝天委陵菜	*Potentilla supina* L.	蔷薇科	Rosaceae	委陵菜属	*Potentilla*	一年或二年生草本
21	朝阳隐子草	*Cleistogenes hackelii*（Honda）Honda	禾本科	Gramineae	隐子草属	*Cleistogenes*	多年生草本
22	柽柳	*Tamarix chinensis* Lour.	柽柳科	Tamaricaceae	柽柳属	*Tamarix*	灌木
23	川西锦鸡儿	*Caragana erinacea* Kom.	豆科	Leguminosae	锦鸡儿属	*Caragana*	灌木
24	串铃草	*Phlomoides mongolica*（Turcz.）Kamelin & A. L. Budantzev	唇形科	Labiatae	糙苏属	*Phlomis*	多年生草本

续表

序号	物种名	拉丁文名	科	拉丁文名	属	拉丁文名	生活型
25	垂柳	*Salix babylonica* L.	杨柳科	Salicaceae	柳属	*Salix*	乔木
26	垂穗披碱草	*Elymus nutans* Griseb.	禾本科	Gramineae	披碱草属	*Elymus*	多年生草本
27	大籽蒿	*Artemisia sieversiana* Ehrhart ex Willd.	菊科	Compositae	蒿属	*Artemisia*	一年或二年生草本
28	地肤	*Bassia scoparia*（L.）A. J. Scott	藜科	Chenopodiaceae	地肤属	*Kochia*	一年生草本
29	地锦草	*Euphorbia humifusa* Willd. ex Schltdl.	大戟科	Euphorbiaceae	大戟属	*Euphorbia*	多年生草本
30	滇紫草	*Onosma paniculatum* Bureau & Franch.	紫草科	Boraginaceae	滇紫草属	*Onosma*	二年生草本
31	独行菜	*Lepidium apetalum* Willd.	十字花科	Cruciferae	独行菜属	*Lepidium*	一年或二年生草本
32	独一味	*Phlomoides rotata*（Benth. ex Hook. f.）Mathiesen	唇形科	Labiatae	独一味属	*Lamiophlomis*	多年生草本
33	短葶飞蓬	*Erigeron breviscapus*（Vaniot）Hand. -Mazz.	菊科	Compositae	飞蓬属	*Erigeron*	多年生草本
34	伏毛铁棒锤	*Aconitum flavum* Hand. -Mazz.	毛茛科	Ranunculaceae	乌头属	*Aconitum*	多年生草本
35	伏毛直序乌头	*Aconitum richardsonianum* var. *pseudosessiliflorum*（Lauener）W. T. Wang	毛茛科	Ranunculaceae	乌头属	*Aconitum*	多年生草本
36	佛甲草	*Sedum lineare* Thunb.	景天科	Crassulaceae	景天属	*Sedum*	多年生草本
37	附地菜	*Trigonotis peduncularis*（Trevis.）Benth. ex Baker & S. Moore	紫草科	Boraginaceae	附地菜属	*Trigonotis*	一年生草本
38	甘青报春	*Primula tangutica* Duthie	报春花科	Primulaceae	报春花属	*Primula*	多年生草本
39	甘青铁线莲	*Clematis tangutica*（Maxim.）Korsh.	毛茛科	Ranunculaceae	铁线莲属	*Clematis*	木质落叶藤本
40	甘肃马先蒿	*Pedicularis kansuensis* Maxim.	玄参科	Scrophulariaceae	马先蒿属	*Pedicularis*	一年或二年生草本
41	高山柏	*Juniperus squamata* Buch. -Ham. ex D. Don	柏科	Cupressaceae	圆柏属	*Sabina*	灌木
42	高山豆	*Tibetia himalaica*（Baker）H. P. Tsui	豆科	Leguminosae	高山豆属	*Tibetia*	多年生草本
43	高山韭	*Allium sikkimense* Baker	百合科	Liliaceae	葱属	*Allium*	多年生草本
44	高原毛茛	*Ranunculus tanguticus*（Maxim.）Ovcz.	毛茛科	Ranunculaceae	毛茛属	*Ranunculus*	多年生草本
45	狗娃花	*Aster hispidus* Thunb.	菊科	Compositae	狗娃花属	*Heteropappus*	一年或二年生草本
46	狗尾草	*Setaria viridis*（L.）P. Beauv.	禾本科	Gramineae	狗尾草属	*Setaria*	一年生草本
47	谷精草	*Eriocaulon buergerianum* Körn.	谷精草科	Eriocaulaceae	谷精草属	*Eriocaulon*	一年生草本

序号	物种名	拉丁文名	科	拉丁文名	属	拉丁文名	生活型
48	鹤虱	*Lappula myosotis* Moench	紫草科	Boraginaceae	鹤虱属	*Lappula*	一年或二年生草本
49	黑穗画眉草	*Eragrostis nigra* Nees ex Steud.	禾本科	Gramineae	画眉草属	*Eragrostis*	多年生草本
50	红景天	*Rhodiola rosea* L.	景天科	Crassulaceae	红景天属	*Rhodiola*	多年生草本
51	华北剪股颖	*Agrostis clavata* Trin.	禾本科	Graminales	剪股颖属	*Agrostis*	多年生草本
52	黄鹌菜	*Youngia japonica* (L.) DC.	菊科	Compositae	黄鹌菜属	*Youngia*	一年生草本
53	黄苞南星	*Arisaema flavum* (Forssk.) Schott	天南星科	Araceae	天南星属	*Arisaema*	多年生草本
54	黄花乌头	*Aconitum coreanum* (H. Lév.) Rapaics	毛茛科	Ranunculaceae	乌头属	*Aconitum*	多年生草本
55	灰绿黄堇	*Corydalis adunca* Maxim.	罂粟科	Papaveraceae	紫堇属	*Corydalis*	多年生草本
56	灰绿藜	*Oxybasis glauca* (L.) S. Fuentes, Uotila & Borsch	藜科	Chenopodiaceae	藜属	*Chenopodium*	一年生草本
57	灰毛蓝钟花	*Cyananthus incanus* Hook. f. & Thomson	桔梗科	Campanulaceae	蓝钟花属	*Cyananthus*	多年生草本
58	火炭母	*Persicaria chinensis* (L.) H. Gross	蓼科	Polygonaceae	蓼属	*Polygonum*	多年生草本
59	鸡蛋参	*Pseudocodon convolvulaceus* (Kurz) D. Y. Hong & H. Sun	桔梗科	Campanulaceae	党参属	*Codonopsis*	多年生草本
60	荠	*Capsella bursa-pastoris* (L.) Medik.	十字花科	Cruciferae	荠属	*Capsella*	一年或二年生草本
61	蓟	*Cirsium japonicum* Fisch. ex DC.	菊科	Compositae	蓟属	*Cirsium*	多年生草本
62	假杜鹃	*Barleria cristata* L.	爵床科	Acanthaceae	假杜鹃属	*Barleria*	灌木
63	碱菀	*Tripolium pannonicum* (Jacquin) Dobroczajeva	菊科	Compositae	碱菀属	*Tripolium*	半灌木
64	角茴香	*Hypecoum erectum* L.	罂粟科	Papaveraceae	角茴香属	*Hypecoum*	一年生草本
65	菊叶香藜	*Dysphania schraderiana* (Roem. & Schult.) Mosyakin & Clemants	藜科	Chenopodiaceae	藜属	*Chenopodium*	一年生草本
66	苣荬菜	*Sonchus wightianus* DC.	菊科	Compositae	苦苣菜属	*Sonchus*	多年生草本
67	卷叶黄精	*Polygonatum cirrhifolium* (Wall.) Royle	百合科	Liliaceae	黄精属	*Polygonatum*	多年生草本
68	绢毛委陵菜	*Potentilla sericea* L.	蔷薇科	Rosaceae	委陵菜属	*Potentilla*	多年生草本
69	康藏荆芥	*Nepeta prattii* H. Lév.	唇形科	Labiatae	荆芥属	*Nepeta*	多年生草本
70	糠稷	*Panicum bisulcatum* Thunb.	禾本科	Gramineae	黍属	*Panicum*	一年生草本
71	苦荞麦	*Fagopyrum tataricum* (L.) Gaertn.	蓼科	Polygonaceae	荞麦属	*Fagopyrum*	一年生草本
72	狼毒	*Stellera chamaejasme* L.	瑞香科	Thymelaeaceae	狼毒属	*Stellera*	多年生草本
73	狼毒大戟	*Euphorbia fischeriana* auct. non Steud.	大戟科	Euphorbiaceae	大戟属	*Euphorbia*	多年生草本

续表

序号	物种名	拉丁文名	科	拉丁文名	属	拉丁文名	生活型
74	老鹳草	*Geranium wilfordii* Maxim.	牻牛儿苗科	Geraniaceae	老鹳草属	*Geranium*	多年生草本
75	里海旋覆花	*Inula caspica* Blum.	菊科	Compositae	旋覆花属	*Inula*	多年生草本
76	荔枝草	*Salvia plebeia* R. Br.	唇形科	Labiatae	鼠尾草属	*Salvia*	一年或二年生草本
77	辽藁本	*Conioselinum smithii*（H. Wolff）Pimenov & Kljuykov	伞形科	Umbelliferae	藁本属	*Ligusticum*	多年生草本
78	留兰香	*Mentha spicata* L.	唇形科	Labiatae	薄荷属	*Mentha*	多年生草本
79	琉璃草	*Cynoglossum furcatum* Wall.	紫草科	Boraginaceae	琉璃草属	*Cynoglossum*	多年生草本
80	露蕊乌头	*Gymnaconitum gymnandrum*（Maxim.）Wei Wang & Z. D. Chen	毛茛科	Ranunculaceae	露蕊乌头属	*Gymnaconitum*	多年生草本
81	卵萼花锚	*Halenia elliptica* D. Don	龙胆科	Gentianaceae	花锚属	*Halenia*	一年生草本
82	马兰	*Aster indicus* L.	菊科	Compositae	马兰属	*Kalimeris*	多年生草本
83	马铃薯	*Solanum tuberosum* L.	茄科	Solanaceae	茄属	*Solanum*	一年生草本
84	马唐	*Digitaria sanguinalis*（L.）Scop.	禾本科	Gramineae	马唐属	*Digitaria*	一年生草本
85	马尾松	*Pinus massoniana* Lamb.	松科	Pinaceae	松属	*Pinus*	乔木
86	毛香火绒草	*Leontopodium stracheyi*（Hook. f.）C. B. Clarke ex Hemsl.	菊科	Compositae	火绒草属	*Leontopodium*	多年生草本
87	毛叶老牛筋	*Eremogone capillaris*（Poir.）Fenzl	石竹科	Caryophyllaceae	老牛筋属	*Eremogone*	多年生草本
88	陌上菜	*Lindernia procumbens*（Krock.）Borbás	玄参科	Scrophulariaceae	母草属	*Lindernia*	多年生草本
89	牡蒿	*Artemisia japonica* Thunb. subf. angustissima（Nakai）Pamp.	菊科	Compositae	蒿属	*Artemisia*	多年生草本
90	木梨	*Pyrus xerophila* T. T. Yu	蔷薇科	Rosaceae	梨属	*Pyrus*	乔木
91	苜蓿	*Medicago sativa* L.	豆科	Leguminosae	苜蓿属	*Medicago*	多年生草本
92	耐国蝇子草	*Silene zhoui* C. Y. Wu	石竹科	Caryophyllaceae	蝇子草属	*Silene*	多年生草本
93	牛筋草	*Eleusine indica*（L.）Gaertn.	禾本科	Gramineae	穇属	*Eleusine*	一年生草本
94	牛舌草	*Anchusa italica* Retz.	紫草科	Boraginaceae	牛舌草属	*Anchusa*	多年生草本
95	平车前	*Plantago depressa* Willd.	车前科	Plantaginaceae	车前属	*Plantago*	一年或二年生草本
96	苹果	*Malus pumila* Mill.	蔷薇科	Rosaceae	苹果属	*Malus*	乔木
97	蒲公英	*Taraxacum mongolicum* Hand.-Mazz.	菊科	Compositae	蒲公英属	*Taraxacum*	多年生草本
98	漆姑草	*Sagina japonica*（Sw.）Ohwi	石竹科	Caryophyllaceae	漆姑草属	*Sagina*	一年或二年生草本
99	茜草	*Rubia cordifolia* L.	茜草科	Rubiaceae	茜草属	*Rubia*	一年生草本
100	荞麦	*Fagopyrum esculentum* Moench	蓼科	Polygonaceae	荞麦属	*Fagopyrum*	一年生草本
101	青藏薹草	*Carex moorcroftii* Falc. ex Boott	莎草科	Cyperaceae	薹草属	*Carex*	多年生草本

序号	物种名	拉丁文名	科	拉丁文名	属	拉丁文名	生活型
102	青蒿	*Artemisia caruifolia* Buch. - Ham. ex Roxb.	菊科	Compositae	蒿属	*Artemisia*	一年生草本
103	青稞	*Hordeum vulgare* var. *coeleste* L.	禾本科	Gramineae	大麦属	*Hordeum*	一年生草本
104	球序卷耳	*Cerastium glomeratum* Thuill.	石竹科	Caryophyllaceae	卷耳属	*Cerastium*	一年生草本
105	雀麦	*Bromus japonicus* Thunb.	禾本科	Gramineae	雀麦属	*Bromus*	一年生草本
106	肉果草	*Lancea tibetica* Hook. f. & Thomson	玄参科	Scrophulariaceae	肉果草属	*Lancea*	多年生草本
107	沙棘	*Hippophae rhamnoides* L.	胡颓子科	Elaeagnaceae	沙棘属	*Hippophae*	灌木
108	砂生小檗	*Berberis sabulicola* T. S. Ying	小檗科	Berberidaceae	小檗属	*Berberis*	灌木
109	狮牙草状风毛菊	*Saussurea leontodontoides*（DC.）Sch. Bip.	菊科	Compositae	风毛菊属	*Saussurea*	多年生草本
110	石防风	*Kitagawia terebinthacea*（Fisch. ex Trevir.）Pimenov	伞形科	Apiaceae	石防风属	*Kitagawia*	多年生草本
111	匙叶翼首花	*Bassecoia hookeri*（C. B. Clarke）V. Mayer & Ehrend.	忍冬科	Caprifoliaceae	翼首花属	*Bassecoia*	多年生草本
112	鼠曲草	*Pseudognaphalium affine*（D. Don）Anderb.	菊科	Compositae	鼠麹草属	*Gnaphalium*	一年生草本
113	鼠尾草	*Salvia japonica* Thunb.	唇形科	Labiatae	鼠尾草属	*Salvia*	一年生草本
114	水葱	*Schoenoplectus tabernaemontani*（C. C. Gmel.）Palla	莎草科	Cyperaceae	藨草属	*Scirpus*	多年生草本
115	水栒子	*Cotoneaster multiflorus* Bunge	蔷薇科	Rosaceae	栒子属	*Cotoneaster*	落叶灌木
116	酸模	*Rumex acetosa* L.	蓼科	Polygonaceae	酸模属	*Rumex*	多年生草本
117	穗花荆芥	*Nepeta laevigata*（D. Don）Hand. - Mazz.	唇形科	Labiatae	荆芥属	*Nepeta*	多年生草本
118	唐古拉翠雀花	*Delphinium tangkulaense* W. T. Wang	毛茛科	Ranunculaceae	翠雀属	*Delphinium*	多年生草本
119	唐松草	*Thalictrum aquilegiifolium* var. *sibiricum* Regel & Tiling	毛茛科	Ranunculaceae	唐松草属	*Thalictrum*	多年生草本
120	桃	*Prunus persica*（L.）Batsch	蔷薇科	Rosaceae	桃属	*Amygdalus*	乔木
121	条裂黄堇	*Corydalis linarioides* Maxim.	罂粟科	Papaveraceae	紫堇属	*Corydalis*	多年生草本
122	葶苈	*Draba nemorosa* L.	十字花科	Cruciferae	葶苈属	*Draba*	一年或二年生草本
123	豌豆	*Pisum sativum* L.	豆科	Leguminosae	豌豆属	*Pisum*	一年生草本
124	无心菜	*Arenaria serpyllifolia* L.	石竹科	Caryophyllaceae	无心菜属	*Arenaria*	一年或二年生草本
125	梧桐	*Firmiana simplex*（L.）W. Wight	梧桐科	Sterculiaceae	梧桐属	*Firmiana*	乔木
126	西藏点地梅	*Androsace mariae* Kanitz	报春花科	Primulaceae	点地梅属	*Androsace*	多年生草本
127	西藏繁缕	*Stellaria tibetica* Kurz	石竹科	Caryophyllaceae	繁缕属	*Stellaria*	一年生草本

续表

序号	物种名	拉丁文名	科	拉丁文名	属	拉丁文名	生活型
128	西藏秦艽	*Gentiana tibetica* King ex Hook. f.	龙胆科	Gentianaceae	龙胆属	*Gentiana*	多年生草本
129	西藏天门冬	*Asparagus tibeticus* F. T. Wang & S. C. Chen	天门冬科	Asparagaceae	天门冬属	*Asparagus*	多刺亚灌木
130	西藏微孔草	*Microula tibetica* Benth.	紫草科	Boraginaceae	微孔草属	*Microula*	多年生草本
131	西南凤尾蕨	*Pteris wallichiana* C. Agardh	凤尾蕨科	Pteridaceae	凤尾蕨属	*Pteris*	多年生草本
132	菥蓂	*Thlaspi arvense* L.	十字花科	Cruciferae	菥蓂属	*Thlaspi*	一年生草本
133	香薷	*Elsholtzia ciliata* (Thunb.) Hyl.	唇形科	Labiatae	香薷属	*Elsholtzia*	一年生草本
134	小花草玉梅	*Anemone rivularis* var. *flore-minore* Maxim.	毛茛科	Ranunculaceae	银莲花属	*Anemone*	多年生草本
135	小花碎米荠	*Cardamine parviflora* L.	十字花科	Cruciferae	碎米荠属	*Cardamine*	一年生草本
136	小蓝雪花	*Ceratostigma minus* Stapf ex Prain	白花丹科	Plumbaginaceae	蓝雪花属	*Ceratostigma*	灌木
137	小蓬草	*Erigeron canadensis* L.	菊科	Compositae	白酒草属	*Conyza*	一年生草本
138	小叶金露梅	*Dasiphora parvifolia* (Fisch. ex Lehm.) Juz.	蔷薇科	Rosaceae	委陵菜属	*Potentilla*	灌木
139	小叶锦鸡儿	*Caragana microphylla* Lam.	豆科	Leguminosae	锦鸡儿属	*Caragana*	灌木
140	小叶枸子	*Cotoneaster microphyllus* Wall. ex Lindl.	蔷薇科	Rosaceae	枸子属	*Cotoneaster*	灌木
141	沿阶草	*Ophiopogon bodinieri* H. Lév.	百合科	Liliaceae	沿阶草属	*Ophiopogon*	多年生草本
142	野丁香	*Leptodermis potaninii* Batalin	茜草科	Rubiaceae	野丁香属	*Leptodermis*	灌木
143	野苜蓿	*Medicago falcata* L.	豆科	Leguminosae	苜蓿属	*Medicago*	多年生草本
144	野豌豆	*Vicia sepium* L.	豆科	Leguminosae	野豌豆属	*Vicia*	多年生草本
145	野燕麦	*Avena fatua* L.	禾本科	Gramineae	燕麦属	*Avena*	一年生草本
146	异株荨麻	*Urtica dioica* L.	荨麻科	Urticaceae	荨麻属	*Urtica*	多年生草本
147	银莲花	*Anemone cathayensis* Kitag. ex Ziman & Kadota	毛茛科	Ranunculaceae	银莲花属	*Anemone*	多年生草本
148	银叶蕨麻	*Argentina leuconota* (D. Don) Soják	蔷薇科	Rosaceae	蕨麻属	*Argentina*	多年生草本
149	油菜	*Brassica rapa* var. *oleifera* DC.	十字花科	Cruciferae	芸苔属	*Brassica*	一年生草本
150	榆	*Ulmus pumila* L.	榆科	Ulmaceae	榆属	*Ulmus*	乔木
151	圆叶锦葵	*Malva pusilla* Sm.	锦葵科	Malvaceae	锦葵属	*Malva*	多年生草本
152	缘毛紫菀	*Aster souliei* Franch.	菊科	Compositae	紫菀属	*Aster*	多年生草本
153	藏川杨	*Populus szechuanica* var. *tibetica* C. K. Schneid.	杨柳科	Salicaceae	杨属	*Populus*	乔木
154	藏橐吾	*Ligularia rumicifolia* (Drumm.) S. W. Liu	菊科	Compositae	橐吾属	*Ligularia*	多年生草本
155	早熟禾	*Poa annua* L.	禾本科	Gramineae	早熟禾属	*Poa*	一年生禾本

续表

序号	物种名	拉丁文名	科	拉丁文名	属	拉丁文名	生活型
156	窄竹叶柴胡	*Bupleurum marginatum var. stenophyllum* (H. Wolff) R. H. Shan & Yin Li	伞形科	Umbelliferae	柴胡属	*Bupleurum*	多年生草本
157	中国马先蒿	*Pedicularis chinensis* Maxim.	玄参科	Scrophulariaceae	马先蒿属	*Pedicularis*	一年生草本
158	猪毛菜	*Salsola collina* Pall.	藜科	Chenopodiaceae	猪毛菜属	*Salsola*	一年生草本
159	猪毛蒿	*Artemisia scoparia* Waldst. & Kit.	菊科	Compositae	蒿属	*Artemisia*	多年生草本
160	紫花针茅	*Stipa purpurea* Griseb.	禾本科	Gramineae	针茅属	*Stipa*	多年生草本
161	紫叶李	*Prunus cerasifera* 'Atropurpurea'	蔷薇科	Rosaceae	李属	*Prunus*	灌木或小乔木
162	醉鱼草	*Buddleja lindleyana* Fortune	马钱科	Loganiaceae	醉鱼草属	*Buddleja*	灌木

注：笔直黄芪、草木樨、露蕊乌头、马铃薯、毛叶老牛筋、石防风、匙叶翼首花、西藏天门冬、银叶蕨麻收录于 Sp2000 CN（2022），其余物种均收录于中国植物志（FRPS）。